5G网络技术与规划设计基础

蓝俊锋 涂 进 牛冲丽 余永聪 殷 涛 罗 宏 麦磊鑫 吴龙照◎编著

人民邮电出版社
北京

图书在版编目（CIP）数据

5G网络技术与规划设计基础 / 蓝俊锋等编著. -- 北京 : 人民邮电出版社, 2021.7(2024.7重印)
ISBN 978-7-115-56315-6

Ⅰ. ①5… Ⅱ. ①蓝… Ⅲ. ①第五代移动通信系统 Ⅳ. ①TN929.53

中国版本图书馆CIP数据核字(2021)第060425号

内 容 提 要

本书的内容涵盖5G网络系统架构、5G核心网关键技术、5G无线网关键技术、无线网空中接口、大规模天线技术、5G核心网规划设计以及5G无线网规划设计，与此同时展望了5G未来发展的方向和前景。读完本书后，读者将对5G网络的核心网和无线网规划仿真方法有一个全新的认识。5G核心网引入了服务化架构、网络切片和多接入边缘计算等新特性，组网方案与4G核心网有较大的差异；5G无线网采用基于差异化需求的规划方法，与传统方法也有很大的区别。以5G网络工程设计为例，读者将对5G网络部署方式、基站设备选型、基站设计、设计文件和概预算编制、5G室内分布系统设计方法等有一个系统的认识。本书适合从事移动通信网络（包括核心网、无线网）的技术人员与管理人员阅读，也可作为高等院校与通信相关专业师生的参考书。

◆ 编　　著　蓝俊锋　涂　进　牛冲丽　余永聪　殷　涛　罗　宏
　　　　　　麦磊鑫　吴龙照
　责任编辑　赵　娟
　责任印制　陈　犇

◆ 人民邮电出版社出版发行　　北京市丰台区成寿寺路11号
　邮编　100164　　电子邮件　315@ptpress.com.cn
　网址　https://www.ptpress.com.cn
　固安县铭成印刷有限公司印刷

◆ 开本：800×1000　1/16
　印张：18.75　　　　2021年7月第1版
　字数：232千字　　　2024年7月河北第5次印刷

定价：128.00元

读者服务热线：(010)53913866　印装质量热线：(010)81055316
反盗版热线：(010)81055315
广告经营许可证：京东市监广登字20170147号

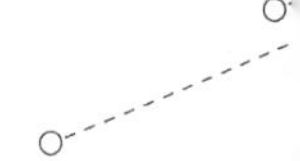

前言 PREFACE

全球5G商用网络正在加速推进，整个产业链也在逐步走向成熟。2020年3月4日，中共中央政治局常务委员会召开会议，强调“要加快5G网络、数据中心等新型基础设施建设进度”，5G做为新基建已提升到国家发展战略的地位。移动通信系统从第一代到第五代，经历了迅猛的发展，现实网络逐步形成了包含2G/3G/4G网络以及WLAN在内多种无线制式的复杂现状，5G网络要如何与现有网络和业务更好地融合？5G网络全面虚拟化（云化），在带来功能灵活性的同时，也带来很多技术和工程难题。5G高频网络较小的覆盖范围对站址和工参规划的精度提出了更高的要求。这些是5G网络建设者必须认真思考和探索的问题。

作为能够同时满足多种类、多层次需求的网络，5G网络整体是什么样的？具体来说，5G网络的各个子系统、子网络是怎样运作的？这些子系统、子网络的组成和结构如何？是什么样的技术和机制为5G的各种功能和特性赋能并提供保证？这些技术、机制、功能、特性又以什么样的形态呈现在5G网络上？如何将这些形态落实到现实世界中提供给用户使用？5G技术又该被怎样运用才能发挥其预期作用？这些就是本书希望介绍给读者的内容。

本书作者均来自通信网络咨询、规划与设计一线，长期跟踪移动通信技术和网络的发展和演进。自2013年中国IMT-2020（5G）推进组成立，广东省电信规划设计院有限公司的技术团队就同步开启了对5G技术的跟踪和研究、对5G网络的思考和预研；2017年年底以来，技术团队参与了国家发展和改革委员会推动的新一代信息基础设施建设工程5G规模组网试点项目的通信运营商落地实施、深圳市为建设中国特色社会主义先行示范区而部署的5G行业应用试验网的规划设计、通信运营商5G商用网络的前期准备和规划设计、部分行业用户5G应用试点示范项目的咨询和设计等一系列有意义的工作，积累了不少成果和经验，这些也是本书希望分享给读者的内容。

本书介绍了5G的发展历程、愿景、网络关键性能指标、标准等基础性内容和5G频谱这个重要的限制性资源的发展状况，描述了5G网络架构重构的思路和技术，以及在此思路的指导下重新构建出的网络服务化架构及主要功能实体，还介绍了5G网络的部署和演进部分内容。书中涉及了5G核心网的内容，在技术层面主要介绍了网络切片和多接入边缘计算这两个5G主要特征，在网络建设层面分享了独立组网（Standalone，SA）核心网建设要点、规划设计流程和算法以及非独立组网（Non-Standalone，NSA）过渡方案等经验和成果。以5G无线网功能需求为起点逐一介绍了超密集组网、无线网控制与承载分离、小区虚拟化、无线网络资源管理、终端直连、网络频谱共享等关键技术，还介绍了5G空口中接口技术的协议栈、关键技术和空口信道等主要内容，详细介绍了大规模天线技术的发展和理论基础、大规模多进多出（Massive Multiple-Input Multiple-Output，Massive MIMO）技术的理论、传输方案和应用场景；在网络建设层面主要分享了5G无线网规划设计的经验和成果，包括规划的流程和方法、仿真的关键流程和参数、网络部署方式、当前典型的基站设备类型、基站设计、设计文件及概预算编制、5G室内分布系统设计、5G网络对承载网的需求等实用性内容。同时梳理了近年来我国多地政府为推动5G快速发展所发布的引领性规划、行动方案、特色应用示范和保障措施，介绍了5G技术与物联网、大数据、云边协同、人工智能、增强现实/虚拟现实（Augmented Reality/Virtual Reality，AR/VR）等新技术的融合应用，以及赋能多种新应用的可能性、远景和当前的尝试等内容。

全书由广东省电信规划设计院有限公司的技术团队通力合作完成。整体框架由涂进、蓝俊锋、张宇、牛冲丽策划。第1、4、5章由蓝俊锋、牛冲丽、李可才编写；第2、3、7章由余永聪、彭健编写；第6章由吴龙照、苏艳涛编写；第8章由罗宏、麦磊鑫、吴伟辉、李希哲编写；第9章由殷涛编写。全书由牛冲丽统稿，由蓝俊锋、涂进审核。同时，感谢黄伟如、郑建飞、陈运动等领导的支持，感谢曾沂粲、陶志强等专家对本书的指导。

通信技术发展一日千里，通信网络千变万化，5G应用日新月异，作者从咨询规划这一隅尝试着对其做的管窥之举难免有所疏漏和不足，敬请读者不吝赐教、批评指正。

广东省电信规划设计院有限公司

2021年5月

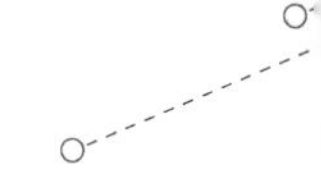

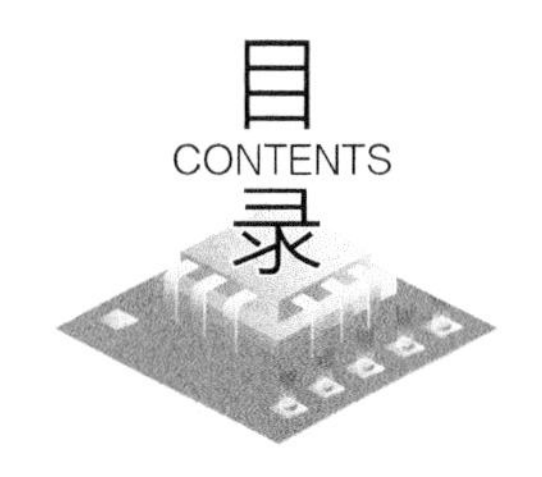

目录

CONTENTS

5G

第 1 章

5G 概述

1.1 5G发展历程

若干年来，第五代移动通信系统（The 5th Generation Mobile System，5G）早已成为通信行业和学术界探讨的热点，尤其近两年，5G正在成为全社会关注的热点。5G的发展最初有两个简单驱动力：一方面，随着第四代移动通信系统（The 4th Generation Mobile System，4G）的全面商用，对下一代技术的讨论被提上日程；另一方面，现代社会对移动数据的需求呈爆炸式增长，现有移动通信系统难以满足未来需求，亟须研发新一代移动通信系统。随着探讨与研究的一步步深入，各个方面的需求也逐步展现出来，5G正稳步走在通向未来的大道上。

1. 5G启动

2013年2月，工业和信息化部、国家发展和改革委员会、科学技术部联合推动成立了中国IMT-2020（5G）推进组，其组织结构基于原IMT-Advanced推进组，标志着我国集中"产、学、研、用"的力量将研究和国际交流合作的重点正式由4G转向5G。同月，欧盟宣布拨款5000万欧元用于加快5G移动技术的发展，计划到2020年推出成熟的5G标准。

2013年5月，韩国三星电子宣布已经成功研发出5G核心技术，利用64个天线单元的自适应阵列传输技术可在28GHz频段以1Gbit/s以上的速度传送数据，且最长传送距离可达2km。

2014年5月，日本NTT DoCoMo公司宣布与6家厂商共同合作，开始测试具有4G网络1000倍承载能力的高速5G网络，传输速度可提升至10Gbit/s。

2. 5G技术研发与试验

2015年9月，国际电信联盟（International Telecommunication Union，ITU）发布了ITU-R M.2083《IMT愿景：5G架构和总体目标》，定义了三大业务场景、八大关键指标。同月，中国IMT-2020（5G）推进组宣布中国5G技术研发试验将在2016年到2018年进行，分为5G关键技术试验、5G技术方案验证和5G系统验证3个阶段实施。

2017年2月9日，由多个电信标准组织共同参与的第三代合作伙伴计划（3rd Generation Partnership Project，3GPP）宣布了其"5G"的官方标识。

2017年11月15日，《工业和信息化部关于第五代移动通信系统使用3300—3600MHz和4800—5000MHz频段相关事宜的通知》发布，规划3300MHz～3600MHz和4800MHz～5000MHz频段作为5G系统的工作频段，其中，3300MHz～3400MHz频段原则上被限制在室内使用。

2017年11月下旬，5G技术研发试验第三阶段工作正式启动，并力争于2018年年底前实现第三阶段试验的基本目标。

2017 年 12 月 21 日，在 3GPP 的无线接入网（Radio Access Nerwork，RAN）第 78 次全体会议上，5G 新空口（New Radio，NR）首发版本正式冻结并发布。同月，国家发展和改革委员会发布《关于组织实施 2018 年新一代信息基础设施建设工程的通知》，要求 2018 年在不少于 5 个城市开展 5G 规模组网试点，每个城市的 5G 基站数量不少于 50 个、全网 5G 终端不少于 500 个。

2018 年 2 月 23 日，沃达丰和华为宣布两家公司在西班牙合作采用非独立的 3GPP 5G NR 标准和 Sub 6GHz 频段，完成了全球首个 5G 通话测试。同月，华为发布了首款 3GPP 标准 5G 商用芯片巴龙 5G01 和 5G 商用终端，它们支持全球主流 5G 频段，包括 Sub 6GHz（低频）、mmWave（高频），理论上可实现最高达 2.3Gbit/s 的数据下载速率。

2018 年 6 月 13 日，3GPP 5G NR 标准的 SA 方案在 3GPP 第 80 次 TSG RAN（RAN 技术规范组）全体会议上正式完成并发布，标志着首个真正完整意义的国际 5G 标准正式出炉。加上 2017 年 12 月完成的 NSA 的 5G NR 标准，5G 已经完成第一阶段全功能标准化工作，进入了产业新阶段。同期，中国三大电信运营商公布了各自的 5G 策略。

2018 年 8 月 2 日，奥迪与爱立信宣布计划率先将 5G 技术用于汽车生产领域。

2018 年 11 月 21 日，重庆首个 5G 连续覆盖试验区建设完成，5G 远程驾驶、5G 无人机、虚拟现实等多项 5G 应用同时亮相。

2018 年 12 月 1 日，韩国三大电信运营商 SK、KT 与 LGU+ 同步在韩国部分地区推出 5G 服务。

2018 年 12 月 10 日，工业和信息化部向 3 家基础电信运营企业颁发了全国范围内 5G 系统中低频段试验频率使用许可。我国在全球率先实现了为 3 家电信运营企业至少各自许可使用连续 100MHz 带宽频率资源，所许可的 5G 系统中低频段频率资源总量为全世界最多，有力地保障了各个基础电信运营企业在全国开展 5G 系统组网试验所必须使用的频率资源。

2018 年 12 月 18 日，美国电话电报公司（AT&T）宣布在全美 12 个城市率先开放 5G 网络服务。

3. 5G 商用

2019 年 4 月 3 日，韩国三大电信运营商宣布 5G 商用，早于美国 Verizon 公司数小时，韩国成为全球第一个实现 5G 商用的国家。

2019 年 6 月 6 日，工业和信息化部正式向中国电信、中国移动、中国联通、中国广电颁发“第五代数字蜂窝移动通信业务”基础电信业务经营许可证。中国正式进入 5G 商用元年。

2019 年 8 月，《国家无线电办公室关于印发基础电信运营企业间频率协调工作会议纪要的函》公布，明确了中国三大电信运营商间频率腾退方案和时间要求。

2019 年 9 月，中国电信与中国联通签署《5G 网络共建共享框架合作协议书》。根据合作协议，中国电信和中国联通在全国范围内合作共建一张 5G 接入网络，共享 5G 频率资源，各自建设 5G 核心网。双方划定区域，分区建设，谁建设、谁投资、谁维护、谁承担网络运营成本。

2019 年 11 月 1 日，中国三大运营商正式上线 5G 商用套餐。5G 商用套餐的推出意味着

5G 由此进入正式商用阶段，表明电信运营商的 5G 网络建设基本到位。

4. 5G 加速推进

截至 2019 年年底，韩国三大电信运营商在 5G 网络方面合计部署约19 万个基站，覆盖了 85% 的城市和 93% 的人口；5G 用户规模达到 500 万。

2020 年 2 月 23 日，工业和信息化部召开关于加快推进 5G 发展、做好信息通信业复工复产工作电视电话会议。会议上中国移动表示：“中国移动将全力以赴做好通信、服务、防控 3 个方面的保障，有序推进复工复产，加快实施‘5G+’计划。”同样，中国联通 5G 建设“火力全开”，明确要求各个省公司突出重点、加快 5G 建设，在 2020 年上半年与中国电信力争完成在 47 个地市建设10万个基站的任务，2020 年第三季度力争完成全国25 万个基站的建设，较原定计划提前一个季度完成全年建设目标。

2020 年 3 月 4 日，中共中央政治局常务委员会召开会议，会议指出，要加大公共卫生服务，应急物资保障领域投入，加快 5G 网络、数据中心等新型基础设施建设进度。

2020 年 3 月 13 日，国家发展和改革委员会等 23 个部门联合发文，要求加快 5G 网络等信息基础设施的建设和商用步伐。

2020 年 4 月 15 日，全移动供应商协会（Global Mobile Suppliers Association，GSA）的最新报告显示，73 家电信运营商已经在全球41个国家和地区推出了符合 3GPP 标准的 5G 商用服务；全球有 380 家电信运营商正在投资 5G 网络，这些网络处于测试、试验、试点、规划或实际已经部署等不同状态；88 家电信运营商已经宣布在其网络中部署了符合 3GPP 标准的 5G 技术。

1.2 5G 的愿景

借助5G网络，未来社会将实现“信息随心至、万物触手及”。

- 5G将渗透到未来社会的各个领域，以用户为中心构建全方位的信息生态系统。
- 5G将使信息突破时空限制，提供极佳的交互体验，为用户带来身临其境的“信息盛宴”。
- 5G将拉近万物距离，通过无缝融合的方式，便捷地实现人与万物的智能互联。
- 5G将为用户提供光纤般的接入速率，“零”时延的使用体验，千亿设备的连接能力，超高流量密度、超高连接数密度和超高移动性等多场景的一致服务，业务及用户感知的智能优化，同时将为网络提升超百倍的能效和节省超百倍的比特成本。

IMT-2020 描述的5G总体愿景如图 1-1 所示。

与 4G 网络相比，5G网络要在增强移动宽带（enhanced Mobile BroadBand，eMBB）、超高可靠低时延通信（ultra Reliable and Low Latency Communications，uRLLC）、大规模机器类通信（massive Machine Type Communications，mMTC）三大场景实现突破。5G 三大场景能力突破如图 1-2 所示。

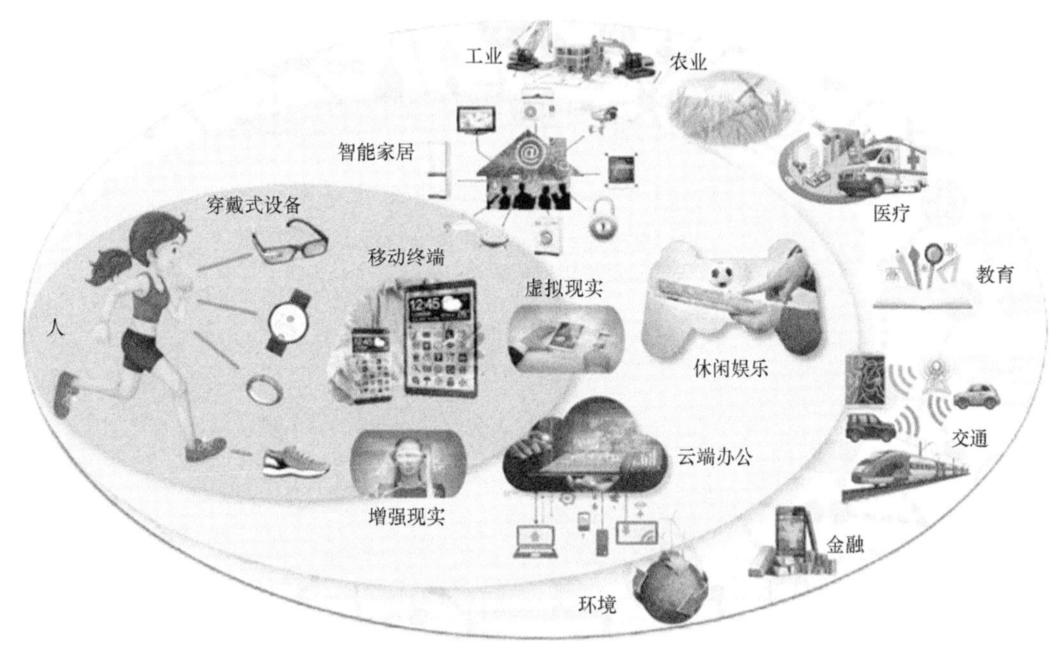

图1-1　IMT-2020描述的5G总体愿景

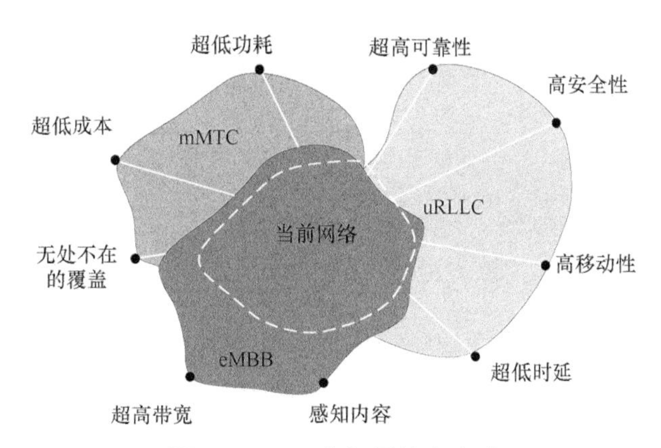

图1-2　5G三大场景能力突破

1.3　5G 网络关键性能指标

ITU发布的 ITU-R M.2083《IMT 愿景：5G 架构和总体目标》，定义了 eMBB、mMTC、uRLLC 三大业务场景，以及峰值速率、业务容量等八大关键指标，对 IMT-2020（5G）和 IMT-Advanced（4G）的关键指标进行了对比。5G 和 4G 关键性能指标对比见表 1-1。

表1-1　5G和4G关键性能指标对比

序号	指标名称	指标定义	5G目标	4G目标
1	峰值速率（Peak Data Rate）	理想条件下单个用户 / 设备所能够获得的最大速率（单位：Gbit/s）	20	1
2	用户体验速率（User Experienced Data Rate）	移动用户 / 终端在覆盖区域内任何地方都能够获得的速率（单位：Mbit/s）	100	10
3	时延（Latency）	从源端发送数据包到目的端的过程中，无线网络所消耗的时间（单位：ms）	1	10
4	移动性（Mobility）	不同层 / 无线制式（Multi-layer/Multi-RAT）中的无线节点间满足特定服务质量且无缝传送时的最大速率（单位：km/h）	500	350
5	连接密度（Connection Density）	单位面积上（每平方千米）连接或 / 和接入的设备的总数（单位：devices/km^2）	10^6	10^5
6	网络能源效率（Network Energy Efficiency）	每焦耳能量从用户侧所能够收 / 发的比特数（单位：bit/J）	5G 要求100 倍于 4G	
7	频谱效率（Spectrum Efficiency）	每个小区或单位面积内，单位频谱资源所能够提供的平均吞吐量（单位：bit·s^{-1}·Hz^{-1}）	5G 要求 3 倍于 4G	
8	区域话务容量（Area Traffic Capacity）	每个单位地理区域内的总吞吐量（单位：bit·s^{-1}·m^{-2}）	10	0.1

ITU 还定义了 5G 的其他能力，包括以下几种。

- 频谱和带宽的灵活性。
- 可靠性。
- 恢复力。
- 安全和隐私。
- 操作生命周期。

ITU 定义的 5G 能力与中国 IMT-2020（5G）推进组提出的 5G 关键能力体系（“5G 之花”）基本相符。IMT-2020（5G）推进组提出的 5G 关键能力体系（“5G 之花”）如图 1-3 所示。

基于这八大关键指标，2017 年 2 月 ITU 发布的《IMT-2020 技术性能指标》定义了 13 项技术性能指标，内容包括每项指标的详细定义、适用场景、最小指标值等。IMT-2020 技术性能指标总结见表 1-2。

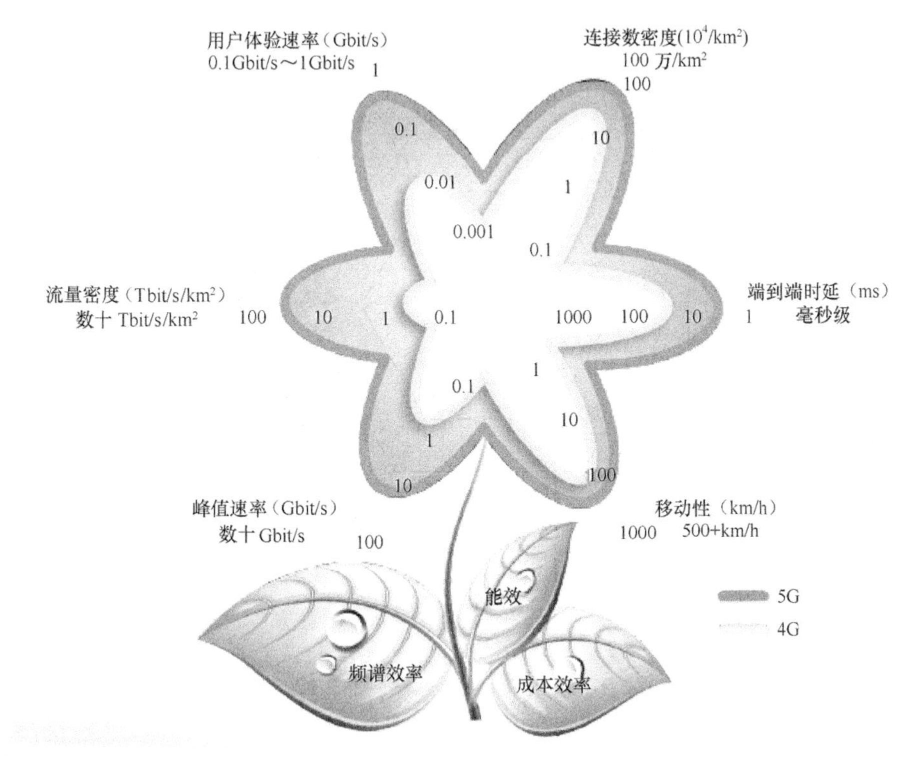

图1-3　IMT-2020（5G）推进组提出的5G关键能力体系（“5G之花”）

表1-2　IMT-2020技术性能指标总结

序号	指标名称	适用场景	指标值	备注
1	峰值速率	eMBB	下行20 Gbit/s 上行10 Gbit/s	
2	峰值频谱效率	eMBB	下行30bit·s^{-1} · Hz^{-1} 上行15 bit·s^{-1} · Hz^{-1}	下行 8 空间流 上行 4 空间流
3	用户体验速率	eMBB （密集城区）	下行100 Mbit/s 上行50 Mbit/s	
4	5% 边缘用户频谱效率	eMBB	室内热点： 下行0.3 bit·s^{-1} · Hz^{-1} 上行0.21 bit·s^{-1} · Hz^{-1} 密集城区： 下行0.225 bit·s^{-1} · Hz^{-1} 上行0.15 bit·s^{-1} · Hz^{-1} 农村及偏远地区： 下行0.12 bit·s^{-1} · Hz^{-1} 上行0.045 bit·s^{-1} · Hz^{-1}	

（续表）

序号	指标名称		适用场景	指标值	备注
5	平均频谱效率		eMBB	室内热点： 下行9 $bit \cdot s^{-1} \cdot Hz^{-1}$ 上行6.75 $bit \cdot s^{-1} \cdot Hz^{-1}$ 密集城区： 下行7.8 $bit \cdot s^{-1} \cdot Hz^{-1}$ 上行5.4 $bit \cdot s^{-1} \cdot Hz^{-1}$ 农村及偏远地区： 下行3.3 $bit \cdot s^{-1} \cdot Hz^{-1}$ 上行1.6 $bit \cdot s^{-1} \cdot Hz^{-1}$	按照 ITU-R M.2083 的定义，5G 平均频谱效率需达到 4G 的 3 倍
6	业务容量		eMBB（室内热点）	10 $Mbit \cdot s^{-1} \cdot m^{-2}$	
7	时延	用户面	eMBB、uRLLC	4ms for eMBB； 1ms for uRLLC	层 2/ 层 3 SDU[1] 包从发端到收端的单向时间
		控制面	eMBB、uRLLC	20ms	从电池效率状态到连续数据传输状态的过渡时间
8	连接密度		mMTC	1000000 devices/km^2	
9	能源效率		eMBB	没有数据时，支持高睡眠比例 / 时间	有数据时用平均频谱效率衡量
10	可靠性		uRLLC	10^{-5} ～ 1	32 Bytes PDU[2] 包；1ms 以内；覆盖边缘
11	移动性		eMBB	eMBB（农村及偏远地区）支持 500 km/h	
12	移动中断时间		eMBB、uRLLC	0	
13	带宽			至少支持 100MHz 带宽；高频（6GHz 以上）支持 1GHz 带宽；支持可扩展带宽	

注：1. SDU（Service Data Unit，服务数据单元）。
2. PDU（Protocol Data Unit，协议数据单元）。

1.4 5G 的标准

1.4.1 5G 主要标准组织

5G 技术标准主要由两个组织定义，ITU 和 3GPP。ITU 提出 5G 标准的愿景和需求，评估各方提交的 5G 标准提案，最后批准发布 5G 技术标准；3GPP 根据 ITU 的需求制订详细的标准计划，并组织实施具体的编制工作。

1. ITU

ITU 的历史可以追溯到 1865 年，它于 1947 年 10 月 15 日成为联合国的一个专门机构，其总部由瑞士伯尔尼迁至日内瓦。ITU 是联合国历史最长的一个国际组织，中文简称“国际电联”。ITU 是主管信息通信技术事务的国际组织，负责分配和管理全球无线电频谱与卫星轨道资源，制定全球电信标准，向发展中国家提供电信援助，促进全球电信发展。ITU 在法律上不是联合国附属机构，它的决议和活动不需要联合国批准，不过每年要向联合国提交工作报告。

ITU 成员包括 193 个成员、700 多个部门成员、部门准成员和学术成员。ITU 的组织结构主要分为电信标准化部门（ITU-T）、无线电通信部门（ITU-R）和电信发展部门（ITU-D）。ITU 每年召开一次理事会，每 4 年召开一次全权代表大会、世界电信标准化全会和世界国际电信大会，每两年召开一次世界性和区域性无线电通信大会。ITU 的简要组织结构如图 1-4 所示。

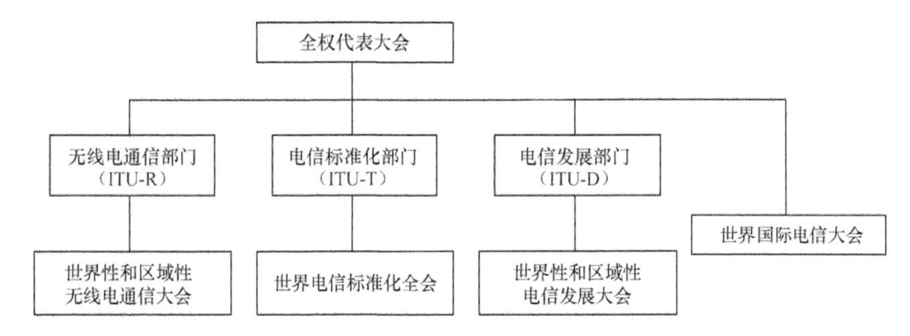

图1-4　ITU的简要组织结构

ITU-T、ITU-R 和 ITU-D 主要下辖的研究组和主要研究方向如下所述。

（1）电信标准化部门（ITU-T）

目前，电信标准化部门主要下辖 10 个研究组（Study Group，SG）。

SG2：业务提供和电信管理的运营问题。

SG3：包括相关电信经济和政策问题在内的资费及结算原则。

SG5：环境和气候变化。

SG9：电视和声音传输及综合宽带有线网络。

SG11：信令要求、协议和测试规范。

SG12：性能、服务质量（Quality of Service，QoS）和体验质量（Quality of Experience，QoE）。

SG13：包括移动和下一代网络（Next Generation Nerwork，NGN）在内的未来网络。

SG15：光传输网络及接入网基础设施。

SG16：多媒体编码、系统和应用。

SG17：安全。

（2）无线电通信部门（ITU-R）

目前，无线电通信部门主要下辖 6 个研究组。

SG1：频谱管理。

SG3：无线电波传播。

SG4：卫星业务。

SG5：地面业务。

SG6：广播业务。

SG7：科学业务。

（3）电信发展部门（ITU-D）

电信发展部门的职责是鼓励发展中国家参与国际电联的研究工作，组织召开技术研讨会，使发展中国家了解国际电联的工作，尽快应用国际电联的研究成果；鼓励国际合作，为发展中国家提供电信援助，在发展中国家建设和完善通信网络。

目前ITU-D设立了两个研究组。

SG1：负责电信发展政策和策略的研究。

SG2：负责电信业务、网络和ICT应用的发展和管理。

2. 3GPP

3GPP成立于1998年12月，其最初的工作范围是为第三代移动通信系统制订全球适用的技术规范和技术报告。随后3GPP扩展了工作范围，增加了对通用陆地无线接入（Universal Terrestrial Ratio Access，UTRA）长期演进系统的研究和标准制定，包括4G、5G及后续技术标准。

3GPP的会员包括3类：组织伙伴（Organizational Partners，OP）、市场代表伙伴（Market Representation Partners，MRP）和独立会员（Individual Members，IM）。

目前，3GPP有7个OP，包括欧洲电信标准化协会（European Telecommunications Standards Institute，ETSI）、日本无线工业及商贸联合会（Association of Radio Industries and Businesses，ARIB）、电信技术委员会（Telecommunication Technology Committee，TTC）、中国通信标准化协会（China Communications Standards Association，CCSA）、韩国电信技术协会（Telecommunications Technology Association，TTA）、北美电信产业解决方案联盟（Alliance for Telecommunications Industry Solutions，ATIS）和印度电信标准化发展协会（Telecommunications Standards Development Society of India，TSDSI），这6个国家（地区）的7个组织通常也称作标准开发组织（Standards Development Organization，SDO），SDO共同决定3GPP的整体政策和策略。3GPP受SDO委托制定通用的技术规范，而各个SDO可能要制定国家和地区性的标准，在此过程中需要参考3GPP相关标准规范。各个SDO在3GPP中的法律地位是相同的，但ETSI和3GPP关系更为密切：ETSI全部采用3GPP标准并承担3GPP的日常维护工作。

目前，3GPP有13个MRP，包括3G Americas、Femto论坛、FMCA、Global UMTS TDD Alliance、GSA、GSM Association、IMS Forum、InfoCommunication Union、IPV6论坛、Mobile IGNITE、TDIA、TD-SCDMA论坛、UMTS论坛，它们被邀请参与3GPP以提供建议，并对

3GPP 中的一些新项目提出市场需求（例如，业务、功能需求等）。

各个希望参与 3GPP 标准制定工作的实体组织首先需要注册成为任意一个 SDO 的成员，再进一步注册成为 3GPP 的 IM，才具有相应的 3GPP 决定权和投票权。全球各个知名设备商、运营商均具有 3GPP 的 IM 席位，共同参与标准规范的讨论和制定。例如，VDF、Orange、NTT、AT&T、Verizon、中国电信、中国移动、中国联通等运营商，Ericsson、Nokia、华为、中兴等设备商。

除上述 3 类会员外，3GPP 还有一些其他成员，包括 ITU 代表（ITU Representatives）、观察员（Observers）和宾客（Guests）。

3GPP 的组织结构中，顶层是由 7 个 OP 组成的项目协调组（Project Coordination Group，PCG），对技术标准组（Technology Standards Group，TSG）进行管理和协调。TSG 目前有 3 个，分别为 TSG 无线接入网（Radio Access Network，RAN）、TSG 业务与系统（Service and System Aspects，SA）、TSG 核心网与终端（Core Network and Terminals，CT）；每个 TSG 下又分多个工作组（Work Group，WG）。例如，负责长期演进（Long Term Evolution，LTE）标准化的 TSG RAN 分为 RAN WG1（无线物理层）、RAN WG2（无线层 2 和层 3）、RAN WG3（无线网络架构和接口）、RAN WG4（射频性能）、RAN WG5（终端一致性测试）和 RAN WG6（无线接入网）6 个工作组。

3GPP 制定的标准规范以 Release 作为版本进行管理，平均 1～2 年就会完成一个版本的制定，从建立之初的 R99（Release 99，唯一的以年份命名的版本），之后是 R4（Release 4），目前正式发布的版本已经发展到了 R15（Release 15），R16（Release 16）也于 2020 年 7 月 3 日被冻结，R17（Release 17）已经正式立项。

3GPP 对工作的管理和开展以项目的形式进行，最常见的形式是工作项目（Work Item，WI）和研究项目（Study Item，SI）。3GPP 对标准文本采用分系列的方式进行管理，5G 标准为 38 系列，而之前的 LTE 标准为 36 系列，WCDMA 和 TD-SCDMA 接入网部分标准为 25 系列、核心网部分标准为 22、23、24 等系列。

3GPP WG 提供技术规范（Technical Specifications，TS）和技术报告（Technical Reports，TR），并提交给 TSG 批准；待 TSG 批准后，TS 和 TR 就会被提交到 SDO 成员处进行各自的标准化处理流程。3GPP 文档的编码规则如图 1-5 所示。例如，3GPP TS 38.410 V15.2.0 表示 3GPP 技术规范、38 系列、410 规范、R15 版本、子版本号 2.0，这是技术规范《NG general aspects and principles》（NG 通用方面及原则）的文档编号。

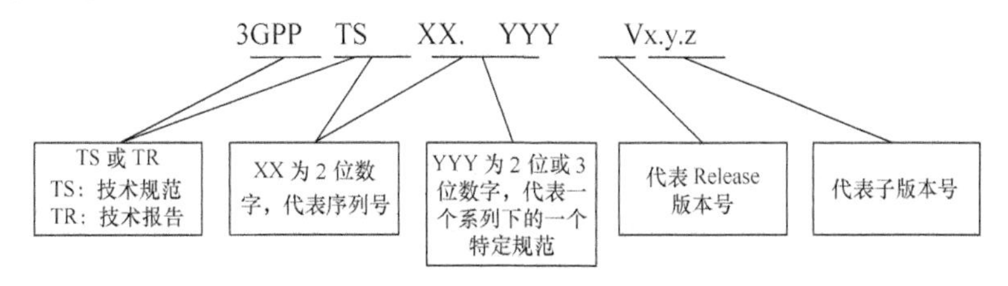

图1-5　3GPP文档的编码规则

1.4.2 5G 标准演进

目前，3GPP 5G 标准主要是 Release 15 标准和 Release 16 标准；2019 年 6 月初在美国加尼福尼亚州结束的 3GPP RAN #84 会议上，3GPP 带来了 5G 空口标准的最新时间表（Release 15/16/17）及 5G 演进标准 Release 17 的工作方向。

1. 5G 标准 Release 15

Release 15 作为第一阶段的 5G 标准版本，按照时间先后分为 3 个部分，现已经完成并冻结。

Early drop（早期交付）：即支持 5G NSA（非独立组网）模式，系统架构选项采用 Option 3，对应规范及抽象语法标记（Abstract Syntax Notation One，ASN.1）在 2018 年第一季度已经冻结。

Main drop（主交付）：即支持 5G SA（独立组网）模式，系统架构选项采用 Option 2，对应规范及 ASN.1 分别在 2018 年 6 月及 9 月已经冻结。

Late drop（延迟交付）：这是 2018 年 3 月在原有的 R15 NSA 与 SA 模式的基础上进一步拆分出的第 3 部分，包含了考虑部分运营商升级 5G 需要的系统架构选项 Option4 与 7.5G NR 新空口双连接控制域（NR-NR DC）等。标准冻结时间比原定计划推迟了3个月。

目前全球范围内正在启动的 5G 商用服务，主要还是基于 2019 年 3 月版标准的 Release 15 NSA 模式，Release 15 SA 模式组网也已开始，但可能到 2021 年才会在部分城市大规模商用 SA 网络。

2. 5G 标准 Release 16

Release 16 作为第二阶段的 5G 标准版本，主要关注垂直行业应用及整体系统的提升，主要功能包括面向智能汽车交通领域的5G车用无线通信（Vehicle-to-Everything，V2X），在物联网（Internet of Things，IoT）和 uRLLC 增强方面增加可以在工厂全面替代有线以太网的 5G NR 能力，例如，时间敏感联网等，包括授权频谱辅助接入（Licensed-Assisted Access，LAA）与独立非授权频段的 5G NR；其他系统的提升与增强，包括定位、MIMO 增强、功耗改进等。

2018 年 6 月，Release 16 的内容范围已经确定，原计划在 2020 年 3 月完成其物理层规范。

受 Release 15 Late drop 版本冻结时间推迟的影响，Release 16 规范的冻结时间由原定的 2019 年 12 月推迟至 2020 年 3 月，ASN.1 冻结时间推迟到 2020 年 6 月。

受新冠肺炎疫情全球暴发对全球移动产业的影响，在 2020 年 3 月的 3GPP RAN #87 全体电子会议上，Release 16 的最新时间表得到了批准。Release 16 第 3 阶段冻结时间推迟 3 个月至 2020 年 6 月。2020 年 7 月 3 日，Release 16 被冻结。

3. 5G 标准 Release 17

3GPP 5G 标准 Release 17 版本已经启动准备工作。Release 17 的几个关键时间点已经确定。

2019 年 6 月 3GPP RAN #84 会议上专门安排了一整天的时间来讨论 Release 17 的相关建议，将各家厂商提出的建议都归到了工作区并开始基于邮件的讨论。

2019 年 9 月 3GPP RAN #85 会议上汇总了评审工作区的邮件讨论进展并进行调整。

2019 年 12 月 3GPP RAN #86 会议最终确认批准了 Release 17 的内容，后面正式开始 Release 17 规范的制定。

另外，2019 年 12 月召开的 3GPP RAN #86 会议上对 Release 17 的技术演进路线进行了规划和布局，最终围绕“网络智慧化、能力精细化、业务外延化”三大方向共设立了 23 个标准立项。这 23 个标准立项涵盖面向网络智能运维的数据采集及应用增强，面向赋能垂直行业的无线切片增强、精准定位、工业物联网（Industrial Internet of Things，IIoT）及 uRLLC 增强、低成本终端，以及面向能力拓展的非地面网络通信（卫星通信及地空宽带通信）、覆盖增强、MIMO 增强（包含高铁增强）等项目。3GPP RAN Release 17版本的重要标准立项见表 1-3。我国三大电信运营商也牵头了 3GPP RAN Release 17 版本的多项重要标准立项。

表1-3　3GPP RAN Release 17版本的重要标准立项

立项项目	报告人
RAN Slicing（SI）增强的研究（无线网络切片增强）	中国移动、中兴通讯
关于 NR 增强（WI）中 SON/MDT 数据收集的新无线信息设备（Wireless Information Device，WID）	中国移动、爱立信
NR（WI）中的 MIMO 增强功能介绍	三星
NR sidelink 增强（WI）上的新 WID	LG 电子
SID：在 52.6 GHz（SI）以上对 NR 支持的研究	英特尔、高通
新的 WID 提案可将 NR 的运营扩展到 71GHz（WI）	高通、英特尔
关于增强型工业物联网（IoT）和 uRLLC 支持（WI）的新 WID	诺基亚
关于多无线双连接的新 WID 增强功能（WI）	华为
NTN上的 NB-IoT/eMTC 的 SI	联发科技、Eutelsat
新的WID研究：Release 17 增强了 NB-IoT 和 LTE（Wi）	华为、爱立信
新的WID：NR 支持非地面网络（Non-Terrestrial Networks，NTN）（WI）的解决方案	Thales（泰雷兹-法国）
针对NR（SI）的定位增强功能的新SID建议	英特尔、CATT
支持轻量级低复杂度NR设备（SI）的新SID	爱立信
NR 上的新SID覆盖率增强（SI）	中国电信
针对NR（SI）的XR评估的新安全标识符（Security Identifiers，SID）提案	高通公司
NR动态频谱共享（Dynamic Spectrum Sharing，DSS）（WI）上的新 WID	爱立信
新的WID提议：NR 组播和广播服务（WI）	华为、中国移动
新的WID：在 Release17（WI）中支持Multi-SIM 设备	vivo
关于IAB 增强功能（WI）的新WID	高通公司
NR 处于无效状态（WI）的小数据传输上的新WID	中兴通讯
NR sidelink 中继（SI）上的新研究项目	OPPO
新的WID：UE 节能增强功能（WI）	联发科技
新的WID：NR 针对各种服务（WI）的QoE管理和优化	爱立信、中国联通
* 新SID：关于数据收集进一步增强（SI）的研究（延期讨论）	中国移动
* 新的WID：增强对 NG-RAN（WI）的专用网络的支持（延期讨论）	中国电信

在2020年3月3GPP RAN #87会议上，TSG和工作组领导层同意将Release 17的时间表推迟3个月，2021年9月，Release 17第3阶段将冻结，2021年12月，Release 17 ASN.1和OpenAPI规范将冻结。

1.5 5G频谱

1.5.1 3GPP频段

3GPP已指定5G NR支持的频段列表，5G NR频谱带宽可达100GHz，3GPP还指定了两大频率范围。5G NR频率范围见表1-4。

表1-4 5G NR频率范围

频率范围名称	对应频率范围
FR1	450MHz ～ 6.0GHz
FR2	24.25GHz ～ 52.6GHz

FR1：Frequency Range 1，Sub-6GHz频段，频段范围为450MHz～6.0GHz，最大信道带宽为100MHz。

FR2：Frequency Range 2，毫米波频段，频率范围为24.25GHz～52.6GHz，最大信道带宽为400MHz。

3GPP为5G NR定义了灵活的子载波间隔，不同的子载波间隔对应不同的频率范围。5G NR子载波间隔见表1-5。

表1-5 5G NR子载波间隔

子载波间距	频率范围	信道带宽
15kHz	FR1	50MHz
30kHz	FR1	100MHz
60kHz	FR1、FR2	200MHz
120kHz	FR2	400MHz

5G NR频段分为频分双工（Frequency Division Duplexing，FDD）、时分双工（Time Division Duplexing，TDD）、上行辅助（Supplementary Upload，SUL）和下行辅助（Supplementary Download，SDL）。SUL和SDL为补充频段（Supplementary Bands），分别代表上行和下行。

与LTE不同，5G NR频段号标识以“n”开头。例如，LTE的B3（Band 3），在5G NR中称为n3，B3和n3的频段范围均为上行1710MHz ～ 1785MHz，下行1805MHZ ～ 1880MHz。

5G NR FR1（Sub-6GHz）频段见表1-6。

表1-6　5G NR FR1（Sub-6GHz）频段

频段号	子载波间隔 / kHz	上行 /MHz	上行频点范围 起止 –< 步进 >– 终止	下行 /MHz	下行频点范围 起止 –< 步进 >– 终止	带宽 / MHz	双工模式
N1	100	1920～1980	384000<20>-396000	2110～2170	422000-<20>-434000	60	FDD
N2	100	1850～1910	370000-<20>-382000	1930～1990	386000-<20>-398000	60	FDD
N3	100	1710～1785	342000-<20>-357000	1805～1880	361000-<20>-376000	75	FDD
N5	100	824～849	164800-<20>-169800	869～894	173800-<20>-178800	25	FDD
N7	100	2500～2570	500000-<20>-514000	2620～2690	524000-<20>-538000	70	FDD
N8	100	880～915	176000-<20>-183000	925～960	185000-<20>-192000	35	FDD
N12	100	699～716	139800-<20>-143200	729～746	185000-<20>-192000	17	FDD
N14	100	788～798	157600-<20>-159600	758～768	151600-<20>-153600	10	FDD
N18	100	815～830	163000-<20>-166000	860～875	172000-<20>-175000	15	FDD
N20	100	832～862	166400-<20>-172400	791～821	145800-<20>-149200	30	FDD
N25	100	1850～1915	370000-<20>-383000	1930～1995	386000-<20>-399000	65	FDD
N28	100	703～748	140600-<20>-149600	758～803	151600-<20>-160600	45	FDD
N29	100	N/A	N/A	717～728	143400-<20>-145600	11	SDL
N30	100	2305～2315	461000-<20>-463000	2350～2360	470000-<20>-472000	10	FDD
N34	100	2010～2025	402000-<20>-405000	2010～2025	402000-<20>-405000	15	TDD
N38	100	2570～2620	514000-<20>-524000	2570～2620	514000-<20>-524000	50	TDD
N39	100	1880～1920	376000-<20>-384000	1880～1920	376000-<20>-384000	40	TDD
N40	100	2300～2400	460000-<20>-480000	2300～2400	460000-<20>-480000	100	TDD
N41	15	2496～2690	499200-<3>-537999	2496～2690	499200-<3>-537999	194	TDD
	30		499200-<6>-537996		499200-<6>-537996		
N48	15	3550～3700	636667-<1>-646666	3550～3700	636667-<1>-646666	150	TDD
	30		636668-<2>-646666		636668-<2>-646666		
N50	100	1432～1517	286400-<20>-303400	1432～1517	286400-<20>-303400	85	TDD
N51	100	1427～1432	285400-<20>-286400	1427～1432	285400-<20>-286400	5	TDD
N65	100	1920～2010	384000-<20>-402000	2110～2200	422000-<20>-440000	90	FDD
N66	100	1710～1780	342000-<20>-356000	2110～2200	422000-<20>-440000	70/90	FDD
N70	100	1695～1710	339000-<20>-342000	1995～2020	399000-<20>-404000	15/25	FDD
N71	100	663～698	132600-<20>-139600	617～652	123400-<20>-130400	35	FDD
N74	100	1427～1470	285400-<20>-294000	1475～1518	295000-<20>-303600	43	FDD
N75	100	N/A	N/A	1432～1517	286400-<20>-303400	85	SDL
N76	100	N/A	N/A	1427～1432	285400-<20>-286400	5	SDL
N77	15	3300～4200	620000-<1>-680000	3300～4200	620000-<1>-680000	900	TDD
	30		620000-<2>-680000		620000-<2>-680000		

（续表）

频段号	子载波间隔 / kHz	上行 /MHz	上行频点范围 起止 –< 步进 >– 终止	下行 /MHz	下行频点范围 起止 –< 步进 >– 终止	带宽 / MHz	双工模式
N78	15	3300 ~ 3800	620000–<1>–653333	3300 ~ 3800	620000–<1>–653333	500	TDD
	30		620000–<2>–653332		620000–<2>–653332		
N79	15	4400 ~ 5000	693334–<1>–733333	4400 ~ 5000	693334–<1>–733333	600	TDD
	30		693334–<2>–733332		693334–<2>–733332		
N80	100	1710 ~ 1785	342000–<20>–357000	N/A	N/A	75	SUL
N81	100	880 ~ 915	176000–<20>–183000	N/A	N/A	35	SUL
N82	100	832 ~ 862	166400–<20>–172400	N/A	N/A	30	SUL
N83	100	703 ~ 748	140600–<20>–149600	N/A	N/A	45	SUL
N84	100	1920 ~ 1980	384000–<20>–396000	N/A	N/A	60	SUL
N86	100	1710 ~ 1780	342000–<20>–356000	N/A	N/A	70	SUL
N89	100	824 ~ 849	164800–<20>–169800	N/A	N/A		SUL
N90	15	2496 ~ 2690	499200 – <3> – 537999	2496 ~ 2690	499200–<3>–537999	194	TDD
	30		499200–<6>–537996		499200–<6>–537996		
	100		499200–<20>–538000		499200–<20>–538000		

5G NR FR2（毫米波）频段见表 1-7。

表1-7　5G NR FR2（毫米波）频段

频段号	子载波间隔 / kHz	上行 /MHz	上行频点范围 起止 –< 步进 >– 终止	下行 /MHz	下行频点范围 起止 –< 步进 >– 终止	带宽 / MHz	双工模式
N257	60	26500 ~ 29500	2054166–<1>–2104165	26500 ~ 29500	2054166–<1>–2104165	30000	TDD
	120		2054167–<2>–2104165		2054167–<2>–2104165		
N258	60	24250 ~ 27500	2016667–<1>–2070832	24250 ~ 27500	2016667–<1>–2070832	30000	TDD
	120		2016667–<2>–2070831		2016667–<2>–2070831		
N260	60	37000 ~ 40000	2229166–<1>–2279165	37000 ~ 40000	2229166–<1>–2279165	30000	TDD
	120		2229167–<2>–2279165		2229167–<2>–2279165		
N261	60	27500 ~ 28350	2070833–<1>–2084999	27500 ~ 28350	2070833–<1>–2084999	850	TDD
	120		2070833–<2>–2084997		2070833–<2>–2084997		

1.5.2　中国运营商 2G/3G/4G 频率使用状况

经过多年的发展，中国三大电信运营商均形成了 2G/3G/4G 网络并存的布局。在工业和信息化部分配 5G 频率之前，中国三大电信运营商频率使用状况见表 1-8。

表1-8　在工业和信息化部分配5G频率之前，中国三大电信运营商频率使用状况

运营商	网络	上行 /MHz	下行 /MHz	频谱带宽 /MHz	双工方式
中国移动	GSM/LTE FDD/NB-IoT	889 ～ 909	934~954	2×20	FDD
	GSM/LTE FDD	1710 ～ 1735	1805 ～ 1830	2×25	FDD
	TD-LTE A 频段	2010 ～ 2025	2010 ～ 2025	15	TDD
	TD-LTE F 频段	1880 ～ 1915	1880 ～ 1915	35	TDD
	TD-LTE E 频段	2320 ～ 2370	2320 ～ 2370	50	TDD
	TD-LTE D 频段	2575 ～ 2635	2575 ～ 2635	60	TDD
	合计			2×45+160	
中国联通	GSM/WCDMA/LTE FDD	909 ～ 915	954 ～ 960	2×6	FDD
	GSM/LTE FDD/NB-IoT	1735 ～ 1765	1830 ～ 1860	2×30	FDD
	WCDMA/LTE FDD	1940 ～ 1965	2130 ～ 2155	2×25	FDD
	TD-LTE	2300 ～ 2320	2300 ～ 2320	20	TDD
	TD-LTE	2555 ～ 2575	2555 ～ 2575	20	TDD
	合计			2×61+40	
中国电信	CDMA/LTE FDD/NB-IoT	824 ～ 835	869 ～ 880	2×11	FDD
	LTE FDD	1765 ～ 1780	1860 ～ 1875	2×15	FDD
	LTE FDD	1920 ～ 1940	2110 ～ 2130	2×20	FDD
	TD-LTE	2370 ～ 2390	2370 ～ 2390	20	TDD
	TD-LTE	2635 ～ 2655	2635 ～ 2655	20	TDD
	合计			2×46+40	
总计				2×152+240	

注：2300MHz ～ 2390MHz 限室内使用。

从表 1-8 可以看出，在 5G 频率分配前，中国移动拥有的FDD频谱资源为 2×45MHz、TDD 频谱资源为 160MHz；中国联通拥有的FDD频谱资源为 2×61MHz、TDD 频谱资源为40MHz；中国电信拥有的 FDD 频谱资源为 2×46MHz、TDD 频谱资源为 40MHz；三大电信运营商合计拥有的 FDD 频谱资源为 2×152MHz、TDD 频谱资源为 240MHz。

1.5.3　中国 5G 频谱分析

2017 年11月15日，《工业和信息化部关于第五代移动通信系统使用 3300—3600MHz 和 4800—5000MHz 频段相关事宜的通知》（工信部无〔2017〕276 号）发布，规划 3300MHz ～ 3600MHz 和 4800MHz ～ 5000MHz 频段作为5G系统的工作频段，其中，3300MHz ～ 3400MHz 频段原则上限室内使用。本次发布的5G系统频率使用规划，能够兼顾系统覆盖和大容量的基本需求，这些工作频段是我国 5G 系统先期部署的主要频段。

2018 年 12 月 10 日，工业和信息化部向中国移动、中国电信、中国联通 3 家电信运营企业颁发了全国范围内 5G 系统中低频段试验频率使用许可。

2019 年 6 月 6 日，工业和信息化部向中国移动、中国电信、中国联通及中国广电发放了 5G 牌照。

2019 年 8 月 1 日，《国家无线电办公室关于印发基础电信运营企业间频率协调工作会议纪要的函》（国无办函〔2019〕28 号）明确了中国电信、中国移动、中国联通 3 家电信运营商关于 900MHz、1900MHz、2600MHz 频段的频率调整方案和计划。

2020 年 1 月 3 日，工业和信息化部依申请向中国广电颁发 4.9GHz 频段 5G 试验频率使用许可，同意其在北京等16个城市部署5G网络。

2020 年 2 月 10 日，工业和信息化部分别向中国电信、中国联通、中国广电颁发无线电频率使用许可证，同意3家企业在全国范围共同使用 3300MHz～3400MHz 频段频率用于 5G 室内覆盖。

2020 年 3 月 25 日，《工业和信息化部关于调整 700MHz 频段频率使用规划的通知》（工信部无〔2020〕50 号）发布，将 702MHz ～ 798MHz 频段频率使用规划调整用于移动通信系统，并将 703MHz ～ 743MHz/758MHz ～ 798MHz 频段规划用于频分双工（FDD）工作方式的移动通信系统。

2020 年 5 月，《工业和信息化部无线电管理局关于做好 700MHz 频段频率台站管理有关事宜的通知》（工无函〔2020〕232 号）明确了中国广电可使用 703MHz ～ 733MHz/758MHz ～ 788MHz 频段分批、分步在全国范围内部署 5G 网络。

中国 5G NR 频率分配方案（截至 2020 年 5 月）见表 1-9。

表1-9 中国5G NR频率分配方案（截至2020年5月）

运营商	网络	频率范围/MHz	带宽/MHz	双工方式	备注
中国移动	5G NR	2515 ～ 2675	160	TDD	含： 中国移动4G网络原有 2575MHz ～ 2635MHz，60MHz 带宽 中国联通退出 2555MHz ～ 2575MHz，20MHz 带宽 中国电信退出 2635MHz ～ 2655MHz，20MHz 带宽
	5G NR	4800 ～ 4900	100	TDD	
	合计		260		
中国电信	5G NR	3400 ～ 3500	100	TDD	
	5G 室内	3300 ～ 3400	100	TDD	中国电信、中国联通、中国广电共同使用
	合计		200		

（续表）

运营商	网络	频率范围 / MHz	带宽 / MHz	双工方式	备注
中国联通	5G NR	3500 ～ 3600	100	TDD	
	5G 室内	3300 ～ 3400	100	TDD	中国电信、中国联通、中国广电共同使用
	合计		200		
中国广电	5G NR	上行：703 ～ 733 下行：758 ～ 788	2 × 30	FDD	
	5G NR	4900 ～ 4960	60	TDD	
	5G 室内	3300 ～ 3400	100	TDD	中国电信、中国联通、中国广电共同使用
	合计		2 × 30+160		
总计			2 × 30+620		

中国 5G NR 各频段优劣势比较见表 1-10。

表1-10　中国5G NR各频段优劣势比较

频段	优势	劣势
700MHz	1. 覆盖范围广，绕射能力强，可大幅降低建网和运营成本 2. 信号传输损耗小，多普勒频偏更小，高速移动的稳定性更好	1. 频段带宽资源小，速率相比较差 2. 清频工作难度较大 3. 产业链成熟度相对落后
2.6GHz	1. 覆盖能力较好 2. 现有室分系统支持该频段，可升级 3. 高铁、隧道等场景使用现有泄漏电缆支持该频段	1. 产业链成熟度相对落后 2. 非国际主流频段，国际漫游支持率低
3.5GHz	1. 产业链成熟度领先 2. 国际主流频段，国际漫游支持率高	1. 覆盖能力较差 2. 现有室分系统不支持该频段，不可升级 3. 高铁、隧道等场景使用的现有泄漏电缆不支持该频段
4.9GHz	频率干扰较少	1. 产业链成熟度落后 2. 覆盖能力较差 3. 现有室分系统不支持该频段，不可升级 4. 高铁、隧道等场景使用的现有泄漏电缆不支持该频段

可以看出，中国移动获得相对较多的频谱资源，由于已有大量 2.6GHz 频段的 4G 基站，在部署 5G 网络时需要增加的站址较少，现有室分系统和泄漏电缆又支持 2.6GHz 频段，所以一旦产业链成熟，中国移动可以快速完成 5G 网络建设。但是，在颁发频率许可证时，2.6GHz 和 4.9GHz 频段的产业链成熟度相对落后，中国移动将消耗更多的资金和时间以促进产业链的成熟。

中国电信和中国联通则获得了国际主流黄金频段，产业链成熟度领先，但由于 3.5GHz 频段的覆盖能力相对较差，部署5G网络时需要增加较多站址，且不支持现有室分系统和泄漏电缆，所以在建设进度和投资金额上将面临较大挑战。

中国广电获得覆盖能力最佳的700MHz频段，可以节约网络建设和运维成本，不过700MHz带宽较小，速率相对较差，700MHz频谱的清频工作难度较大，产业链成熟度相对较低。

2019年8月，《国家无线电办公室关于印发基础电信运营企业间频率协调工作会议纪要的函》(国无办函〔2019〕28号)公布，运营商间频率腾退方案如下所述。

中国移动腾退904MHz～909MHz/949MHz～954MHz给中国联通。

中国移动腾退1880MHz～1885MHz用作FDD和TDD之间的干扰隔离带。

中国电信获得1785MHz～1780MHz/1875MHz～1880MHz许可。

对2600MHz频段的分配与2018年12月发布的5G频率分配方案一致。

中国四大电信运营商频率使用状况（截至2020年5月）见表1-11。

表1-11 中国四大电信运营商频率使用状况（截至2020年5月）

运营商	网络	上行/MHz	下行/MHz	频谱带宽/MHz	双工方式	
中国移动	GSM/LTE FDD/NB-IoT	889～904	934～949	2×15	FDD	
	GSM/LTE FDD	1710～1735	1805～1830	2×25	FDD	
	TD-LTE A频段	2010～2025	2010～2025	15	TDD	
	TD-LTE F频段	1885～1915	1885～1915	30	TDD	
	TD-LTE E频段	2320～2370	2320～2370	50	TDD	
	TD-LTE/5GNR	2515～2675	2515～2675	160	TDD	
	5G NR	4800～4900	4800～4900	100	TDD	
	合计			2×40+355		
中国联通	GSM/WCDMA/LTE FDD/NB-IoT	904～915	949～960	2×11	FDD	
	GSM/LTE FDD/NB-IoT	1735～1765	1830～1860	2×30	FDD	
	WCDMA/LTE FDD	1940～1965	2130～2155	2×25	FDD	
	TD-LTE	2300～2320	2300～2320	20	TDD	
	5G NR	3300～3400	3300～3400	100	TDD	三家共用
	5G NR	3500～3600	3500～3600	100	TDD	
	合计			2×66+220		
中国电信	CDMA/LTE FDD/NB-IoT	824～835	869～880	2×11	FDD	
	LTE FDD	1765～1785	1860～1880	2×20	FDD	
	LTE FDD	1920～1940	2110～2130	2×20	FDD	

（续表）

运营商	网络	上行 /MHz	下行 /MHz	频谱带宽 /MHz	双工方式	
中国电信	TD-LTE	2370 ～ 2390	2370 ～ 2390	20	TDD	
	5G NR	3300 ～ 3400	3300 ～ 3400	100	TDD	三家共用
	5G NR	3400 ～ 3500	3400 ～ 3500	100	TDD	
	合计			2 × 51+220		
中国广电	5G NR	703 ～ 733	758 ～ 788	2 × 30	FDD	
	5G NR	3300 ～ 3400	3300 ～ 3400	100	TDD	三家共用
	5G NR	4900 ～ 4960	4900 ～ 4960	60	TDD	
	合计			2 × 30+160		
总计				2 × 187+755		

注：2300MHz ～ 2390MHz 及 3300MHz ～ 3400MHz 限室内使用。

从表 1-11 可以看出，5G 牌照发放后，截至 2020 年 5 月，中国移动拥有的 FDD 频谱资源为 2 × 40MHz、TDD 频谱资源为 355MHz；中国联通拥有的 FDD 频谱资源为 2 × 66MHz、TDD 频谱资源为 220MHz；中国电信拥有的 FDD 频谱资源为 2 × 51MHz、TDD 频谱资源为 220MHz；中国广电拥有的 FDD 频谱资源为 2 × 30MHz，TDD 频谱资源为 160MHz。四大电信运营商合计拥有的 FDD 频谱资源为 2 × 187MHz、TDD 频谱资源为 755MHz。

按照低频段（700MHz ～ 1000MHz）、中低频段（1700MHz ～ 2400MHz）和中高频段（2500MHz ～ 5000MHz）进行分段统计，中国四大电信运营商频率使用状况分频段统计（截至 2020 年 5 月）见表 1-12。

表1-12　中国四大电信运营商频率使用状况分频段统计（截至2020年5月）

运营商	低频段 / 700MHz ～ 1000MHz	中低频段 / 1700 MHz ～ 2400MHz		中高频段 / 2500MHz ～ 5000MHz	
		室外	室内		
中国移动	2 × 15	2 × 25+45	50	260	
中国联通	2 × 11	2 × 55	20	200	
中国电信	2 × 11	2 × 40	20	200	3300MHz ～ 3400MHz 为三家共用
中国广电	2 × 30			160	
合计	2 × 67	2 × 120+45	90	620	

中国四大电信运营商频率使用状况（截至 2020 年 5 月）如图 1-6 所示。

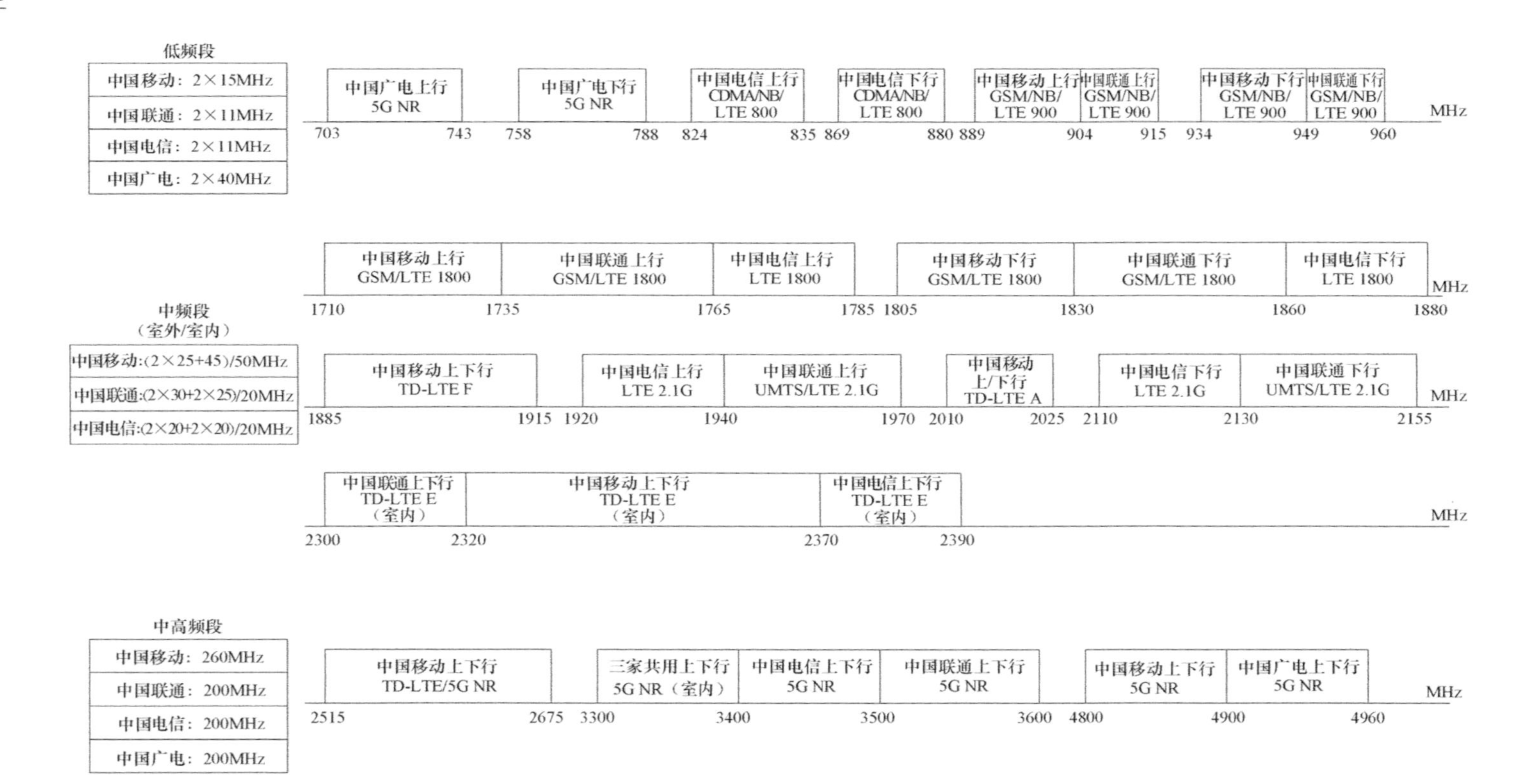

注：中国联通、中国电信、中国广电三家共用 3300MHz～3400MHz。

图1-6　中国四大电信运营商频率使用状况（截至2020年5月）

5G

第2章

5G 网络系统架构

面向未来移动通信的5G网络与4G网络相比，是一个支持更大带宽、更短时延、更多用户、更高速移动的网络，需要满足超高连接数密度、超高流量密度、超低时延、超高可靠性等严苛指标，这对系统架构提出了极高的要求。

2.1 5G 对网络架构的重构

5G 网络的目标是实现一个全连接、全移动、端到端的生态通信系统。传统网络在一直以来的发展过程中更强调对网络底层传送能力的加强，却忽略了增强向上层应用和业务更灵活地开放网络的能力，导致网络缺少流程化的能力开放接口，业务很难灵活地调用网络能力。而 5G 将会彻底颠覆目前的通信网络架构，通过引入软件定义网络（Software Defined Network，SDN）和网络功能虚拟化（Network Function Virtualization，NFV）等新技术，将淘汰传统网络网元功能耦合、网络拓扑复杂、协议定义固化的架构，充分展示基于 NFV、SDN 等新技术的创新架构在实现通信网络的敏捷性、灵活性、开放性等方面的优势。

2.1.1 5G 网络架构重构技术

5G 在要求网络架构更加扁平化的同时，还需要其架构特别灵活以实现资源的按需调配。基于 SDN 和 NFV 技术搭建新架构是网络重构的重要方向，它以网络的控制与转发分离、网络软硬件解耦为基本特征，是全局性、革命性的架构重构。

1. 引入 SDN 和 NFV 技术的原因

（1）传统网络架构的缺点

现有的移动通信网络主要以满足语音通信和常规的数据业务为目的，在构建初期没有充分考虑服务和基础架构，发展过程中也一直是在旧的架构上进行新增和修补。在经历 3GPP 多个版本的升级后，网元数量和接口不断增加，而且网元功能存在重叠。一直发展到 4G 核心网络（Evolved Packet Core，EPC）架构，物理组件之间的功能划分仍然非常耦合，功能的耦合也增加了部署的难度，增加新业务意味着需要增加一个新的网元或新的接口，不可避免地需要考虑新网元或新接口与现有网络兼容的问题，而且新网元或新接口的引入往往会影响到其他多个现有网元和接口，出现“牵一发而动全身”的局面，同时功能的实现也严重依赖物理硬件，很多功能的实现必须部署在专有设备上。

总结来讲，传统 EPC 架构的耦合主要体现在以下两个方面。

● 控制面和用户面的解耦仍不彻底，例如，EPC 中的服务网关（Serving GateWay，SGW）

和分组数据网关（Packet Data Network GateWay，PGW）仍兼有控制面和用户面功能。

● 硬件和软件的耦合。

这两个方面的耦合带来了以下3个方面的限制。

● 给运营商部署网络带来成本和时间上的挑战。

● 随着终端以及服务的类型越来越多，开发新的功能和服务越来越困难，同时无法高效地分配资源。

● 降低用户体验。

（2）SDN和NFV的技术优势

SDN技术是一种将网络设备的控制功能与转发功能分离，并将控制功能集中部署的软件可编程的新型网络体系架构。在传统网络中，控制功能是分布式地运行在各个网络节点（例如，集线器、交换机、路由器等）中的，因此如果要部署一个新的网络功能，就必须将相关的所有网络设备进行升级，这极大地阻碍了新功能的快速商用，限制了网络创新的灵活度。

SDN技术采取集中式部署的控制功能和分布式部署的转发功能架构，两个部分相互分离，控制功能利用控制—转发通信接口对转发功能上的网络设备进行集中控制，并向上层提供灵活的可编程能力，这个特性使SDN技术成为解决传统网络控制面和用户面耦合问题的理想选项。

NFV技术是利用虚拟化技术，将现有的各类网络设备功能整合进标准的工业IT设备，通过软硬件解耦及功能抽象，使网络功能不再依赖于专用硬件，资源可以充分灵活共享，实现新业务的快速开发和部署，并基于实际业务需求进行自动部署、弹性伸缩、故障隔离和自愈等。

NFV技术将传统通信网络设备功能软件化，通过虚拟化技术，基于IT通用的计算、存储、网络硬件等设备实现电信网络功能，实现传统电信产业与IT产业的深度融合，与传统软硬件封闭一体的架构相比，采用NFV技术将推动硬件和软件解耦，以及软件功能的分层解耦。

综上，引入SDN技术主要是为了解决传统网络架构控制面和用户面耦合的问题，控制面和用户面解耦可以使部署用户面功能变得更灵活，可以将用户面功能部署在距离无线接入网更近的地方，从而提高用户服务体验。而引入NFV技术主要是解决软件和硬件耦合的问题，从而实现降低采购成本和能源消耗，加速新业务的开发和上线，提高运维效率，促进网络开放和创新等目标。

2. 引入SDN和NFV技术带来的提升

（1）实现网络功能的全面软件化

SDN和NFV技术引入5G网络，可以更好地实现网络控制面和用户面的分离，既能使网络底层的转发功能部署更灵活，也能够让上层的控制功能更集中部署，有利于实现网络应用和功能的全面软件化。

（2）加速新业务开发和上线，提升业务开发效率

NFV技术可以将通用服务器的计算/存储/网络等硬件设备抽象为多种逻辑资源，供上层各种应用软件使用，同时NFV技术可以使应用软件与硬件解耦，使资源的供给速度大大提

高，从之前的数天甚至数月缩短到数分钟，这就极大地缩短了业务上线时间，使应用的创新和业务的扩展变得敏捷。同时 NFV 还可以实现应用软件所占用资源的弹性伸缩，从而实现资源和业务负荷的动态匹配，既提高了资源的利用效率，又保证了系统的响应速度。

（3）促进网络的高效运维

在运维方面，SDN 和 NFV 技术的引入，可以实现自动化集中管理模式，推动硬件单元管理自动化、应用生命周期管理自动化，以及网络运维自动化，提高网络的运维效率。

3. 基于 SDN 和 NFV 的 5G 网络架构

（1）网元功能分解

当前通信网络的网元功能组合复杂，网络功能和网元强耦合，而且存在功能重叠，因此需要对网络功能进行梳理，首先是实现控制与转发分离，软件与硬件的解耦。

利用 SDN 技术，通过控制与转发的分离，控制功能可以集中在 SDN 控制器之上，转发功能则可以被部署在标准的通用转发设备之上，同时控制面和转发面可以支持独立的生命周期管理，独立扩容和升级，使网络更加灵活且高效。

利用 NFV 技术，通过软硬件解耦，可以将网元设备的功能和传统的专有硬件解除绑定，而且各个功能可通过软件实现，接口标准化并运行于通用硬件平台上，有利于利用通用设备的规模效应为网络建设节省投资成本。

（2）网元功能抽象

对现有网元功能进行分解之后，需要提取其共性，进行逻辑化的抽象概括和封装，细化子功能模块，标准化各个模块间的接口，为功能重构做准备。分解后，网络功能模块相对于网元数量将变多，接口和协议从数量来看也变得复杂，但相对来说，目前网元各个接口是私有的、紧耦合的，而新架构下的接口和功能模块是组件化、模块化的，这将为业务部署带来前所未有的灵活性。

网络功能抽象将网络功能组件化、模块化，并按照新的标准将采用开放应用程序接口（Application Programming Interface，API）的功能模块进行重新组织，可以使新的网络架构满足用户多样的业务需求，提供最优的业务数据流传输与处理方法，增强系统的资源利用效率和网络服务能力。

（3）网络功能重构

灵活组合具有开放接口的各个子功能模块，既可以让各个功能具备独立的生命周期，实现灰度升级，动态扩缩容，同时也可以满足未来业务的多样性需求，进行快速开发、测试和灵活部署，满足新业务快速上线的需要。同时，基于 NFV 架构，网络底层的硬件资源可以充分灵活地共享，并基于实时业务需求进行按需编排、自动部署、弹性伸缩、故障隔离和自愈等。

通信网络需要参考、借鉴和吸收 IT 领域的新技术和新架构，从而使 5G 网络架构也能具备 IT 架构灵活快速的特点。5G 网络架构不能再是过去的封闭架构，要转变为一个使能各种新应用、新业务的开放平台，具有模块化的功能组件、开放的 API，可以依据业务的实际需

求进行模块组合和针对某类业务或某个用户的特殊要求定制化地提供相应的网络功能。

5G 网络对功能模块的划分和重构，使网络既继承了现有功能，也减少了冗余功能。已经被淘汰的某些功能模块以及业务可以及时下线，同时基于模块化，运营商可以依据个性化的发展需求以及经营策略对投资进行优化配置，降低成本，减少冗余。

2.1.2　5G 核心网重构原则

5G 核心网的重构遵循网络功能虚拟化、转发和控制分离、功能轻量化等原则。

（1）网络功能虚拟化

引入 NFV 技术能够降低设备投资成本，利用云计算的灵活快速部署能力进行网络快速配置和调整，满足电信级 API 的快速创新需求。

（2）转发和控制分离

该原则将控制面功能和用户面功能彻底分离。对集中部署的控制面功能 [包括接入和移动管理功能（Access and Mobil Management Function，AMF）、会话管理功能（Session Management Function，SMF）等] 集中管控；可根据业务需求将分布式用户面管理功能（User Plane Function，UPF）部署在各个不同层级、不同位置的数据中心（Data Center，DC）中，进行按需分流，以满足不同业务场景的时延需求。

（3）功能轻量化

5G 核心网需要同时支持移动互联网、高清视频、车联网、物联网、工业控制等各类业务场景，这些场景在移动性、计费、带宽、时延、可靠性、安全性等方面存在巨大的差异。因此 5G 核心网必须降低模块、接口和协议的复杂度，网元功能采用模块化设计，以支持网络切片和 API 调用，实现业务逻辑隔离、动态分配和管理资源，适配不同业务特征需求，提供不同的服务级别协议（Service Level Agreement，SLA），并服务于不同的垂直行业应用。

2.1.3　5G 接入网与传输网的重构

5G端到端网络架构包括 5 个核心部分：终端、接入网、传输网、核心网和业务，其中接入网和传输网也涉及网络重构。

1. 5G 接入网重构

（1）引入新空口

5G 接入网引入统一而灵活的空口设计，以应对场景、频段和双工方式的差异化。在统一大框架下的灵活、高效、融合的空口能力，可实现三大场景统一设计、高低频段统一设计、双工方式统一设计。在统一的空口框架下，5G 接入网还可以灵活地配置天线参数与帧结构，在非对称频谱支持纯上行或纯下行的传输，在对称频谱的任一频段支持上 / 下行时分的传输。

（2）基站重构 CU/DU/AAU 功能

5G 网络中的基站功能被重构为集中单元（Centralized Unit，CU）、分布单元（Distribute Unit，DU）、有源天线单元（Active Antenna Unit，AAU）3 个功能实体。其中，CU 可以被理解为原基带处理单元（Building Base band Unit，BBU）的非实时部分，负责处理非实时协议和服务；原 BBU 的剩余功能则被定义为 DU，负责处理物理层协议和实时服务。原 BBU 的部分物理层处理功能、原射频拉远单元（Remote Radio Unit，RRU）及无源天线合并为 AAU。

CU/DU/AAU 支持灵活的部署方式。

方式 1:集中部署 CU 和 DU，分部部署 AAU。

方式 2:集中部署 CU，分部部署 DU 和 AAU。

方式 3:分部部署 CU、DU、AAU。

2. 5G 传输网重构

与传统的传输网相比，5G 传输网在网络架构、转发连接、带宽、时延、同步等方面的需求都有巨大变化。5G 传输网新变化见表 2-1。

表2-1 5G传输网新变化

比较项目	传统传输网	5G 传输网
网络架构	基于虚拟专用网络（Virtual Private Network，VPN) 的汇聚架构	支持软硬切片的云化架构
转发连接	南北向流量为主，路由相对固定，流量确定	东西向流量增加，SDN灵活调配，流量多变
带宽	320M/ 单站	前传、中传、回传带宽10 ～ 100 倍提高
时延	10ms	1ms
同步	1.5μs	400ns

（1）5G 转发连接结构

与 5G 基站的重构相对应，5G 的传输节点变为 AAU、DU、CU、5G 核心网（5GC)4 个，传输网相应划分为前传、中传和回传 3 段。

前传: AAU↔DU，增强型通用公共无线电接口（enhanced Common Public Radio Internet，eCPRI）采用分组化以太网接口，带宽与天线数解耦，相对于 CPRI 传输带宽需求大幅降低，传输模式采用点到点传递。

中传: DU↔CU，带宽需求与回传相当，可统计复用，传输模式以点到点传递为主。

回传: CU↔5GC，统计复用，收敛带宽，传输模式为单点到多点，横向流量，时延与业务要求相关。

（2）5G 转控分离关键技术

5G 传输网实现转控分离，转发面重构关键技术包括以下 3 点。

● 光层满足5G大带宽需求，采用波分复用（Wavelength Division Multiplexing，WDM）扩展带宽。

● 链路层采用灵活以太网（Flexible Ethernet，FLexE）新接口支持物理分片使用，支撑网络切片。

● 网络层云化部署，灵活终结，3层功能到边缘，引入分段路由（Segment Routing，SR）技术。

控制面重构关键技术主要是SDN和网络切片，集中化和端到端灵活调度，解决SR集中计算和网络切片问题。

2.2　5G网络服务化架构

2.2.1　概述

5G网络服务的多样性要求网络架构必须从过去的固化紧耦合的传统形态演进为敏捷灵活的新形态，实现流量和应用的紧密结合，充分利用虚拟化、软件定义网络等新技术来提供灵活的多样化服务，提升连接价值。

云计算、微服务、软件定义网络等新技术既对IT产业进行了革新，也为未来移动通信的演进提供了新的机遇。3GPP从IT化、互联网化、极简化、服务化4个系统设计理念出发，对5G系统架构的设计设置了高起点、高目标，充分吸收各个领域的新技术优势。关键的设计原则和概念包括以下内容。

● 用户面功能与控制面功能分离，允许独立的可扩展性、演进和灵活部署。

● 支持模块化功能设计以实现网络切片。

● 可以将程序（即网络功能之间的交互集）定义为服务，以便重复使用。

● 使每个网络功能（Network Function，NF）可以按需直接与其他网络功能交互。

● 最小化接入网络（Access Network，AN）和核心网（Core Network，CN）之间的依赖关系。

● 支持统一的鉴权框架。

● 支持“计算”资源与“存储”资源解耦的“无状态”NF。

● 支持能力开放。

● 支持并发访问本地服务和远端集中服务。为了支持低延迟服务和对本地数据网络（Local Area Data Network，LADN）的访问，可以在接入网络附近就近部署用户面功能。

● 支持归属地路由（Home Routing，HR）和本地分流（Local BreakOut，LBO）两种方式的漫游。

通过借鉴IT领域成熟的面向服务的架构（Service-Oriented Architecture，SOA）、微服务架构等理念，结合通信网络的现状、特点和发展趋势，设计全新的5G网络架构。2017年5月，3GPP SA2第121次会议确定了将服务化架构（Service Based Architecture，SBA）作为5G的基础架构。

服务化架构是云化架构的进一步演进，是对应用层逻辑网元和架构的进一步优化，把各个网元的能力通过“服务”进行定义，并通过 API 形式供其他网元进行调用，进一步适配底层基于 NFV 和 SDN 等技术的原生云基础设施平台。

面向云原生定义服务是 SBA 的核心。每个 5G 软件功能都由细粒度的服务来定义，便于网络按照业务场景以服务粒度定制及编排；接口基于互联网协议，采用可灵活调用的 API 交互，对内降低网络配置及信令开销，对外提供能力开放的统一接口；服务可独立部署、灰度发布，使得网络功能可以快速升级并引入新功能，服务可基于虚拟化平台快速部署和弹性扩缩容。

2.2.2 5G 服务化网络架构主要技术

1. 功能重构

5G网络新架构首先是对网络功能进行了重构和软件化。5G 核心网控制面和用户面彻底分离，用户面功能既可以部署在核心 DC，也可以部署在边缘 DC，甚至可以与无线站点共址，以便尽量通过与用户接入点接近来提供对低时延业务的支持。同时，5G 网络通过功能重构，可将 4G 的网元重构为 5G 的网络功能。

5G网络重构并不是对当前 4G网络的完全抛弃，从功能上来看，5G是 4G网络的增强，因此 4G网络中的网元功能，在 5G网络中基本上都能找到，只不过 5G 网络功能实体的划分比 4G 更加合理、更容易扩展和部署。举例如下。

● 4G移动管理实体（Mobile Management Entity，MME）网元负责接入和移动性管理的部分在 5G 中被定义为 AMF。

● 4G归属地用户服务器功能实体（Home Subscriber Server-Function Entity，HSS-FE）中负责用户数据管理的部分在5G 中被定义为统一数据管理功能（Unified Data Management，UDM）。

● 4G 网络中分散在MME、SGW、PGW的会话管理相关功能被剥离出来，集中到一起演变为 5G 的 SMF。

● 4G MME、HSS-FE 中负责鉴权的相关功能被剥离出来，集中在一起形成鉴权服务器功能（Authentication Server Function，AUSF）。

● 4G负责策略控制的网元策略和计费规则功能（Policy and Charging Rule Function，PCRF）在 5G 中被定义为策略控制功能（Policy Control Function，PCF）。

● 4G HSS-BE 和 PCRF-BE 在 5G 中会被合并为统一数据存储（Unified Data Respository，UDR），负责存储结构化数据，包括用户签约数据、策略数据等。

● 4G SGW 和 PGW 的用户面功能在 5G 中被合并为 UPF。

同时，与 4G 网络相比，5G 网络还新增了网络存储功能（NF Repository Function，NRF）和网络切片选择功能（Network Slice Selection Function，NSSF）等功能，其中 NRF负责 NF 的登记和管理，NSSF负责网络切片选择和辅助网络切片相关信息的管理。

2. 服务化框架

服务化框架是5G服务化架构（SBA）的核心，通过服务的注册、发现和调用来构建网络功能和服务之间的基本通信框架，为5G核心网新功能提供即插即用式的新型引入方式。

在服务化框架下，控制面的NF不再采用传统的点对点通信方式，而是采用新型的服务化接口（Service-Based Interface，SBI），通过一种类似总线的方式连接到系统中，通过各自的服务化接口对外提供服务，并允许其他获得授权的NF访问或调用自身的服务。NF在提供服务时，被称为服务提供者或服务生产者；NF在访问和调用服务时，被称为服务使用者或服务消费者。

（1）服务之间的交互

服务消费者与服务生产者之间的交互可以使用“请求—响应”和“订阅—通知”两种模式。

- “请求—响应”模式：服务消费者向服务生产者发送请求消息，申请服务生产者提供某服务，这个服务可能是执行一个操作或提供某些信息，或二者兼有。服务生产者基于请求内容提供服务，为了满足服务消费者的请求，服务生产者可能还会请求其他NF的服务。在“请求—响应”模式里，消费者和生产者之间的通信是一对一的，并且在某一时间段内服务生产者的响应消息是一次性响应的。
- “订阅—通知”模型：服务消费者向服务生产者订阅服务（服务生产者的一个服务可以被多个服务消费者订阅）。收到订阅请求并确认后，服务生产者会将该服务的运行结果通知给订阅该服务的所有NF。此外，订阅请求可以包括请求类型是周期性的或通过某些事件触发的通知请求（例如，所请求的信息发生变化、达到某个阈值等）。

（2）服务注册和去注册

5G网络引入了NRF网络功能以实现服务的快捷管理和调用，NRF可用于存储和维护可用的NF实例及其支持的服务信息。NF实例既可以通过服务注册的方式在首次上线时向NRF上报自身的信息和可用状态，也可以在NF实例内部的个别NF服务实例激活/去激活时，向NRF更新NF实例的信息和可用状态。在NF实例注册其支持的NF服务列表时，其可以针对每一个NF服务向NRF发送每一种通知服务类型的端点信息。NF实例还可以更新或删除NF服务的相关参数，例如，删除通知的端点信息。

当NF以受控的方式准备关闭或退出服务时，NF实例可以通过服务去注册流程向NRF发起去注册请求。如果NF实例由于崩溃或网络问题等故障变得不可用或无法访问时，相关的其他授权实体将向NRF发起故障NF的去注册。

（3）服务发现

通过对NRF发起服务查询，服务消费者可以获取所需NF实例及其提供的服务列表，这个流程被称为服务发现。服务消费者发送服务发现请求时，会携带位置信息、数据网络名称（Data Network Name，DNN）、切片信息等特定参数，NRF会基于这些参数向服务消费者返回适合为其提供服务的NF实例列表或NF服务的IP地址或完全合格的域名（Fully Qualified Domain Name，FQDN）列表，以及NF的容量、支持的能力等信息。随后，服务消费者可根据自身策略从返回的结果中选择一个合适的NF实例，发起服务请求。NRF返回给服务消费者的响应消息里会包含一个有效期，在此有效期内，服务消费者可以缓存NRF返回的满足所需服务条件的服务生产者（NF实例）的列表。当在一个公共陆地移动网（Public Land Mobile Network，PLMN）中部署多个NRF时，NRF可以通过递归、迭代等方式查询其他NRF中的资源，以便满足服务消费者的服务发现请求。

（4）服务授权

服务授权的作用是基于NF配置策略，包括运营商的运营策略和运营商之间的协议等，确保服务消费者有权访问服务生产者提供的服务。服务授权信息应配置为服务生产者的NF配置文件中的一个组件，需要包括允许使用服务生产者服务的NF类型和NF领域或来源。

由于漫游协议和运营商策略，NF服务消费者应根据用户设备（User Equipment，UE）、订阅、漫游信息和NF类型进行授权，服务授权一般需要以下两个步骤。

- 检查服务使用者是否被允许在服务发现过程中发现所请求的服务生产者实例。这是通过NRF以NF粒度执行的。
- 以服务请求类型的粒度，检查是否允许服务使用者访问服务生产者以使用NF服务。这是以每个UE、订阅、漫游协议粒度执行的。

3. 微服务的设计

微服务就是将一个单体架构的应用系统按业务划分为多个独立运行的“小系统”，这些“小系统”之间可通过HTTP协议进行通信，通过服务完成交互和集成，相互之间解耦，具备独立设计、独立开发、独立运行、独立运维、独立弹性的能力，具备标准接口与其他网络功能服务互通，并且可通过编排工具根据不同的需求进行编排和实例化部署。

微服务的优势包括以下内容。

① 微服务将复杂的应用业务拆分成多个小的业务，在总体功能不变的情况下，应用被分解为多个可管理的分支或服务。微服务架构模式给采用单体式编码方式很难实现的功能提供了模块化的解决方案，由此，单个服务很容易被开发、理解和维护。

② 微服务系统是分布式系统，服务与服务之间完全解耦，每个服务都支持独立扩展，而且随着服务的增加可以根据服务再进一步拆分，具有极强的横向扩展能力。同时，服务之间解耦的特性也让开发者不再需要去协调其他服务对本身的服务进行配合，可以加快部署速度。

③ 微服务架构的服务之间采用HTTP协议通信，服务与服务之间完全独立，这种架构使得每个组件服务都可以由不同技术团队负责开发，甚至每个服务都可以根据业务场景选取不同的开发技术，提供API服务，实现敏捷开发。

微服务可以说是SBA架构的一种实现，将复杂的业务组件化，使系统更为灵活弹性。

4. 服务化接口

继SA2确立了5G采用SBA架构作为5G网络的基础架构后，5G网络内NF之间的接口协议设计成为了服务化架构能真正落地的关键。SBA接口涉及传输层、应用层、序列化方法、API设

计方式、接口描述语言（Interface Description Language，IDL）等多个层次和方面的协议选择，每个协议都有众多备选。经过分析、讨论、仿真、比较、筛选，3GPP 在 Release 15 中确立了 TCP、HTTP 2.0、JSON、Restful、OpenAPI 3.0 的组合作为基础的 SBI 协议。SBA 接口基于 TCP/HTTP 2.0 进行通信，使用 JSON 作为应用层通信协议的封装，基于 TCP/HTTP 2.0/JSON 的调用方式，使用轻量化 IT 技术框架，可以适应 5G 网络灵活组网、快速开发、动态部署的需求。

该协议栈的优点包括以下几个方面。

- 采用最新的且在 IT/ 互联网技术中广泛使用的成熟协议。
- 面向未来、可以实现快速部署。
- 支持新的网络功能和服务的持续发布和集成。
- 新型 REST API 便于运营商或第三方调用服务。

SBA 接口的协议将持续优化，例如，HTTP 2.0 承载于国际互联网工程任务组的基于用户数据包协议的低时延互联网数据传输协议（Internet Engineering Task Force Quick UDP Internet Connection，IETF QUIC）或用户数据包协议（User Datagram Protocol，UDP）、采用二进制编码方法（简明二进制对象展现）等是后续演进的可能的技术方向。

2.2.3　5G 网络架构视图

5G 的系统架构可以通过两种架构模型来体现，一种是服务化架构视图，另一种是参考点视图。服务化架构视图可用于体现 5G 的“总线”型的服务化架构，而参考点视图与传统的“网元 + 接口”的网络视图接近，主要用于表现网络功能之间的互动关系，在说明业务流程时更直观。

1. 服务化架构视图

非漫游场景 5G 网络服务化架构如图 2-1 所示。

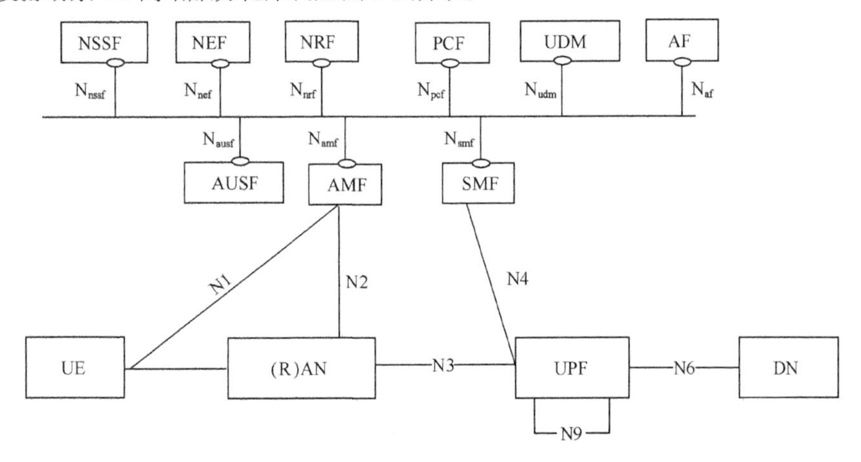

图2-1　非漫游场景5G网络服务化架构

漫游场景为本地路由（LBO）下5G网络服务化架构如图2-2所示。

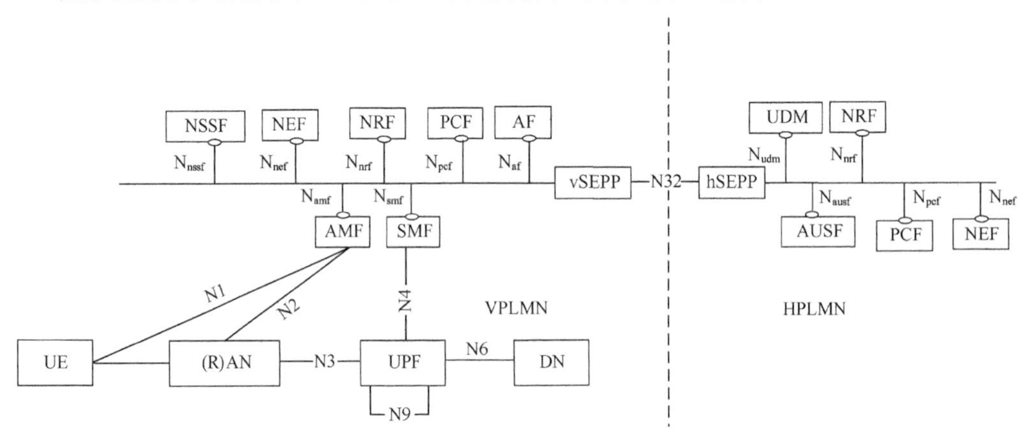

注：国际漫游与他网运营商的5G互通，负责PLMN间控制平面接口上的消息过滤和策略管理。
PLMN（Public Land Mobile Network，公共陆地移动网）：为公众提供陆地移动通信业务而建立和经营的网络。例如，整个中国电信的移动网络是一个PLMN，而中国移动的移动网络是另一个PLMN。
V(或v)均表示"visit"，指代"访地"；H(或h)均表示"home"，指代"归属地"。
例如，vPCF或（V−PCF）都是指拜访地的PCF，而hPCF或（H−PCF）都是指归属地的PCF。
漫游场景下，涉及拜访地和归属地网络网元间通信，国内漫游场景下，假定一个广东用户漫游去了北京，则广东是归属地，北京是拜访地。

图2-2　漫游场景为本地路由（LBO）下5G网络服务化架构

漫游场景为归属地路由（HR）下5G网络服务化架构如图2-3所示。

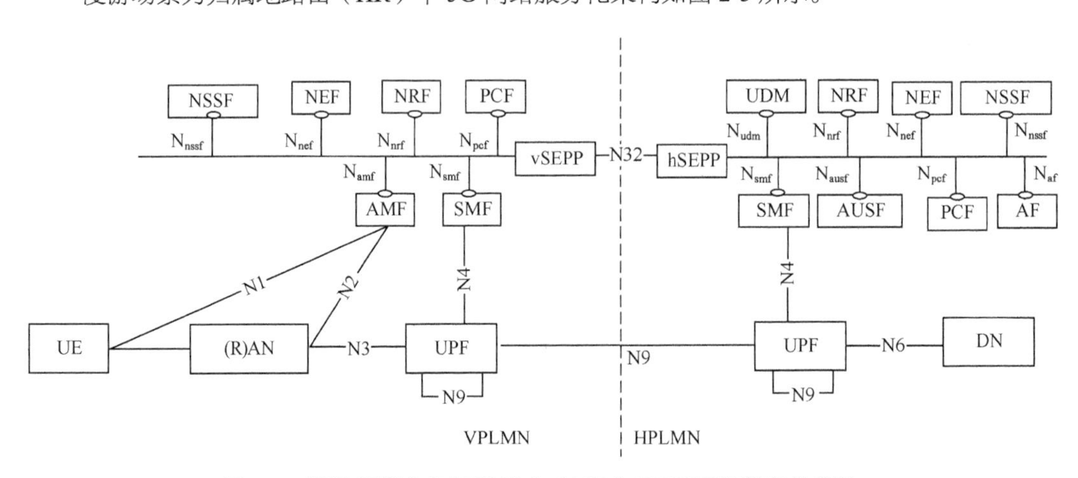

图2-3　漫游场景为归属地路由（HR）下5G网络服务化架构

2. 参考点视图

非漫游场景5G网络参考点如图2-4所示。

漫游场景为本地路由（LBO）下5G网络参考点如图2-5所示。

漫游场景为归属地路由（HR）下5G网络参考点如图2-6所示。

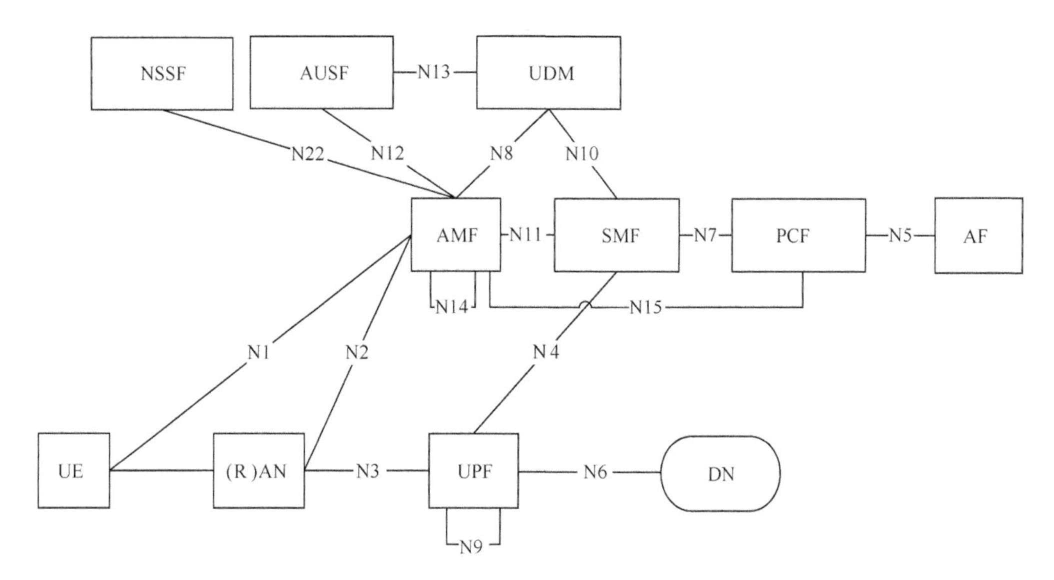

图2-4　非漫游场景5G网络参考点

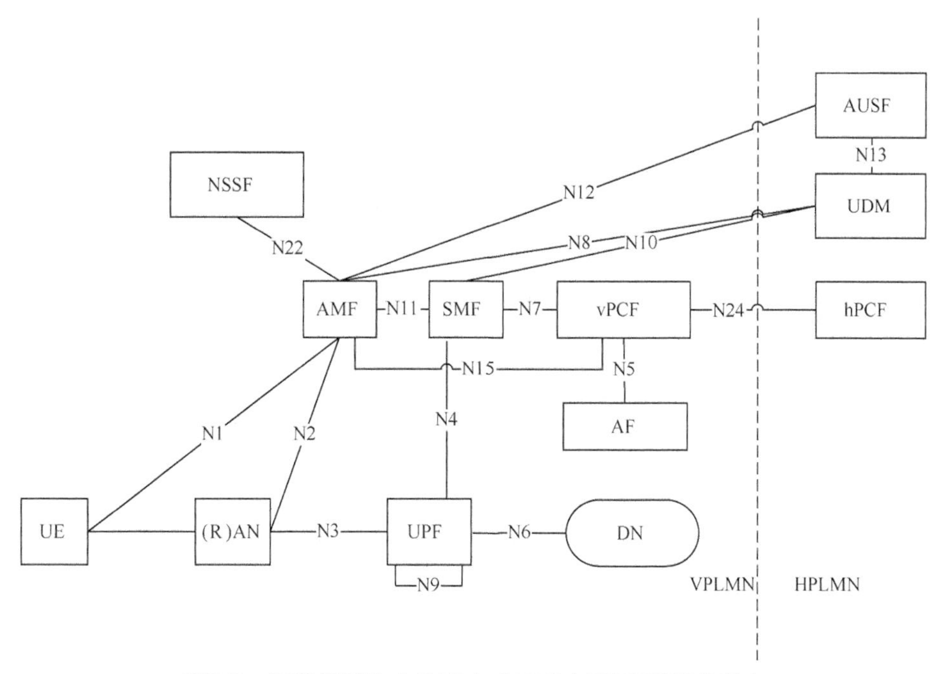

图2-5　漫游场景为本地路由（LBO）下5G网络参考点

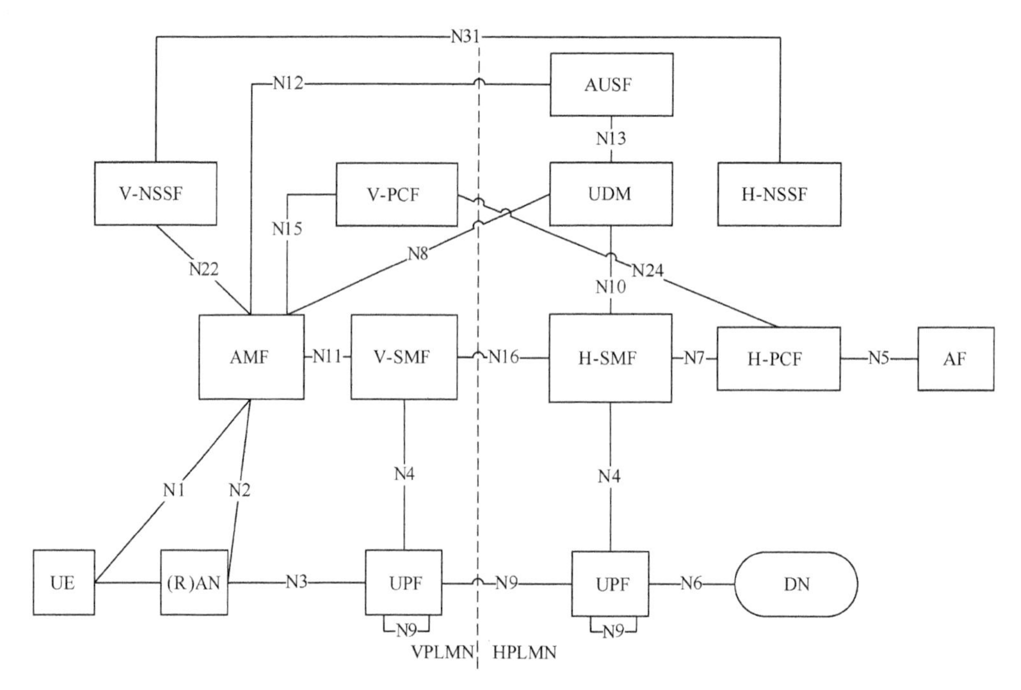

图2-6 漫游场景为归属地路由（HR）下5G网络参考点

2.3 5G 网络主要功能实体

5G 网络系统主要由以下功能实体组成。

- UE：用户设备（User Equipment）。
- （R）AN：（无线）接入网络 [(Radio)Access Network]。
- AMF：接入管理功能（Access and Mobility Management Function）。
- SMF：会话管理功能（Session Management Function）。
- UPF：用户面功能（User Plane Function）。
- UDM：统一数据管理（Unified Data Management）。
- AUSF：认证服务器功能（Authentication Server Function）。
- UDR：统一数据存储（Unified Data Repository）。
- PCF：策略控制功能（Policy Control Function）。
- NRF：网络存储功能（Network Repository Function）。
- NSSF：网络切片选择功能（Network Slice Selection Function）。
- NEF：网络开放功能（Network Exposure Function）。

- AF：应用功能（Application Function）。
- N3IWF：非3GPP互通功能（Non-3GPP Inter-Working Function）。
- DN：数据网络（Data Network）是5G核心网出口，例如，互联网或企业网。

2.3.1 AMF：接入管理功能

AMF（接入管理功能）的主要功能包括以下内容。

- RAN-CN控制面N2接口信令终止点。
- UE-CN N1接口的非接入层（Non-Access Stratum，NAS）信令终结点，NAS信令加密和完整性保护。
- 接入鉴权。
- 接入授权。
- 注册管理。
- 连接管理。
- 可达性管理。
- 移动性管理。
- 合法监听（提供监听AMF事件的LI系统接口）。
- 传输UE和SMF之间的会话管理消息。
- 路由SM消息的透明代理。
- 传输UE和短信服务功能（Short Message Service Function，SMSF）之间的短信服务消息。
- TS 33.501 [29]中规定的安全锚定功能（SEcurity Anchor Function，SEAF）。
- 位置服务管理。
- 传输UE和位置管理功能（Location Management Function，LMF）之间及RAN和LMF之间的位置服务消息。
- 分配与演进的分组系统（Evolved Packet System，EPS）互通的EPS承载ID。
- UE移动性事件通知。

2.3.2 SMF：会话管理功能

SMF（会话管理功能）的主要功能包括以下内容。

- 会话管理（包括会话的建立、修改和释放）。
- UE的IP地址分配和管理。
- DHCPv4（服务器和客户端）和DHCPv6（服务器和客户端）功能。
- 选择和控制UPF。
- 为UPF配置流量导向，将流量路由到正确的目的地。

● 与策略控制功能（PCF）间接口的信令终结点。

● NAS 信令的 SM 部分的终结点。

● 下行数据通知。

● 合法监听（提供监听 SM 事件的 LI 系统的接口）。

● 计费数据收集和支持计费接口。

● 控制和协调UPF的收费数据收集。

● 特定SM信息的发起者，经 AMF 通过 N2 接口发送到接入网络。

● 决定会话和服务连续性模式（Session and Service Continuity Code，SSC Mode）。

● 支持漫游相关功能。

2.3.3 UPF：用户面功能

UPF（用户面功能）的主要功能包括以下内容。

● 无线接入技术（ Radio Access Technology，RAT）内或跨 RAT 场景下移动性锚点。

● 与数据网络互连的协议数据单元（Protocol Data Unit，PDU）会话点。

● 数据包路由和转发。

● 深度数据包检测（Deep Packet Inspection，DPI）。

● 用户面部分的策略实施，例如，门控、重定向、流量导向。

● 合法监听（用户面数据收集）。

● 流量使用报告。

● 用户面 QoS 处理，例如，上行 / 下行（Uplink/Downlink，UL/DL）速率控制。

● 上行流量验证 [服务数据流（Service Data Flow，SDF）] 到服务质量流（QoS Flow）的映射。

● 上行链路和下行链路中的传输级数据包标记。

● 下行数据包缓冲和下行数据通知触发。

● 将一个或多个“结束标记”发送 / 转发到源 NG-RAN 节点。

2.3.4 UDM：统一数据管理

UDM（统一数据管理）的主要功能包括以下内容。

● 生成 3GPP 认证与密钥协商协议（Authentication and Key Agreement，AKA）身份验证凭据。

● 用户识别信息处理，例如，5G 系统中每个用户的用户永久标识符（SUbscription Permanent Identifier，SUPI）的存储和管理。

● 支持对隐私保护订阅标识（SUbscription Concealed Identifier，SUCI）的解密。

● 基于签约数据的接入授权（例如，漫游限制）。

● UE的服务NF注册管理（例如，为UE存储服务AMF信息，为UE的PDU会话存储服务SMF信息）。

● 为服务/会话的连续性提供支持，例如，为正在进行的会话保持指派的SMF/DNN。

● MT-SMS投递支持。

● 合法接听功能（特别是在国际漫游的情况下，UDM是LI的唯一连接点）。

● 签约管理。

● SMS管理。

2.3.5 AUSF：认证服务器功能

AUSF（认证服务器功能）在实际部署时一般会和UDM合设，AUSF的主要功能包括以下内容。

● 实现3GPP和非3GPP的接入认证。

2.3.6 UDR：统一数据存储

UDR（统一数据存储）的主要功能包括以下内容。

● 支持由UDM存储和检索签约数据。

● 支持由PCF存储和检索策略数据。

● 为能力开放存储和检索结构化数据。

● 为NEF存储多个UE的AF请求信息和用于应用检测的数据，例如，数据流描述（Packet Flow Description，PFD）。

2.3.7 PCF：策略控制功能

PCF（策略控制功能）的主要功能包括以下内容。

● 支持统一的策略框架来管理网络行为。

● 为控制面功能提供策略规则以便执行。

● 访问统一数据存储（UDR）中与策略决策相关的签约信息。

2.3.8 NRF：网络存储功能

NRF（网络存储功能）的主要功能包括以下内容。

● 支持服务发现功能。从NF实例接收NF发现请求，并将发现的NF实例信息提供给其他NF实例。

- 维护可用的 NF 实例及其支持服务的 NF Profile。

在 NRF 中维护 NF 实例的 NF Profile 包括以下信息。

- NF实例ID。
- NF类型。
- PLMN ID。
- 网络切片相关标识符，例如，S-NSSAI，NSI ID。
- NF的 FQDN 或 IP 地址。
- NF容量信息。
- NF特定服务授权信息。
- 支持的服务的名称（适用时）。
- 每个支持的服务的实例的终止点地址。
- 存储的数据 / 信息的识别信息。

2.3.9 NSSF：网络切片选择功能

NSSF（网络切片选择功能）的主要功能包括以下内容。

- 选择为 UE 服务的网络切片实例组。
- 确定允许的 NSSAI，必要时，同时确定允许的到签约的 S-NSSAI 的映射。
- 确定已配置的 NSSAI，必要时，确定到已订阅的 S-NSSAI 的映射。
- 确定可用于服务 UE 的 AMF 组，或者通过查询 NRF 来确定候选 AMF 的列表。

2.3.10 NEF：网络开放功能

NEF（网络开放功能）的主要功能包括以下内容。

- 能力和事件的开放。
- 用外部应用程序给 3GPP 网络提供信息以保障安全。
- 内外部信息的翻译。
- 从网络功能接收信息，再将其存储到UDR，可以由NEF访问并“重新开放”给其他NF和AF以用于其他目的。
- 支持PFD功能。NEF 中的PFD 功能可以在UDR 中存储和检索PFD并提供给 SMF，且支持 TS 23.503 [45] 中描述的 Pull 模式（应 SMF 请求提供）和 Push 模式（应 NEF PFD 管理请求提供）。

2.3.11 N3IWF：非 3GPP 互通功能

N3IWF（非 3GPP 互通功能）的主要功能包括以下内容。

- 支持与 UE 间互联网安全协议（Internet Protocol Security，IPsec）隧道的建立。
- N2接口（控制面）和N3接口（用户面）终结点（用户通过非3GPP接入5G网络时）。
- 传送UE和AMF之间的上行和下行控制平面NAS（N1）信令。
- 处理与PDU会话和QoS相关的来自SMF（由AMF中继）的N2信令。
- 支持AMF选择。
- 传送UE和UPF之间的上/下行用户面数据包。
- 实施与N3数据包标记相对应的QoS以及通过N2接收的同类标记相关联的QoS。
- 上行链路中的N3用户面数据包标记。
- IETF RFC 4555 [57] 规定的不可信的非3GPP接入网络内使用MOBIKE[MOBIKE协议是对互联网密钥交换（$IKEV_2$）在移动性和多宿主方面的扩展]时的本地移动性锚点。
- 建立互联网安全协议（Internet Protocol Security，IPsec）安全关联（IPsec SA）以支持PDU会话流量。

2.4　5G 网络的部署和演进

2.4.1　5G 组网部署架构选项

3GPP TSG-RAN 在第 72 次全体大会上提出了八大 5G 架构选项，即 Option1 ～ Option8，包含12 种架构形态，这些架构选项涵盖了运营商从 4G 向 5G 演进的各个阶段的可选部署形态，分为 SA 架构和 NSA 架构两大类，其中，Option1、Option2、Option5、Option6 属于 SA 架构，Option3、Option4、Option7、Option8 属于 NSA 架构。SA 架构下 5G NR 和 4G LTE 基站相互独立，而 NSA 架构下 5G NR 和 4G LTE 基站存在互通和分流。

随着 3GPP 协议的发展，Option6 和 Option8 因为缺乏实际的部署价值而被放弃，同时，在 3GPP 于 2017 年 3 月发布的版本中，新增加了 Option3x 和 Option7x 两个子选项。目前，3GPP 仍在研究和完善的 5G 架构选项包括 Option 2、Option 3/3a/3x、Option 4/4a、Option 5、Option 7/7a/7x，加上用于表示 LTE 现网架构的 Option1，目前 4G 向 5G 的演进部署共有 6 类组网部署形态。5G 网络 6 类部署演进形态如图 2-7 所示。

下面对这 6 类组网部署形态 Option 做出说明。

1. Option1

Option1：4G 网络部署现状，即 4G 向 5G 的部署演进的起点。

2. Option2

Option2:纯5G NR连接到5G核心网（5GC），也是4G向5G部署演进的最终形态。

3. Option3

Option3场景下，引入5G NR，4G核心网和基站需要升级支持NSA相关功能。升级后的LTE基站作为主站（Master Node）提供连续覆盖，并作为锚点站，处理和转发与核心网之间的信令；5G NR作为从站（Secondary Node）被部署在热点区域，此选项适合在5G建设初期选择热点区域部署5G基站，再使覆盖逐渐扩张的过程。

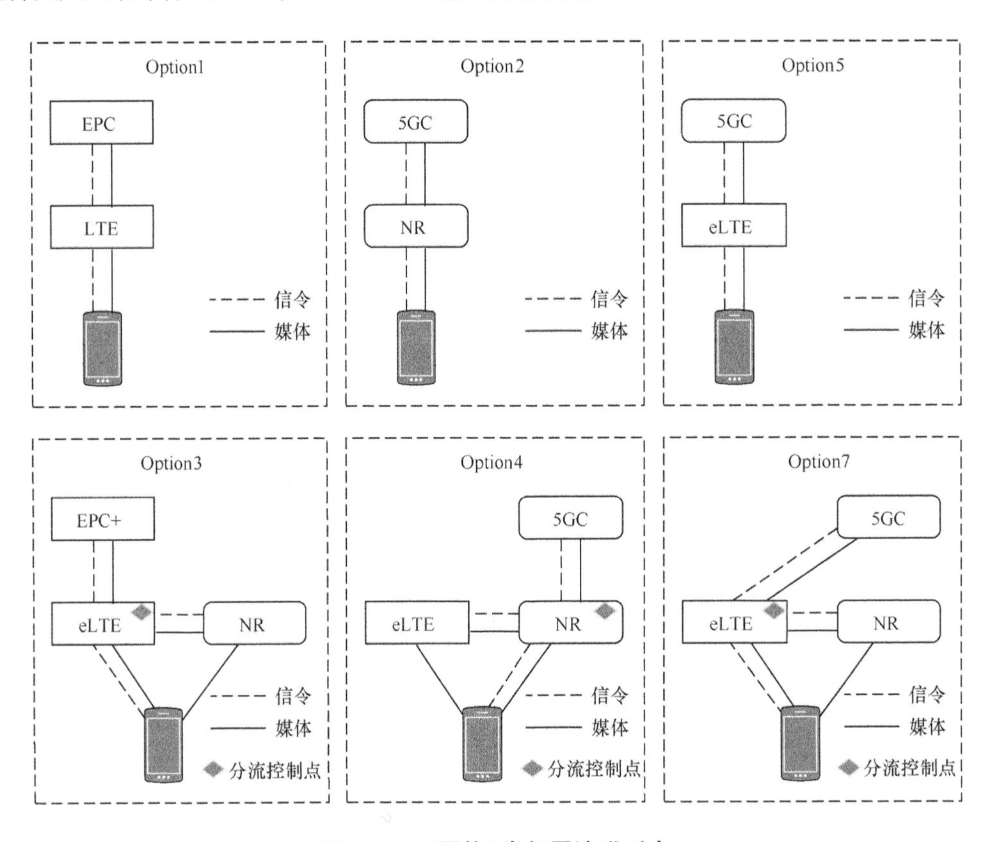

图2-7　5G网络6类部署演进形态

Option3系列虽然可以支持eMBB类高带宽业务，但不能支持低时延、网络切片等5G新业务。不过，因为该选项对现网的改动最小，可以快速地为用户提供5G eMBB业务，所以它是目前最热门的NSA选项之一。Option3包括Option3/3a/3x这3个子选项，各子选项的区别在于分流路径不同，其中，Option3通过eLTE基站进行用户面分流，而Option3a和Option3x则分别通过EPC+和5G NR进行用户面分流。

4. Option4

Option4 场景引入了 5G 核心网和 5G NR，5G NR 作为控制面锚点，处理和转发与核心网之间的信令，并作为主站提供连续覆盖，升级后的 4G 基站作为从站提供流量补充。此场景适用于在 5G 建设后期 5G 实现连续覆盖时，保留部分 4G 站点作为流量补充或者覆盖低价值区域的场景。

Option4 系列包括 Opiton4/4a 两个子选项，二者的区别在于分流路径不同，其中，Option4 通过 5G NR 进行用户面分流，而 Option4a 则通过 5GC 进行用户面分流。

5. Option5

Option5 场景下，引入 5GC 并融合 4G 核心网网元功能，然后升级现网 4G 基站并接入 5GC，随后再逐步部署 5G 基站。

6. Option7

Option7 场景下，引入 5GC 和 5G NR，升级 4G LTE 基站并接入 5G 核心网。升级后的 LTE 基站作为主站提供连续覆盖，并作为锚点站，处理和转发与核心网间的信令，5G NR 则作为从站被部署在热点区域。

Option7 系列包括 Option7/7a/7x 这 3 个子选项，各个子选项的区别在于分流路径不同，其中，Option7 通过 eLTE 基站进行用户面分流，而 Option7a 和 Option7x 则分别通过 5GC 和 5G NR 进行用户面分流。

2.4.2　SA 组网部署选项比对

5G SA 组网部署选项比对见表 2-2。

表2-2　5G SA组网部署选项比对

选项	Option2	Option5
优势	一步到位引入 5G NR 和 5GC，对现有 4G 网络无依赖，演进一步到位；能够支持全部的 5G 新特性、新功能和新业务	能够充分利用现网 LTE 站点资源
劣势	5G NR 初期难以实现连续覆盖，会存在大量的 4G/5G 切换；需要同时部署 5G NR 和 5GC，成本较高，无法有效利用现有 LTE 覆盖	需要升级现网全部 LTE 站点，无线侧改造量较大，同时因为是升级现网 LTE 为 eLTE，所以厂商是绑定的

Option2 与 Option5 的主要差别在基站侧，5G NR 采用了新的帧结构、信道编码等先进技术，虽然 Option5 升级了现网 LTE 基站为 eLTE，但是 5G NR 在峰值速率、时延和容量等方面仍明显优于 eLTE。而且 eLTE 也不能完全支持 5G 架构下空口的优化和后续的演进，因此 Option5 架构并不是一个很推荐的部署形态。

Option2 架构作为4G向5G 演进的最终形态，在整个 5G 建设周期内都适合部署，因为它不依赖于现网 4G，可以逐步扩张5G NR的覆盖并最终实现连续覆盖和替换 4G 覆盖。

2.4.3 NSA 组网部署选项比对

5G NSA 组网部署选项比对见表 2-3。

表2-3 5G NSA组网部署选项比对

选项	Option3	Option4	Option7
优势	标准发布最早，可快速支持 5G eMBB 业务，有利于商业宣传；不要求 NR 连续覆盖，支持 UE 与 4G LTE和5G NR双连接获取更大带宽；对现网改动最小，前期投资较低	支持 UE 与 4G LTE 和 5G NR双连接获取更大带宽；引入了 5G核心网，支持 5G 新特性和新功能	不要求NR连续覆盖，可以有效利用现网 4G 基站资源；支持 UE 与 4G LTE 和5G NR双连接获取更大带宽；引入了 5GC，支持5G新特性和新功能
劣势	因为 NR 与核心网的信令交互依赖于锚点站，所以新建的5G NR与现有4G 基站的设备厂商绑定；业务控制由升级后的 4G 核心网进行，因此不能支持全部的 5G 新特性和新功能	现网4G基站的升级改造量大，协议和产业成熟时间较晚；新建的5G NR 与现网4G基站的厂商绑定	现网4G基站的升级改造量大，协议和产业成熟时间较晚；新建的 5G NR与现网4G基站的厂商绑定

Option3x、Option4、Option7x 这3个架构选项因为使用5G NR作为用户面分流点，降低了对现网4G基站用户面的转发性能要求，相应地也降低了改造成本，是选择NSA 路线演进时比较热门的选项，其中，Option3x 在初期只需要引入5G NR，不需要引进 5GC，对现网改动最小，可以最快速地部署5G 商用业务，是最热门的选项。

2.4.4 SA 与 NSA 组网部署选项比对

SA 与 NSA 组网部署选项比对见表 2-4。

表2-4 SA与NSA组网部署选项比对

选项	SA	NSA
优势	引入全新的 SBA 架构，应用NFV、SDN 等技术重构核心网网元和功能，全面支持 5G 新特性和新功能	协议和产业链成熟度高，初期投资较低，支持 UE 与 4G LTE 和5G NR双连接获取更大带宽，有利于运营商快速部署 5G 商用业务
劣势	协议和产业链成熟度落后于 NSA，需要在建设初期引入 5GC，初期投资大	不管采用哪一个NSA 选项，都需要对现网核心网和无线进行大量的改造升级，同时无法支持 5G 所有的新特性和新功能，而且5GNR与现网 4G 基站厂商绑定，不利于运营商议价

在 5G 建设初期的 NSA 架构选项中，Option3x 相对于 SA 架构选项有比较明显的优势，包括现网改动小，投资小，可以快速地部署商用 5G eMBB 业务等，但是 NSA 无法支持所有的 5G 新业务，因此只能作为 4G 向 5G 演进的过渡架构。虽然 NSA 架构在建设初期对网络的改动较小，但后续向 SA 架构演进时不可避免地会对网络架构进行大规模的升级改造和割接，届时风险也很大。同时，在 NSA 架构下，5G NR 与现网 4G 基站存在互联和分流，需要二者同厂商才能支持，这会导致 5G NR 与现网 4G 基站厂商绑定，不利于运营商引入竞争和进行议价，这也会导致建网成本上升。

2.4.5 5G 部署演进路线选项

不管在 5G 建设起步时选择 SA 架构还是 NSA 架构，SA 架构选项中的 Option2 的部署架构形态都是 4G 向 5G 部署演进的最终目标，可以预测它的演进将会是一个比较长期的过程，在这个过程中，4G 网络与 5G 网络将会长期共存，融合演进。运营商可以结合协议和产业链的成熟度和自身网络现状，制订自己的演进路线。

根据 5G 网络建设起步时选择的架构类型，演进路线可以分为 SA 演进路线和 NSA 演进路线两大类。

- SA 演进路线：在 5G 建设起步时选择 SA 架构，通过不断扩张 5G 覆盖并融合 4G 网络，最终演进为单纯的 5G 网络。
- NSA 演进路线：在 5G 建设起步时选择 NSA 架构，后续引进 SA 架构并最终演进为单纯的 5G SA 网络。

1. 可选 SA 演进路线 1

可选 SA 演进路线 1 如图 2-8 所示。

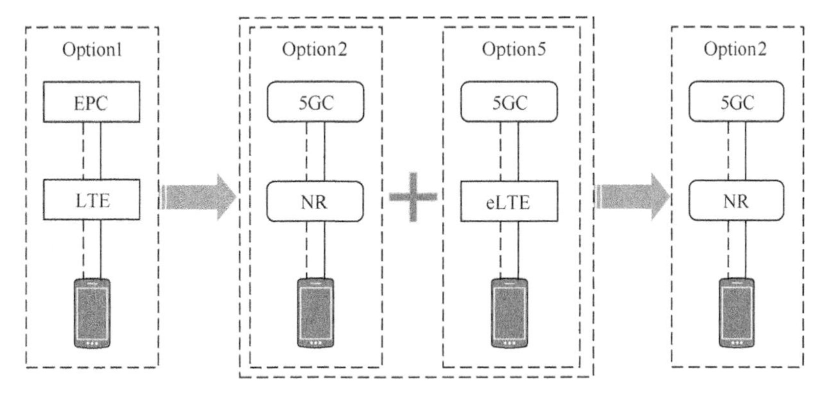

图2-8 可选SA演进路线1

Option1 → Option2 + Option5 → Option2

演进步骤如下所述。

● 引入 5G 核心网和 5G NR，5G 核心网同时融合 4G核心网网元功能，初期选择在热点区域部署 5G NR。现网 4G 核心网需要升级支持 N26 接口以支持用户在 4G 和 5G 网络下的互操作，4G 和 5G 网络相互独立，用户切换通过互操作完成。

● 因为 5G 核心网网元可以融合 4G 核心网网元功能，所以现网 4G 基站可以逐步割接为由 5G 核心网管理，此时 5G 核心网同时管理 4G 和 5G 基站，4G 核心网除个别网元外均可退网，网络演进为 Option2+Option5 形态。虽然 5G 核心网同时管理 4G 和 5G 网络，但两张网络不存在分流，相互独立。

● 不断扩张 5G 无线覆盖，适时下线 4G 站点和剩余 4G 核心网网元，最终演进为纯 5G 网络。

2. 可选 SA 演进路线 2

可选 SA 演进路线 2 如图 2-9 所示。

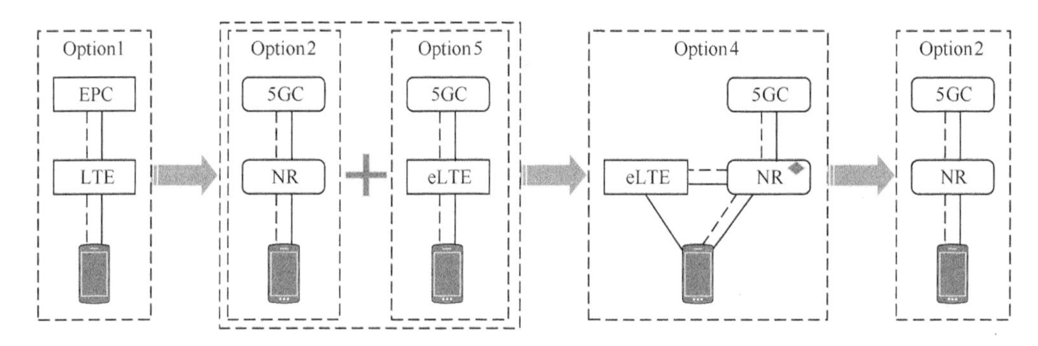

图2-9 可选SA演进路线2

Option1 → Option 2 + Option 5 → Option4/4a → Option2

SA 演进路线 2 与路线 1 的主要区别在于：在 Option2+Option5 阶段后先演变为 Option4 形态，5G NR 作为主站提供连续覆盖，LTE 作为从站提供流量补充，即在 5G 建设后期 5G 网络实现连续覆盖时，保留部分 4G 站点作为流量补充或者覆盖低价值区域的场景。

3. 可选 NSA 演进路线 1

可选 NSA 演进路线 1 如图 2-10 所示。

Option1 → Option 3/3a/3x → Option 4/4a → Option 2

演进步骤如下所述。

● 升级现网 4G 核心网网元以及 4G 基站以支持 NSA 功能，新建 5G NR部署于热点区域并接入到升级后的 4G 核心网中，eLTE 作为锚点站处理和转发与核心网之间的信令消息，网络演进为 Option3x 形态。

● 新建5GC（如果现网EPC是NFV架构，也可选择由vEPC平滑升级为5GC），将无线站点割接到5GC下管理，适时下线4G核心网，演进为Option4形态，此时5G NR作为主站提供连续覆盖，LTE作为从站提供流量补充。

● 不断扩张5G无线覆盖，适时下线4G站点，最终演进为纯5G网络（Option2）。

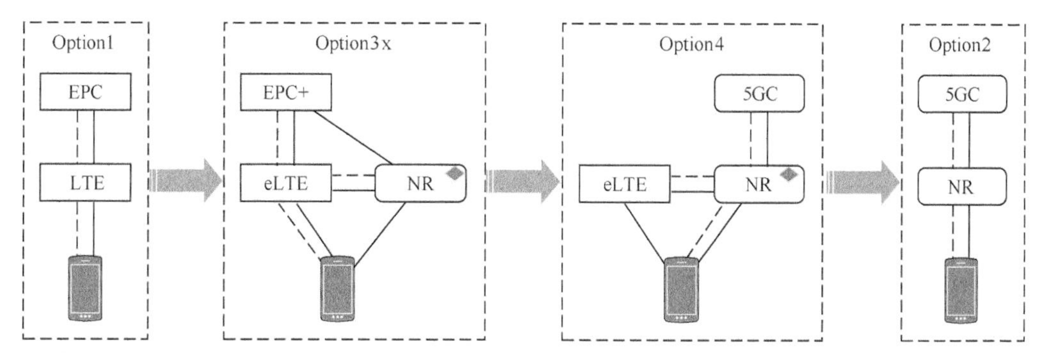

图2-10　可选NSA演进路线1

4. 可选NSA演进路线2

可选NSA演进路线2如图2-11所示。

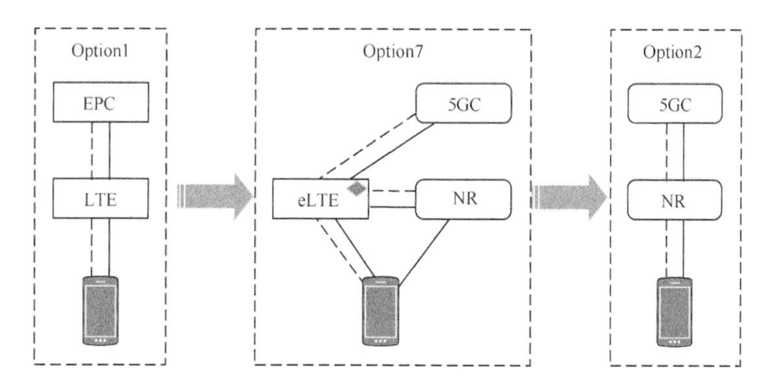

图2-11　可选NSA演进路线2

Option1 → Option7/7a → Option2

演进步骤如下所述。

● 新建5GC（如果现网EPC是NFV架构，也可选择由vEPC平滑升级为5GC），新建5G NR，现网4G基站升级支持NSA功能并接入5G核心网，适时下线4G核心网。eLTE作为主站提供连续覆盖，并作为锚点站处理和转发与核心网之间的信令消息，5G NR作为从站提供流量补充，网络演进为Option7形态。

● 不断扩张5G无线覆盖，适时下线4G站点，最终演进为纯5G网络（Option2）。

5. 可选 NSA 演进路线 3

可选 NSA 演进路线 3 如图 2-12 所示。

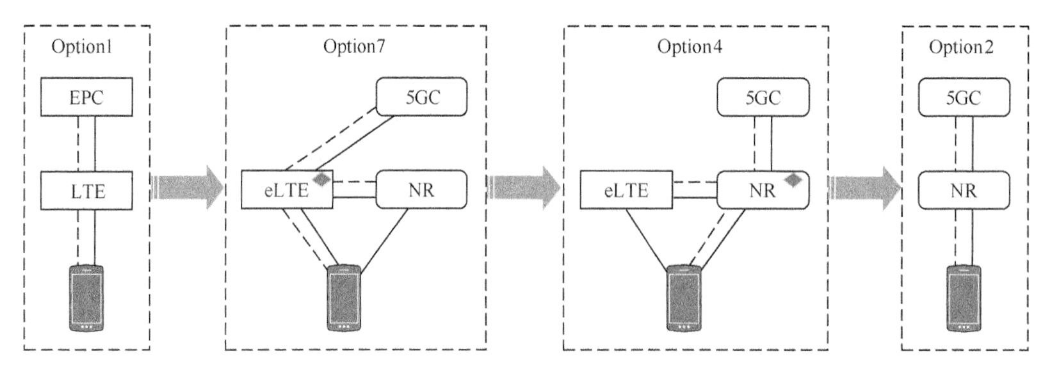

图2-12 可选NSA演进路线3

Option1 → Option7/7a → Option4/4a → Option2

NSA 演进路线 3 与路线 2 的主要区别在于：在 Option7 阶段后，先演变为 Option4 形态，此时 5G NR 作为主站提供连续覆盖，LTE 作为从站提供流量补充，即在 5G 建设后期 5G 实现连续覆盖时，保留部分 4G 站点作为流量补充或者覆盖低价值区域的场景。

6. 其他可选演进路线

除上面列出的几条演进路线外，3GPP 还列举出了其他可选演进路线。

- Option1 → Option3/3a/3x → Option1 + Option2 + Option7/7a → Option2 + Option5 → Option2
- Option1 → Option2 + Option7/7a → Option2
- Option1 → Option2 + Option7/7a → Option2+Option7/7a+Option4/4a → Option2

综上，5G 建设初期不管选择 SA 演进路线还是 NSA 演进路线，都有多种可选路径演进到最终的 Option2 形态，各大运营商可以根据自身的网络实际情况，结合标准和产业链的成熟度，选择最适合自己的演进路线。

5G

第3章

5G 核心网关键技术

与传统的4G核心网相比，5G 核心网采用原生适配云平台的设计思路，基于服务的架构和功能设计，提供更泛在的接入、更灵活的控制和转发，以及更友好的能力开放。5G 核心网与 NFV 基础设施结合，为普通消费者、应用提供商和垂直行业需求方提供网络切片、边缘计算等新型业务能力。

网络切片和边缘计算可提供定制的网络功能和转发拓扑。更有意义的是，5G 网络能力不再局限于运营商的“封闭花园”，而是可以通过友好的用户接口提供给第三方，助力业务体验提升，加速响应业务模式创新的需求。5G 核心网将从传统的互联网接入管道转型为全社会信息化的赋能者。

3.1　网络切片

3.1.1　网络切片简介

网络切片是指运营商基于同一个硬件基础设施，将一个物理网络切分出多个端到端的逻辑网络的技术。每一个逻辑网络，或者说网络切片实例，在逻辑上都可以被视为一个实例化的 5G 网络，它包含一个完整网络所需的全部组成部分，例如，接入网、传输网、核心网、业务平台、IT 系统等。分属不同逻辑网络内的功能部分（例如，接入网子切片、传输网子切片、核心网子切片等）都是逻辑独立、逻辑隔离的，任何一个逻辑网络发生故障都不会影响其他的逻辑网络。同时，通过对网络切片内无线资源、传输资源、控制面功能和转发面功能的灵活组合和指配，每个逻辑网络都可以对应不同的时延、连接数、带宽、安全性和可靠性等服务需求，可以灵活地应对不同的网络应用场景，适配各种类型服务的不同特征需求。

网络切片是下一代网络的关键特性，它将网络系统从静态的“一刀切”范式转变为可以动态创建逻辑网络的新范式，并且能够保证资源和拓扑以最优化的形态服务于特定目的或业务场景甚至个人客户。网络切片打通了网络资源、网络功能和上层应用三层之间的适配接口，可以为每个网络切片实例分配按需定制、按需分配的资源，并且这些资源在逻辑上是独享的，不同网络切片实例使用的逻辑资源之间是相互隔离、互不影响的。实际上，所有网络切片实例又是基于统一的物理基础设施，这样就能充分发挥网络的规模效应，既能提高物理资源的使用率，又能降低网络的建设投资和运营花销，而且丰富了网络的运营模式，打造网络切片即服务（Network Slicing as a Service，NSaaS）的新经营模式，更好地满足行业用户的定制化需求。

3.1.2　网络切片的技术基础

网络切片不是一个单独的技术，它是建立在 SDN、NFV 和云计算等最新技术基础之上的产物，最终达到通过上层应用的统一编排和协同，在一个通用的物理网络之上同时运行多个逻辑网络的目的。

利用NFV技术，5G 网络底层的物理资源可以被抽象为各种逻辑资源，供上层各种应用使用，通过对这些逻辑资源的灵活编排，网络切片技术可以在针对不同业务场景创建网络切片实例时为这些切片实例分配合适的逻辑资源，并充分保证这些逻辑资源的隔离性。

通过SDN技术，5G 网络实现了控制面功能和转发面功能解耦，使网络可以更灵活地支撑上层业务或应用。网络切片可以基于 SDN 技术，针对各个业务场景定制其网络切片实例的功能参数，包括容量、数据速率、业务流量识别、可变 QoS、时延、可靠性等。

云计算则是 SDN 技术和 NFV 技术的载体和基础，云平台为 SDN 技术和 NFV 技术提供了灵活配置、弹性扩缩容以及自动化编排等能力，可以实现资源实时匹配业务负荷，在保证资源利用效率的同时也保证了系统的响应速度。云计算技术刚刚诞生时，提出了基础设施即服务（Infrastructure as a Service，IaaS）、平台即服务（Platform as a Service，PaaS）和软件即服务（Software as a Service，SaaS）等概念。随着业务场景越来越多元和开放，数据即服务（Data as a Service，DaaS）、通信即服务（Communications as a Service，CaaS）、存储即服务（Storage as a Service，STaaS）、视频监控即服务（Video Surveillance as a Service，VSaaS）、网络即服务（Network as a Service，NaaS）等新概念不断涌现，可以说，我们已经处于一个“一切皆服务（Everything as a Service，XaaS）”的时代。

3.1.3　网络切片的特点

5G 时代的业务场景是多样化的，为满足不同业务场景的需求，5G 网络的功能和性能也必须是多样化的。网络切片技术使 5G 网络能够有针对性地为不同业务需求提供定制化的网络功能和性能保障，给客户交付“量身定制”的网络。具体而言，网络切片有以下特点。

1. 安全性

不同网络切片实例使用的网络资源是逻辑隔离和独立的，某个实例出现故障（例如，出现过载、拥塞、退出服务等）或者进行配置修改不会影响其他实例，既能充分保证网络切片实例的安全性和可靠性，也增强了整体网络的容灾能力。

2. 敏捷性

面对客户对业务需求的调整（包括修改或者增减），切片管理编排系统可以动态地为其调整资源，既能快速满足客户的需求，又能及时回收资源，避免浪费。

3. 弹性伸缩

运营商可根据容量指标监控和扩展调度策略，在网络切片实例内的相关网络功能运行指标达到阈值时，执行资源的自动弹性扩展，甚至可以将多个网络切片实例融合和重组为一个新的网络切片实例。

4. 最优化

针对业务场景的不同特点和需求，切片的管理和编排系统可以对网络切片实例内的网络功能进行定制化配置和灵活组网，实现网络拓扑、业务流程、数据路由的最优化。

3.1.4 网络切片的管理架构

管理和编排系统对5G网络切片是至关重要的，因为网络切片不再是单独涉及无线网、传输网或者核心网中的某一个，而是需要在统一的跨域调度下，由无线网子切片、传输网子切片和核心网子切片3个部分共同组成完整的端到端逻辑网络。跨域管理系统也是网络切片设计中的难点和重点之一。

网络切片管理架构涉及的主要功能实体包括以下方面。

- 通信服务管理功能（Communication Service Management Function，CSMF）。
- 网络切片管理功能（Network Slice Management Function，NSMF）。
- 网络切片子网管理功能（Network Slice Subnet Management Function，NSSMF）。

CSMF的主要功能如下所述。

- 接收客户的通信服务需求，并负责将通信服务需求转换为网络切片的需求。
- 与NSMF通信，下发网络切片需求。

NSMF的主要功能如下所述。

- 负责网络切片实例（Network Slice Instance，NSI）的管理和编排。
- 从CSMF下发的网络切片需求中分解出网络切片子网的需求并分别发送到无线网、传输网和核心网的NSSMF。
- 与CSMF和NSSMF通信。

NSSMF的主要功能如下所述。

- 负责网络切片子网实例（NSSI）的管理和编排。
- 与NSMF通信，接收NSSI的各种需求（例如，创建、修改、删除等）并执行。
- 与子网内网元管理系统（Element Management System，EMS）、NFV编排（NFV Orchestrator，NFVO）等相关功能实体通信，执行NSSI的各种操作。

3GPP设计的网络切片管理架构如图3-1所示。

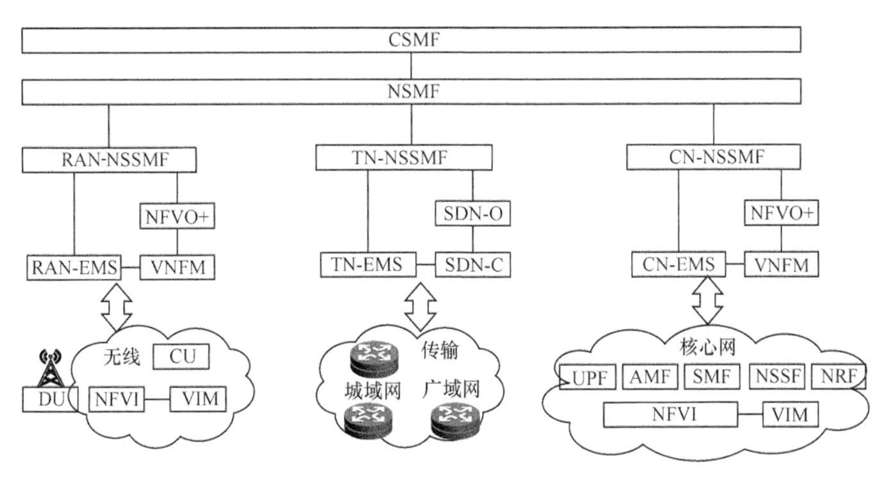

图3-1　3GPP设计的网络切片管理架构

3.1.5　网络切片的编排部署流程

网络切片的编排部署涉及无线网、传输网和核心网3个域，在网络切片实例的自动化编排部署中，需要3个域子切片的端到端协同。网络切片的编排部署流程如图3-2所示。

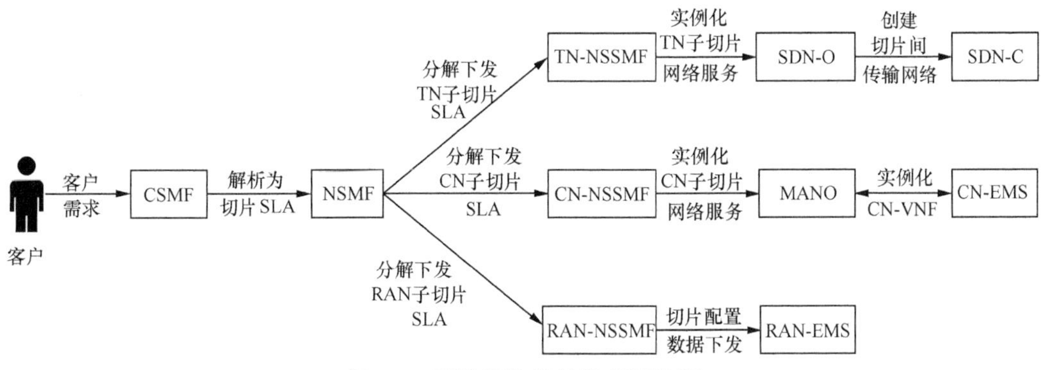

图3-2　网络切片的编排部署流程

主要编排部署流程如下所述。

● 客户向CSMF发送通信服务需求（可以申请的服务包括3GPP定义的标准通信服务），CSMF将这些通信服务需求转换为网络切片的相关需求（例如，网络类型、网络容量、QoS要求等），并将转换后的网络切片需求发送给NSMF，要求NSMF部署网络切片。

● NSMF基于从CSMF接收的网络切片需求来部署网络切片实例（NSI）：一是将网络切片需求分解为网络切片子网的需求；二是分别向无线网、传输网、核心网的NSSMF发送相应网络切片子网的相关需求来委派网络切片子网的部署。

● 各个子网的NSSMF根据从NSMF接收到的网络切片子网需求来部署网络切片子网实例

NSSI，包括向子网内的NFV-MANO（NFV的管理编排引擎）的相关组件下发指令，以便实例化所需的虚拟化网络功能（Virtual Network Function，VNF）和网络服务（Network Service，NS）或对现有的VNF和NS进行规模调整，并触发子网内的EMS的相关组件，以便配置NSSI使用的NF应用。

- 由MANO在NFVI上完成各个子切片中VNF和NS所需要的计算、存储和网络资源部署。
- 由EMS对所管理的VNF进行数据配置，完成所需的VNF创建。
- 创建结束后，各个功能实体向上一级实体反馈创建结果，最终由CSMF向客户反馈创建结果，完成切片的部署。

3.1.6 网络切片的共享类型

按照3GPP的定义，典型的网络切片共享类型可以分为3类，即Group-A、Group-B和Group-C，对3种类型的描述如下所述。

1. Group-A

Group-A类型的切片控制面和用户面网元都不共享。网络切片共享类型：Group-A如图3-3所示。

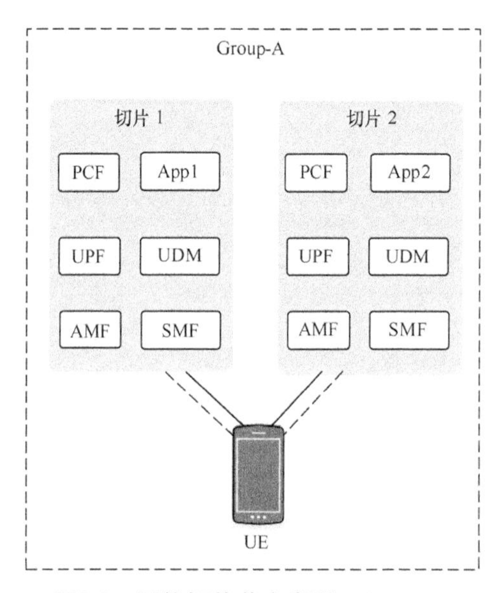

图3-3 网络切片共享类型：Group-A

Group-A类型的切片隔离度最高，网络切片实例内控制面和用户面网元都是独占的，不与其他网络切片实例共享，适用于安全隔离要求高、成本低、敏感度弱的业务场景，例如，远程医疗、电力监控等。

2. Group-B

网络切片共享类型：Group-B如图3-4所示。

在Group-B类型的切片中，部分控制面网元共享，媒体面和其他控制面网元不共享。隔离要求相对较低，节约成本，终端要求同时接入多个切片，例如，车辆使用驾驶助手的同时下载地图、音乐等。

3. Group–C

网络切片共享类型：Group-C 如图 3-5 所示。

在 Group-C 类型的切片中，所有控制面网元共享，用户面网元不共享，隔离要求低，成本低，终端要求同时接入多个切片，例如，在手机终端可实现同时上网、看视频等。

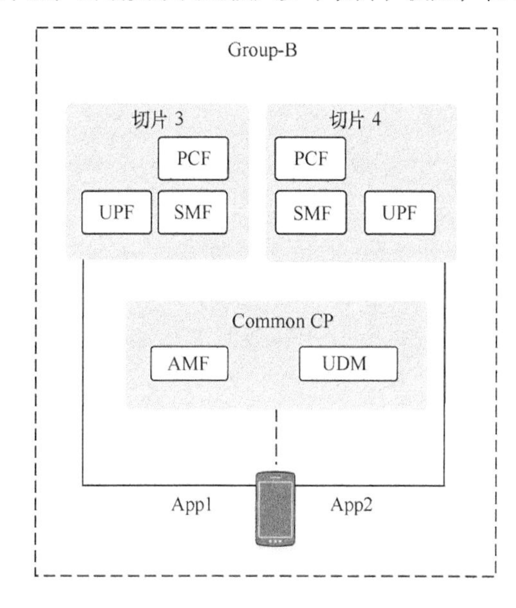

图3-4　网络切片共享类型：Group-B

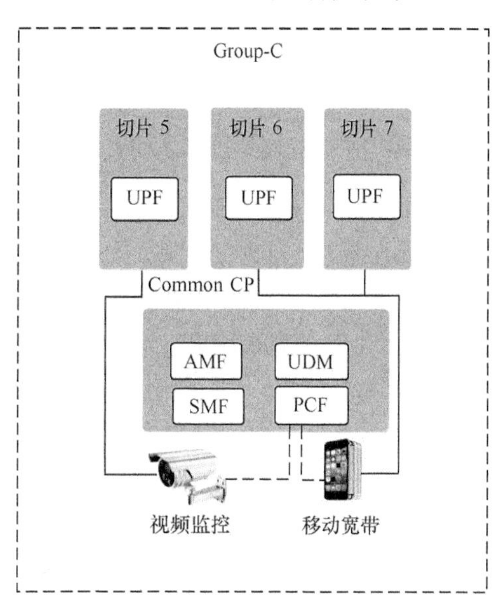

图3-5　网络切片共享类型：Group-C

3.1.7　网络切片的全生命周期管理

一个网络切片的生命周期包含准备、调试、运行和下线 4 个阶段。网络切片的生命周期管理如图 3-6 所示。

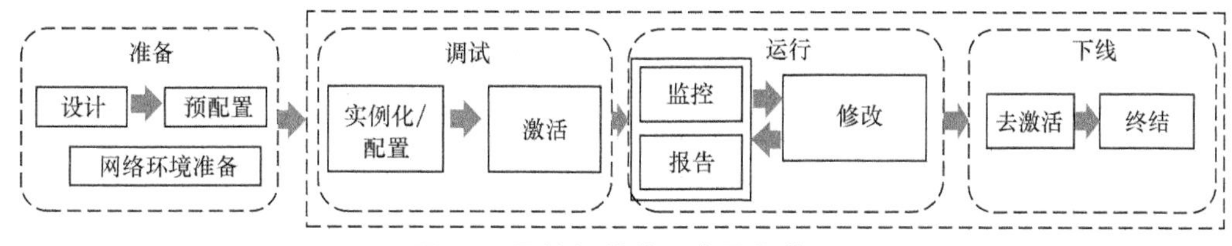

图3-6　网络切片的生命周期管理

- 准备阶段包括网络切片模板的规划、设计、创建、验证和启动，同时也要准备必要的网络环境，以及完成其他需要的准备工作。

- 调试阶段包括实例化/配置和激活两个步骤。实例化/配置步骤是指创建和配置 NSI 所需的所有资源，这些资源可能是共享的也可能是专用的。激活步骤是指使 NSI 进入服务的各种操作，包括将用户指向该 NSI 和将流量转移到NSI上等。
- 运行阶段的操作主要包括监控/报告和修改。监控/报告主要包括对 NSI 运行状态和 KPI 的监控和报告；对 NSI 的修改可能包括升级、配置更新、NSI 规模调整、NSI 容量调整、NSI 拓扑变化、与网络功能建立关联或解除关联等。
- 下线阶段包括去激活（使 NSI 退出服务）、对专用资源的回收（例如，NSI 内网络功能的终止或重用），以及对共享/从属资源的配置。下线后，NSI 被删除并不再存在。

3.1.8 网络切片的应用场景

网络切片是 5G 网络最重要的技术和特征之一，也是打通通信行业与其他行业的利器。

网络切片的特点包括可定制、可交付、可测量、可计费。一方面，网络切片可以作为商品，由运营商面向行业客户销售和运营；另一方面，运营商还可以将网络切片的相关网络能力进一步开放，打造 NSaaS 的创新经营模式，更好地满足行业客户的定制化需求。

行业客户通过与运营商合作，利用网络切片技术，基于运营商的 5G 网络来部署自己专属的网络切片实例，达到无须建设专网即可快捷地使用 5G 网络，快速实现数字化转型的目的。

网络切片主要应用在以下 4 种场景。

1. VR 和 AR

VR 和 AR 是公认的 5G 网络的“杀手级”应用，在业界一直是热门研究课题。要实现高质量的 VR 和 AR 体验，数据连接必须具备低时延、高吞吐量两大特性。网络切片技术可以有针对性地为 VR 和 AR 设备分配在时延和吞吐量方面更优化的网络切片实例，为 VR 和 AR 业务提供更高规格的保障。

2. 自动驾驶

自动驾驶的核心是车用无线通信（V2X）技术，也就是指车与外界万物的信息交换。高安全性、高可靠性、低时延、高速率等是 V2X 技术的核心需求。5G 网络切片对自动驾驶的重要性主要体现于它可以为自动驾驶的车辆隔离出充足的独享资源，以便始终如一地提供低时延和高速率的服务保障，这样即使车辆行驶在网络拥塞区域（例如，演唱会、体育场附近），5G 网络仍然能够充分保障车辆通信的高速率和低时延性能。

3. 网联无人机

网联无人机是利用移动通信网络连接和控制无人机，使其达到利用通信网络的广域无线覆盖来拓展无人机的受控范围和提高数据传送速率的目的。网络切片技术可以通过创建专用网络切片实例，为网联无人机提供其所需的低时延、高速率和高可靠等关键性能保障。

4. 智能电网

采用网络切片技术，利用电信网络的资源来承载电网业务是一个新的尝试，电网公司可以在电信运营商通过网络切片技术隔离出来的逻辑通信网络之上搭建智能电网网络，这样既能保证智能电网通信系统的高性能、高可靠、高隔离和低成本，又能在信息采集、分布式电源控制、电动汽车充电桩控制、精准负荷控制等各个关键业务场景下满足各种业务的差异化需求。

作为 5G 的关键技术，网络切片对 VR/AR、超高清 / 全景直播、个人 AI 辅助、自动驾驶、智慧医疗、智慧交通、网联无人机、智慧城市、工业物联网和远程控制等场景来说都是至关重要的。5G 网络作为社会全面信息化的基础，可以通过网络切片为各个领域的不同需求提供定制化的网络连接特性，促进相关垂直行业的关键能力提升和信息化转型。

3.2　多接入边缘计算

3.2.1　多接入边缘计算简介

2014 年，ETSI 启动了边缘计算标准项目——移动边缘计算（Mobile Edge Computing，MEC），并于 2016 年将概念扩展为多接入边缘计算（Multi-access Edge Computing）以满足更为丰富场景下（例如，3GPP 移动网络、固定网络、Wi-Fi）的接入需求。MEC 项目的目的主要是让运营商能够在其通信网络边缘 DC，甚至是无线接入站点部署 MEC，使网络边缘具备网络、存储、计算等服务的 API 能力，拉近源数据与处理、分析和存储等网络资源的距离，通过就近处理、分析和存储在网络边缘生成的数据，网络运营商和 MEC 服务供应商可以提供在时延和速率等方面更优化的服务，同时还为实现更高要求的概念（例如，无人驾驶和高端工业自动化等）奠定基础。

MEC 作为云计算的演进，将应用程序托管从集中式数据中心下沉到网络边缘，更接近消费者和应用程序生成的数据，是实现 5G 低延迟和高带宽效率等的关键技术之一，同时 MEC 为应用程序和服务打开了网络边缘，包括来自第三方的应用程序和服务，使通信网络可以转变成为其他行业和特定客户群的多功能服务平台。

3.2.2　5G 网络使能 MEC

3GPP 的 5G 标准中，有一组新功能可作为边缘计算的使能者。这些新功能对于 5G 网络中的 MEC 部署是至关重要的，包括以下几个方面。

- 支持本地路由和流量导向。5G 核心网提供了将特定的流量指向本地数据网络（Local Area Data Network，LADN）中的应用程序的支持，包括 PDU 会话可以具有朝向数据网络的多个 N6 接口和 UPF 支持 PDU 会话锚定功能。

● 支持应用功能（AF）直接通过策略控制功能（PCF）或间接通过网络开放功能（NEF）影响业务对 UPF 的选择 / 重选和话务导向的能力，具体方式取决于运营商的配置策略。

● 支持针对不同 UE 和应用移动性场景提供不同的会话和服务连续性（SSC）模式。

● 支持在部署了 MEC 应用的特定区域中连接 LADN，并且UE只有处于特定的LADN 服务区域时才能访问该 LADN，这个服务区域会被映射为UE的服务 PLMN 中的一组跟踪区。

3.2.3 MEC 系统架构

ETSI MEC ISG（ETSI 的 MEC 行业规范工作组）从 2014 年 12 月开始致力于 MEC 的标准规范研究，目前已经公布了 MEC 基本技术需求和参考架构等相关规定，并对 MEC 的网络框架和系统架构进行了定义。ETSI 定义的 MEC 系统架构如图 3-7 所示。

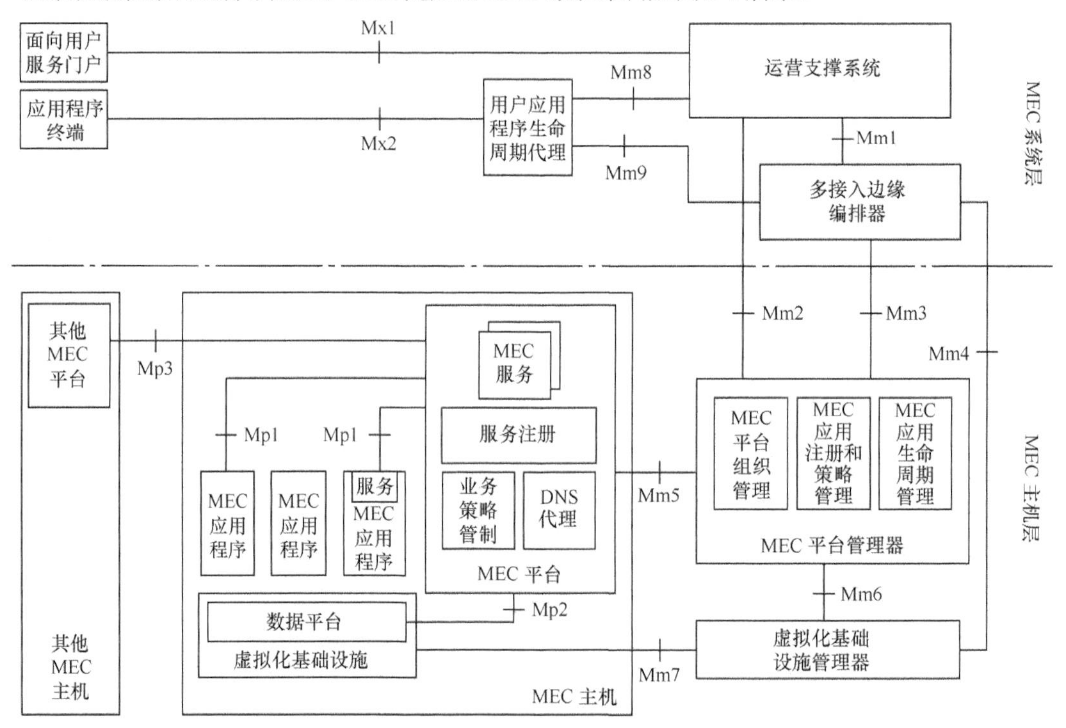

图3-7　ETSI定义的MEC系统架构

在 ETSI 定义的系统架构中，MEC 系统的功能主体主要是 MEC 主机，MEC 主机的组成部分包括虚拟化基础设施（Virtualization Infrastructure）、MEC 平台（MEC Platform）和 MEC 应用程序（MEC Application）。

虚拟化基础设施可以为MEC应用提供计算、存储服务和网络资源，它包含一个数据转发面来为从MEC平台接收到的数据执行路由转发规则，在应用程序、服务、DNS代理或DNS服务器、3GPP网络、本地网络和外部网络之间进行流量路由。

MEC平台负责的功能如下所述。

- 为MEC应用程序提供可以发现、宣传、消费和MEC服务的环境。
- 从MEC平台管理器、MEC应用程序或MEC服务接收流量规则，并指示数据转发面做出相应处理。
- 从MEC平台管理器接收DNS记录并据此配置DNS代理或DNS服务器。
- 托管MEC服务。
- 提供对持久化数据和时间相关信息的访问。

MEC应用程序以虚拟机（Virtual Machine，VM）形态运行在由MEC主机提供的虚拟化基础设施之上，可以与MEC平台交互以使用和提供MEC服务。MEC应用程序还可以与MEC平台交互以执行某些与应用程序生命周期相关的流程，例如，标识应用程序可用性、用户切换时准备用户状态的重新定位等。MEC应用程序可以具有特定的规则和需求，例如，所需的资源和服务，以及最大时延等，这些需求由MEC系统层管理系统验证，如果MEC应用程序对需求未做申明，MEC系统会使用默认值。

MEC系统的管理体系可以分为MEC系统层管理和MEC主机层管理两个层面。

MEC系统层管理的功能主体包含运营支撑系统（Operational Support System，OSS）和多接入边缘编排器（Multi-access Edge Orchestrator，MEO）。

上述的OSS是指运营商的OSS，它负责从外部的功能实体（例如，用户应用程序生命周期代理、面向用户服务门户等）接收针对MEC应用实例的操作请求，确定是否执行这些操作，如果操作被允许，发送操作请求到多接入边缘编排器。

多接入边缘编排器是MEC系统层管理的核心功能实体，主要负责以下几个功能。

- 维护MEC系统的总体视图，包括已部署的多接入边缘主机、可用资源、可用多接入边缘服务和整体系统拓扑。
- 加载应用程序安装包，包括检验安装包的完整性和真实性，验证应用程序的规则和需求（必要时可以根据运营商的策略对它们进行调整），记录已加载的应用程序安装包列表，并协调虚拟化基础设施管理器（Virtualization Infrastructure Manager，VIM）来为应用程序的部署准备相关资源。
- 根据应用程序对时延、资源、服务等方面的需求来为它选择最优的多接入边缘服务器。
- 启动应用程序的实例化和终结。
- （在支持的情况下）触发应用程序的重定位。

MEC主机层管理主体包含MEC平台管理器（MEC Platform Manager，MEPM）和VIM。

MEC 平台管理器负责以下几个功能。

● 管理 MEC 应用程序的生命周期，包括通知多接入边缘编排器相关的应用事件。

● 为MEC平台提供组件管理功能。

● 管理MEC应用程序的规则和要求，包括服务授权、流量规则、DNS 配置和冲突解决。

● 接收来自VIM的虚拟化资源故障报告和性能统计，并进一步处理。

VIM 负责的功能如下所述。

● 分配、管理和释放虚拟化资源。

● 准备虚拟化基础设施以运行软件镜像，准备工作包括配置硬件资源、接收和存储软件镜像。

● 在支持的情况下进行应用程序的快速指配。

● 收集和上报虚拟化资源的性能统计和故障信息。

●（在支持的情况下）执行应用程序重定位，即当应用程序从外部云转入或从本地转往外部云时，VIM 需要与外部云管理器交互以执行应用程序重定位。

除上述功能实体外，面向用户服务门户（CFS Portal）和用户应用程序生命周期代理（User App LCM Proxy) 也是 MEC 系统中的重要功能实体。

CFS Portal 实体相当于第三方接入点，通过 Mx1参考点与 OSS 通信。开发商的各种应用可以通过该接入点接入运营商的 MEC系统中，而企业和个人用户也可以通过该接入点订购感兴趣的应用，并限定所订购应用的适用范围（例如，时间和地点）。

User App LCM Proxy 为 MEC 用户提供对 MEC应用的实例化和终止等服务的支持，它可以实现 MEC系统和外部云之间的MEC应用重定位，并对所有来自外部云的请求进行认证。

3.2.4 MEC 在 5G 中的部署

MEC 是 5G 网络支持未来物联网关键服务所需低时延的关键技术，因此 5G 系统架构从一开始就被设计成能为 MEC 提供高效灵活的支持，以实现卓越的性能和体验质量。3GPP 采用的方法是允许将 MEC 映射为应用功能（AF），使其可以在 5GC 配置的策略框架内使用由其他5GC网络功能提供的服务和信息。此外，3GPP 还定义了许多新功能来为 MEC 的部署提供灵活的支持（包括在用户移动的情况下支持 MEC）。

基于 5G 的服务化架构（SBA），网络功能可以作为服务生产者和服务使用者，任何网络功能都可以提供一个或多个服务。SBA 提供了对提出服务需求的网络功能进行身份验证和授权其服务请求的必要功能，支持灵活有效地开放和使用网络服务。对于简单的服务或信息请求，SBA 可以使用“request-response”模型。对于长期存在的进程，该架构还支持“subscribe-notify”模型。

ETSI ISG MEC定义的API框架与5G系统SBA的上述原则一致，对于MEC应用程序来说，MEC API框架的作用与SBA对网络功能及其服务的作用是相同的，保证有效使用服务所需的功能包括注册、服务发现、可用性通知、注销，以及身份验证和授权等。

5G网络SBA视图与MEC架构如图3-8所示。

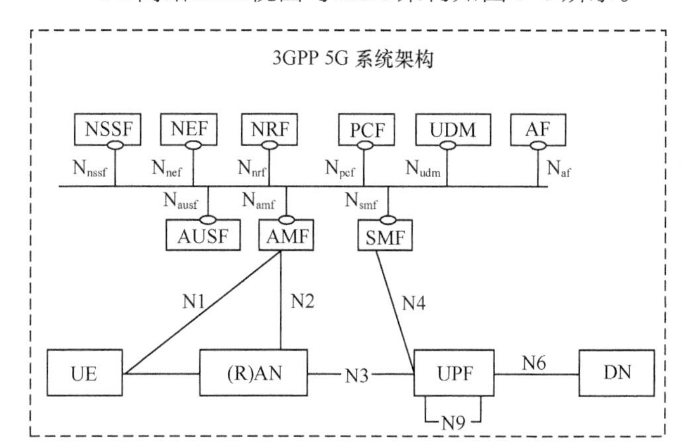

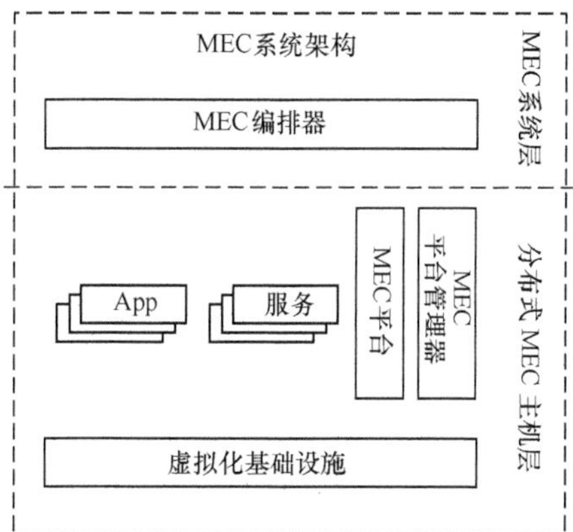

图3-8　5G网络SBA视图与MEC架构

在图3-8中，左侧显示了SBA视图的3GPP 5G系统架构，而右侧显示了MEC系统架构。下文将描述如何以集成的方式在5G网络环境中部署MEC系统以及MEC的功能实体如何与5G核心网络的网络功能相互作用。

5G系统的网络功能（NF）及其提供的服务在网络存储功能（NRF）中注册，而在MEC中，MEC应用程序产生的服务在MEC平台的服务注册表中注册。NF在通过授权后，可以直接与提供服务的其他NF进行交互以调用服务，可用的服务列表可以从NRF中获得。某些服务只能通过NEF访问，NEF同时也可以为5G系统外不可信域的功能实体提供服务，此时，NEF充当5G服务开放的集中点，并且在授权这些系统外功能实体的访问请求时具有关键作用。

在5G系统中，除了AF、NEF和NRF之外，还有许多与MEC有关的网络功能。例如，认证服务器功能（AUSF）可提供接入认证，网络切片选择功能（NSSF）可为用户选择合适的网络切片实例以及分配接入管理功能（AMF）。MEC应用程序可以属于已在5G核心网中配置的一个或多个网络切片。

5G系统中的策略和规则由PCF处理。PCF也是服务AF（例如，MEC平台）并影响流量导向规则的功能。MEC可以直接访问PCF或间接通过NEF访问PCF，这取决于5G系统配置的策略。

统一数据管理功能（UDM）负责用户签约和订阅相关的服务，生成3GPP AKA认证凭证，处理用户身份相关信息，管理访问授权（例如，漫游限制），注册为用户服务的NF（例如，

AMF、SMF），通过保留 SMF 或 DNN 记录来支持服务连续性等。

用户面功能（UPF）在 5G 网络集成部署 MEC 时起关键作用。从 MEC 系统的角度来看，UPF 可以被看作是分布式和可配置的数据平面，此时流量规则的配置遵循 NEF—PCF—SMF 路线。因此，在某些特定部署场景中，本地 UPF 甚至可能是 MEC 部署实施的一部分。

MEC 系统在 5G 网络中的集成部署如图 3-9 所示。

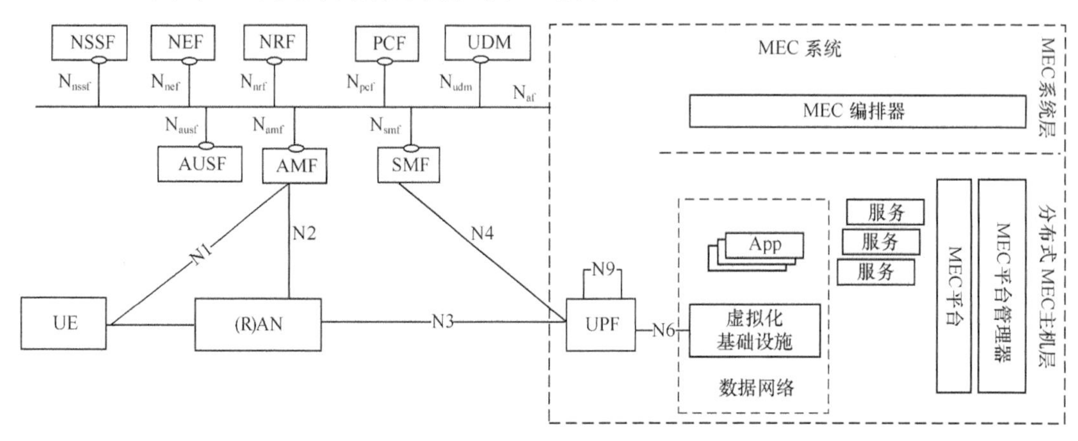

图3-9　MEC系统在5G网络中的集成部署

在图 3-9 右侧的 MEC 系统中，MEC 编排器是 MEC 系统层功能实体，AF 可以通过网络开放功能（NEF）与其他 NF 交互，或者在某些情况下直接与目标 NF 交互。在 MEC 主机层，MEC 平台也可以作为 AF 与 5G NF 进行交互。MEC 主机功能实体（MEC App），一般被部署在 5G 系统的数据网络（DN/LADN）中。NEF 一般和其他核心网 NF 一起被集中部署，但也可以被部署在网络边缘以支持来自 MEC 主机的低时延、高吞吐量的服务访问。

图 3-9 中 MEC 部署在 N6 参考点上，即 MEC 处于 5G 系统外部的数据网络中。分布式 MEC 主机可以容纳 MEC App，消息代理和流量导向至本地加速等可以作为 MEC 平台服务，将服务作为 MEC App 还是 MEC 平台服务运行应该充分考虑访问服务所需的共享级别和身份验证级别。诸如消息代理之类的 MEC 服务在开始时可以被部署为 MEC App 以获得上市时间优势，然后随着技术和业务模型的成熟再转为 MEC 平台服务。

用户移动性管理是移动通信系统的核心功能。在 5G网络系统中，接入管理功能（AMF）处理与移动性相关的业务流程。此外，AMF 也是 RAN 控制面信令和 NAS 信令的终止点，负责保证信令的完整性以及管理注册、连接和保证可达性，它也提供合法监听接入和移动事件的功能接口，为接入提供身份验证和授权，支持安全锚定功能（SEAF）。通过 SBA，AMF 可为其他 NF 提供通信和可达性服务，并且还允许订阅接收有关移动性事件的通知。

会话管理功能（SMF）同样具有关键职责。SMF 提供会话管理、IP 地址分配和管理、动

态主机配置协议（Dynamic Host Configuration Protocol，DHCP）服务、UPF 的选择 / 重选 / 控制、配置 UPF 的流量规则、提供合理监听会话管理事件的接口、计费功能、漫游功能等。由于 MEC 平台服务可以在中心云或边缘云中被提供，所以 SMF 在选择和控制 UPF，以及配置其流量导向规则方面发挥着关键作用。SMF 可以开放服务操作来允许 MEC 作为 5G 的 AF 来管理 PDU 会话、控制策略设置和流量规则，以及订阅会话管理事件的通知。

5G 的 SBA 及网络功能在实现 MEC 在下一代通信系统中的灵活集成方面发挥着重要作用，除此之外，还有一些高层次概念对于提供高质量和高性能的 MEC 服务是至关重要的，包括以下几点。

- 单个PDU会话可以同时访问本地数据网络（LADN）和公共数据网络（DN）。
- 为PDU会话选择靠近 UE 连接点的UPF。
- 基于从 SMF接收的UE 移动性和连接性事件进行选择 / 建立新的UPF。
- 5G 网络能力开放的特性允许 MEC 作为 AF 请求有关UE 的信息，或请求针对 UE 的操作。
- MEC作为AF可以影响单个或一组 UE 的流量导向。
- 支持边缘云中的MEC的合法监听和计费。
- 通知UE关于提供特定本地MEC服务的LADN 的可用性。

从逻辑上看，MEC 主机可以被部署在边缘或中心数据网络中，UPF 负责将用户面流量导入数据网络中的目标 MEC 应用。数据网络和UPF的部署位置是网络运营商的选择，网络运营商可以基于技术和商务等方面的考量来放置物理计算资源，例如，站点设施的可用性、需要支持的应用及其需求、预测的用户负荷等。MEC 管理系统可以编排 MEC 主机和应用程序，并动态决定 MEC 应用程序的部署位置。

在 MEC 主机的物理部署方面，根据操作性、性能或安全的相关需求，具体涉及以下 4 种形式。

1. MEC 和本地的 UPF 与基站并置

MEC和本地的 UPF 与基站并置如图 3-10 所示。

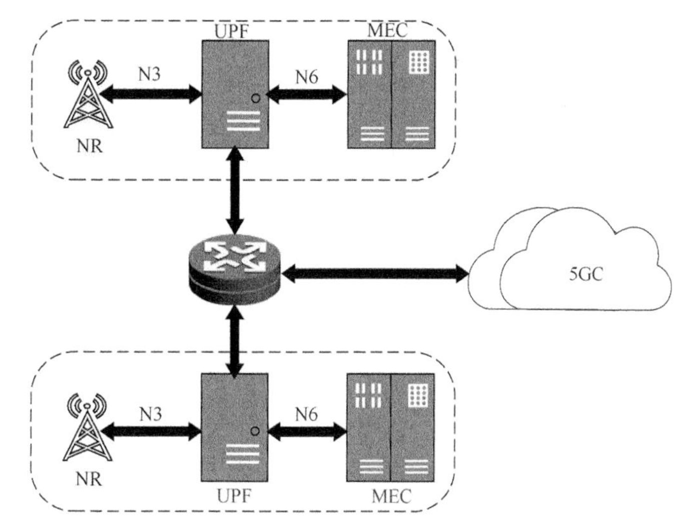

图3-10　MEC和本地的UPF与基站并置

2. MEC 与传输节点并置（本地UPF也可以并置）

MEC 与传输节点并置如图 3-11 所示。

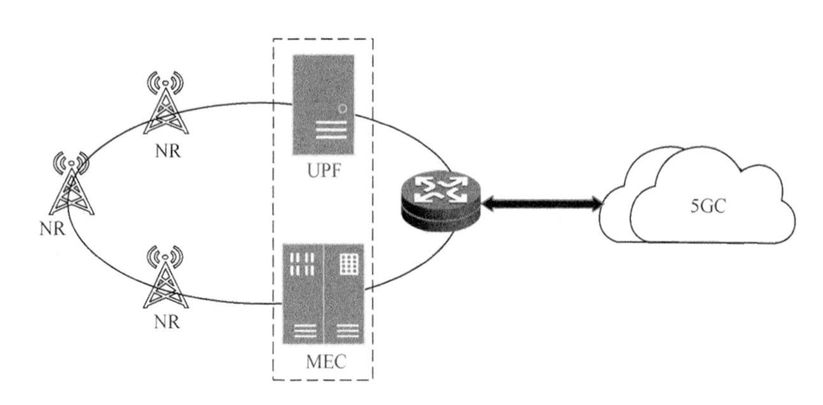

图3-11　MEC与传输节点并置

3. MEC 和本地 UPF 与网络汇聚点并置

MEC 和本地 UPF 与网络汇聚点并置如图 3-12 所示。

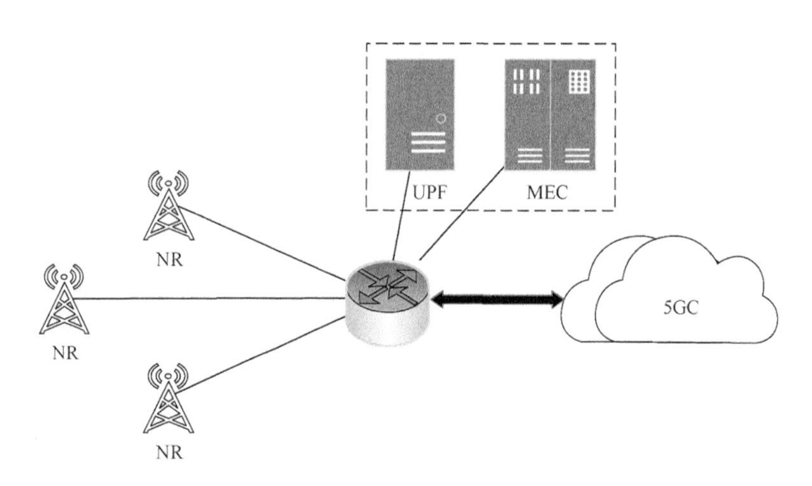

图3-12　MEC和本地UPF与网络汇聚点并置

4. MEC与核心网NF并置（即在同一数据中心）

MEC与核心网NF并置如图 3-13 所示。

上述选项表明MEC可以被灵活地部署在从基站附近到中心数据网络的不同位置。但是不管如何部署，都需要由UPF来控制流量是指向 MEC应用还是指向公共数据网络。

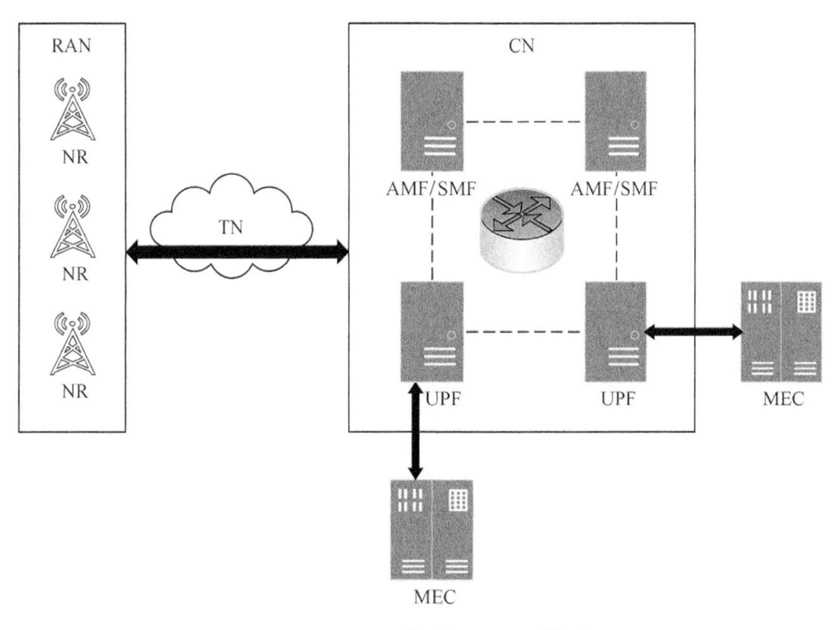

图3-13 MEC与核心网NF并置

3.2.5 MEC 的流量导向

MEC中的流量导向是指 MEC 系统将特定流量路由到边缘云中的目标应用程序的能力。在通用MEC架构中，MEC 平台可通过 Mp2 参考点配置数据平面，控制流量导向。在 5G 集成部署场景中，数据平面的角色被委托给 UPF。UPF在将流量路由到所需应用程序和网络功能方面发挥着核心作用。除了UPF之外，还有一些 3GPP 规定的相关业务流程可被用于支持灵活高效的流量路由。其中一个业务流程是AF对流量路由的影响，该流程允许AF影响本地UPF 的选择和重选，以及申请配置服务规则以允许流量被导向特定数据网络。

5G集成部署时，MEC 功能实体（Functional Entities，FE）可以作为 AF 使用 5G 网络提供的工具集。MEC FE 通过发送需要导向的流量的标识信息来与 PCF 交互以请求流量导向。PCF会将MEC的请求转换为适用于目标 PDU 会话的策略，并将路由规则提供给合适的SMF。基于所接收的信息，SMF识别目标 UPF，并启动流量规则的配置。如果当前没有适用的 UPF，则 SMF 可以在 PDU 会话的数据路径中插入一个或多个 UPF。

SMF 还可以为 UPF 配置不同的流量导向选项。在 IPv4、IPv6、IPv4v6 或以太网的情况下，SMF 可以在数据路径中插入上行链路分类器功能（Uplink Classifier Function，UL CL）。在UL CL上可以配置业务规则，将上行链路流量转发到不同的目标应用和网络功能中，在下行链路方向上则会合并去往 UE的流量。对于PDU会话，SMF 可使用 IPv6 或 IPv4v6 而且是在UE 支持的场景中，SMF 还可以基于多归属（Multi-Homing）概念进行业务导向，此时 SMF

将在目标UPF中插入分支点功能（Branching Point Function），并将其配置为基于IP数据分组的源前缀，将上行链路流量分割为本地应用实例和中心云中的服务。

3GPP的5G系统通过支持基于众多不同参数的流量导向来为AF提供灵活的框架，允许针对某些特定UE进行通用流量规则设置或特定流量规则设置。5G系统可以在业务导向请求中使用的参数包括用于识别业务的信息（例如，DNN、S-NSSAI、AF、服务标识符等）、预设的路由信息的参考ID、数据网络访问标识符（Data Network Access Identifier，DNAI）的列表信息、目标UE的信息、关于应用重定位可能性的指示、时间有效性条件（路由条件生效的时间段）、空间有效性条件（UE的位置）、用户面管理通知的类型和AF事务ID等。

除了允许选择UPF和配置流量导向规则之外，5G系统还为MEC FE提供了有效的工具，例如，用于MEC平台或MEC编排器监控本地云中MEC应用程序实例的用户的相关移动事件的工具。MEC FE还可以订阅来自SMF的用户面路径管理事件的通知，以便接收关于路径改变的信息，例如，当特定PDU会话的DNAI发生变化时，MEC管理功能可以基于这些通知来触发流量路由配置或应用程序重定位流程。

上面讨论的前提是相关MEC系统得到3GPP网络的信任，并且配置的策略允许从AF直接访问5G核心网络功能。然而，在某些情况下，MEC FE需要从NEF请求服务，例如，MEC不被认为是可信的或者配置的策略不允许AF与5G核心网络功能直接交互。此外，如果请求的是多个目标或者可能是多个PCF，MEC FE也必须要通过NEF进行操作。

3.2.6 MEC的应用程序移动性

MEC系统在网络边缘结合网络和计算的特性来优化其超低时延和高带宽服务的性能。边缘托管应用程序非常靠近无线节点的一个直接后果是它们会面临UE移动性的挑战。无论是传统的手持设备还是配备V2X系统的车辆，UE都是不断移动的，即使底层网络可以维持端到端服务的连续性，从长期来看，当前使用的边缘应用主机的位置也可能不是最佳的。

为了使MEC系统在移动环境中持续响应应用程序的需求，需要实现应用程序的移动性。实际上，这意味着用户提供服务的应用程序实例将变更为新的位置，对于有状态服务的应用程序，还需要传输用户上下文。在某MEC广域部署的场景下，可以预期该MEC系统中的MEC主机加载和配置的应用程序是系统内通用的，从而减小应用程序需要从一个主机重定位到另一个主机的可能性。但是，这仍然没有避免在源MEC主机和目标MEC主机之间传送有状态服务的应用程序的用户上下文的需求。

应用服务可以被分为有状态服务和无状态服务。有状态服务的应用程序要实现移动性，则需要在原始应用程序实例和重新定位的应用程序实例之间传输和同步服务状态，以便保持服务连续性。服务状态同步在很大程度上取决于应用程序本身，因此需要应用程序开发者的

支持，换句话说，在设计时，开发者就需要考虑支持应用程序的多个实例并发运行，并且应用程序实例的状态（用户上下文）可以在源实例中被捕获并复制到另一个实例中，然后，在 UE 断开与源 MEC 主机中的应用程序实例的连接时，由目标 MEC 主机中的重新定位的应用程序实例产生的服务可以以源 MEC 主机中的应用程序实例的状态无缝继续。对无状态服务的应用程序移动性的支持相对简单，它不需要源 MEC 主机与目标 MEC 主机中的应用程序实例之间的服务状态（应用程序上下文）的传输和同步。

应用程序移动性是 MEC 系统的独特功能，需要将用户的上下文和 / 或应用程序实例从一个 MEC 主机重新定位到另一个 MEC 主机，以持续为用户提供最优化的服务体验。应用程序移动性是服务连续性的一部分，意味着在用户的上下文和 / 或应用程序实例被重新定位到另一个 MEC 主机时，应用程序仍将无缝地继续对UE 提供服务。在 5G 网络中集成部署 MEC 时实现应用程序移动性的基本方案如图 3-14 所示。

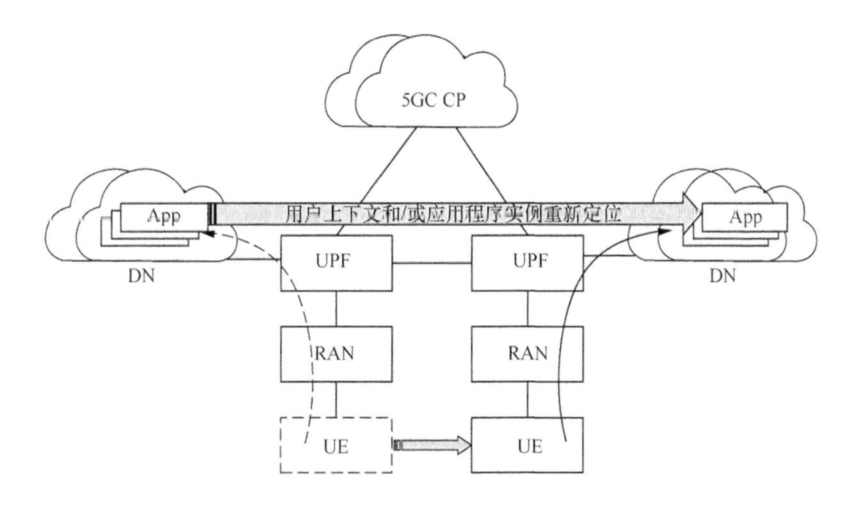

图3-14　在5G网络中集成部署MEC时实现应用程序移动性的基本方案

检测到UE移动到新服务小区是应用程序移动性的触发条件之一，其依赖于 MEC FE 从 NEF 订阅相关事件通知的能力。MEC 平台还可以订阅由无线网络信息服务（Radio Network Information Service，RNIS）产生的无线网络信息。通过无线网络信息，MEC平台可以识别发生小区改变的UE并确定它们是否即将移出当前 MEC主机的服务区域。

MEC 系统中运行的应用程序可以提供多种多样的服务，例如，视频、游戏和物联网服务（V2X）等，服务的多样性给应用程序移动性带来了极大的挑战，应用程序 / 服务提供商在规划 MEC 应用程序及其在网络边缘的部署时，需要充分考虑移动环境中应用程序生命周期的所有方面，包括应用程序移动性，以便为用户带来更高质量的服务体验。

3.2.7 5G网络对MEC的能力开放

5G核心网的网络功能（NF）的能力信息和服务可通过网络开放功能（NEF）开放给外部实体，这些实体包括应用功能（AF），例如，集成部署时的MEC FE。虽然5G基于SBA也可以在已授权的前提下允许AF直接访问NF，但在大多数情况下，需要通过NEF访问NF的服务和功能，具体包括以下几个方面。

● 监控：允许外部实体请求或订阅与UE相关的事件。所监控的事件包括UE的漫游状态、UE连接中断、UE可达性和位置相关事件（例如，特定UE的位置或者处于某特定地理区域内的UE的标识）。此类事件信息主要由AMF和UDM提供。

● 指配：允许外部实体为5G系统指配预期的UE行为，例如，预期的UE的移动或通信特性。

● 策略和计费：处理第三方伙伴基于UE的请求的QoS和计费策略，PCF是策略和计费控制（PCC）的关键功能实体，但大多数NF也不同程度地涉及对PCC框架的支持。

5G网络对MEC的能力开放如图3-15所示。

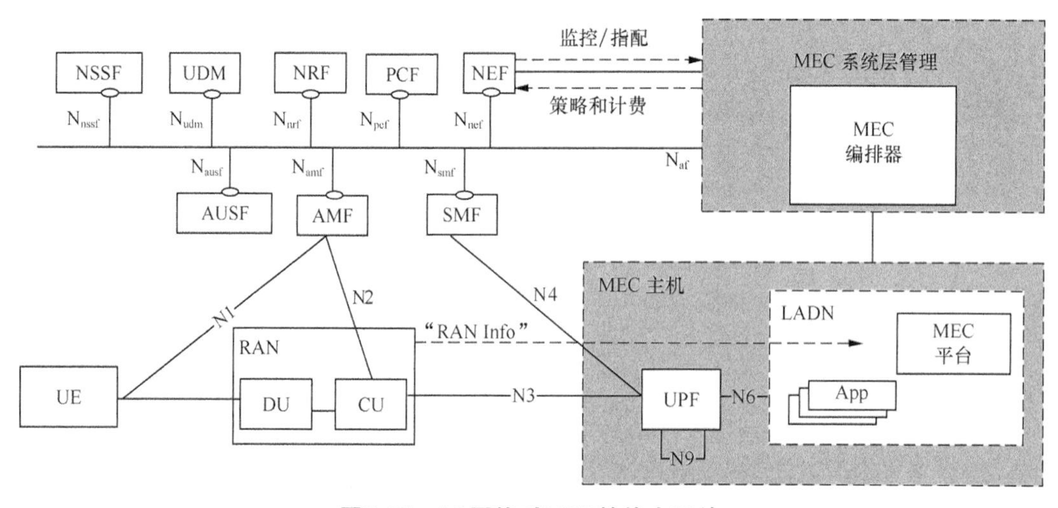

图3-15 5G网络对MEC的能力开放

图3-15是5G系统将能力开放给MEC系统的示例，在此场景下，MEC编排器（MEC系统级管理）体现为5G系统的AF，这既提供用于管理计算资源和MEC主机的集中操作功能，还负责MEC应用程序在MEC主机上的编排。一方面，作为5G系统的AF，MEC编排器与NEF以及其他NF互动，获取全局性的监控、指配、策略和计费等能力。另一方面，MEC主机可以被部署在5G网络边缘，利用MEC的优势来优化应用程序的性能并提升用户的体验质量。因此，MEC平台可能需要与5G RAN的CU甚至DU直接互动，例如，MEC主机提供的无线网络信息服务（RNIS）依赖于RAN能力的开放，尤其是与UE相关的最新无线信息，这

些信息可以帮助 MEC 主机上运行的 MEC 应用程序优化服务，直接将诸如接收信号接收功率 / 质量之类的无线信息开放给 MEC 平台，还避免了经由5G核心网向 MEC 应用程序传送消息引起的不必要的传输时延和带宽消耗。

MEC 系统还可以利用 5G RAN 开放的网络能力信息来为 MEC 应用提供附加服务。例如，通过实时无线信号测量，MEC平台可以计算出UE的精确位置并通过 MEC 定位服务将其开放给 MEC 应用，甚至可以将这些位置信息反馈回 5G 系统，使 5G 系统可以使用位置信息来优化对用户的服务，或者将其作为位置服务（Location-Based Service，LBS）产品的一部分，即基于 UE 位置的推送和营销。

3.2.8 MEC带来的优势

1. 低时延

MEC 使网络边缘具备了计算和存储能力，拉近了网络能力和用户数据的距离，用户请求不再需要经长距离传输到核心网再被处理，而是由UPF将特定流量导入部署在本地的 MEC 服务器进行直接处理并响应用户请求，降低了通信时延。MEC 的时延节省特性在视频传输、自动驾驶和 VR 等时延敏感的相关应用中表现得尤为明显。以视频传输为例，在传统方式下，每个用户终端在发起视频内容调用请求时，请求首先需要经过基站接入，然后通过传输网到达核心网，再通过核心网连接目标内容，再经传输网、无线网逐层回传，最终完成终端和目标内容间的交互，可想而知，这样的长距离逐层传递获取的方式是非常耗时的。引入 MEC解决方案后，在靠近用户设备的基站侧部署MEC服务器，将视频资源缓存在 MEC 系统提供的存储资源上，通过 UPF 的流量导向，用户可以直接从MEC服务器获取视频数据，这样可以极大地节省用户从发出请求到收到响应的等待时间，同时也能使视频播放更加流畅，从而提升了用户服务质量体验。

2. 改善链路容量

处于网络边缘的 MEC 服务器可以本地卸载流量数据，从而极大地降低数据回传对传输网和核心网带宽带来的压力。某些点击量较高的视频类型，例如，体育比赛、演唱会、发布会等，通常是以直播这种高并发的方式发布的，短时间内的接入用户数很大，并且用户请求的都是同一资源，这对网络的带宽和链路状态的要求极高。通过在网络边缘部署 MEC服务器，视频直播内容会被实时缓存在 MEC 服务器上，本地用户的请求也会在本地进行处理，减少了下行数据为链路带宽带来的压力，同时也降低了发生链路拥塞和故障的可能性，增大了链路容量。

3. 提高能量效率

在移动网络下，任务运算和数据传输是消耗能量的两个主要方面，能量效率是 5G 实现连续覆盖需要克服的一大难题。MEC的引入和部署能够极大地降低网络的能量消耗。一方面，MEC 系统能够就近提供计算和存储资源，在本地进行部分运算的卸载，针对需要大量计算能力的运算，则分流上交给远端集中部署的数据中心或云中心进行处理，从而降低核心网 NF 的计算能耗。另一方面，随着缓存技术的发展，存储资源的容量成本与带宽资源成本相比不断降低，MEC 的部署可以实现以存储换取带宽的效果，资源本地存储可以极大地减少数据包远程传输的需要，从而降低传输能耗。

4. 改善用户服务 QoS

部署在网络边缘的 MEC 服务器可以获取更实时和详细的终端和网络信息，因此可以作为对带宽等资源进行实时调度和分配的资源控制器。以视频应用为例，MEC服务器可以实时感知用户终端的链路信息，对带宽资源进行灵活扩缩，例如，可以回收空闲的带宽资源分配给其他有需要的用户，使资源配给更合理，也能使网络内用户的体验更佳。同时在用户允许的情况下，MEC 服务器可以根据链路资源状况，自动为用户切换到不同的视频版本，以避免卡顿现象，从而给用户带来更优质的观看体验。另外，MEC服务器还可以基于用户的实时精确位置提供一些基于位置的服务，例如，餐饮、娱乐、优惠活动等推送服务，进一步提升用户的服务质量体验。

3.2.9 5G网络中MEC的应用场景

MEC 的主要应用可分为网络能力开放、本地内容缓存、本地内容转发和基于无线感知的业务处理和优化。

MEC的适用场景主要是数据量大、时延敏感、实时性要求高的场景，例如，V2X、AR、移动内容分发网络（mobile Content Delivery Nerwork，mCDN）、IoT 等。

1. 本地内容缓存类应用

通过将 MEC 服务器与业务系统对接，MEC 服务器可以感知和获取业务中的热点内容，包括视频、图片、文档等，并进行本地缓存。在用户做业务申请时，用户面功能（UPF）可以对用户的上行数据进行实时的深度包解析（DPI）和流量筛选，如果终端申请的业务内容已在本地缓存中，UPF 可以直接将业务申请指向本地 MEC系统，MEC系统会将本地缓存的内容推送给终端。

以 AR 为例，AR 是对使用者所看到的真实世界景象通过附加计算产生的信息进行增强或扩展的技术。AR 系统利用的技术包括虚拟现实技术、计算机视觉技术、人工智能技术、可佩戴移动计算机技术、人机交互技术、生物工程学技术等。MEC 服务器对AR技术的主要贡献是基于缓存和视频分析，具体来说，MEC服务器可以缓存需要推送的AR音视频内容，并基于 5G 的精确定位技术将内容和实际地理位置信息一一对应，当终端发起应用请求时，MEC 服务器通过 DPI 判断应用内容，并结合精确位置信息推送AR音视频内容到用户终端。基于 MEC 的 AR 解决方案一方面可以通过流量本地化降低内容时延，提升用户体验；另一方面利用 5G 的精确定位功能，增强 AR 的应用效果和价值。

2. 业务处理与优化类应用

通过在无线侧部署 MEC 服务器，基于网络对 MEC 系统的能力开放，MEC 系统可以实时采集和分析无线网络信息，并基于获得的网络情况对业务进行实时的快速优化，例如，选择合适的业务速率、内容分发机制、拥塞控制策略等。

业务与处理优化的典型应用是远距离视频监控。当前的视频监控的两种典型的数据处理方式如下所述。

- 摄像头端处理。缺点是需要每个摄像头都具备视频分析功能，会提高成本。
- 服务器端处理。缺点是需要将大量的视频数据回传到服务器，会增加传输网和核心网的负担，且时延较大。

在接近监控数据源的边缘部署具有较高计算能力的 MEC 服务器，既可以降低摄像头的成本，也不会给传输网和核心网的链路资源带来负担，且时延更低。具体来说，摄像头的视频数据可以借助 MEC 的本地分流解决方案直接传递到部署在 MEC 的存储资源中，提升视频监控系统部署的便利性，同时监控摄像头获取的视频可以在本地进行分析，基于实时事件监测来进行更高级的决策判断，也提高了监控系统的效果和效率。

3. 本地分流类应用

基于MEC 的本地分流，用户可以通过 MEC 平台直接访问 LADN，在用户终端申请本地 MEC平台支持的业务时，数据流无须经过核心网，而是经由 MEC平台完成用户终端与 LADN 的交互。MEC 的本地业务分流可以降低数据的回传带宽消耗和业务访问时延，提升用户的业务体验。

以视频直播为例，热点区域的视频直播类业务，例如，赛车场、体育馆、演唱会场的多角度视频直播，可以为用户提供任选观看角度的高清直播视频，此类业务如果采用传统解决方案经由远端核心网进行转发，时延较高，无法满足用户实时性体验的需求。通过在热点区域部署 MEC 系统进行本地数据分流，摄像头产生的现场视频数据不需要经过核心网传送到公共网络内的视频服务器，而是直接由 MEC 平台分流至 LADN 内的视频服务器缓存，用户在访问相应的视频数据时也可以通过 MEC平台直接访问到本地网络内的视频数据。这样可以降低回传带宽消耗和业务访问时延，有效减轻传输网和核心网的负担，并提升用户的业务体验。

本地分流类业务的另一个典型应用是企业解决方案。一般来说，大型企业都建设了自己的企业内网，部署了大量的路由器和交换机，并配备了相应的运维团队，成本极高。通过基于 MEC 的本地分流方案，企业无须购买和部署网络设备，而是直接基于网络运营商的无线覆盖搭建内网，企业内部的应用或服务器可以部署在 MEC 系统的 LADN 中，MEC 通过 DPI 识别本地和非本地业务，将企业用户访问公司内网（包括内部网站、论坛、内部资金转移定价业务等）、处理内网邮件、内部 IM 通信等业务流指向 LADN 中的应用或服务器，保持企业内部业务的本地化，而非本地业务则转发至远端核心网上公共网络。基于 MEC 的企业网方案，一方面避免了路由迂回，降低了用户访问时延，缓解了网络压力；另一方面保证了本地内容的安全性，可开展相关增值服务。

4. 网络能力开放类应用

通过MEC平台提供的接口，移动网络可以向第三方提供网络资源和能力，将网络监控、网络基础服务、QoS控制、定位、大数据分析等能力对外开放，充分挖掘网络潜力，与合作伙伴互惠共赢。

网络能力开放类业务的典型应用是智慧商场。智慧商场的业务主要关注赢利模式，例如，对用户实时定位，可以进行室内导航及周边商铺查询、车库辅助智能找车等，以及与用户位置或消费区域相关的广告、优惠券等信息的推送，或者基于对用户的行为偏好进行大数据分以析实现精准营销。为了使上述服务具备更佳的用户体验，可以将MEC服务器部署于商场内，拉近与用户数据的距离，便于实时地分析用户位置，提供本地的个性化服务。

综上，MEC的应用将伸展至交通运输系统、智能驾驶、实时触觉控制、AR等领域，MEC平台的广泛部署将为运营商、设备商、OTT和第三方公司带来新的运营模式。

5G

第4章

5G 无线网关键技术

4.1 5G无线网功能需求

第1章我们分析了5G的性能需求，即八大关键性能指标和13项技术性能指标。本节重点分析5G无线网的功能需求。

1. 灵活扩展

为应对爆发式增长的移动互联网业务需求，移动通信系统的设计日趋复杂，现有移动通信系统在灵活性和适应性方面的弊端已经凸显。未来移动通信系统的网络部署场景和业务需求更为复杂，5G必须有一个具有高度灵活性、扩展能力的新型移动网络架构。

灵活性：依据业务应用特性和具体需求，可充分考虑移动网络的实际部署场景，灵活选取网络功能集合，并进行功能部署与配置管理。

扩展能力：5G网络要求支持多样化的频谱资源以及多样化和规模化的终端设备，还要以低成本和短周期的标准快速支持新型无线接入技术的部署应用。

2. 超密集网络

蜂窝网络正朝着小型化、小小区化、密集化、云化、异构化和高度协作化的方向发展。超密集网络是未来蜂窝移动系统必然的发展趋势，不仅关系到5G网络的系统容量，还密切关系到5G网络各层面的综合性能和各种中高级移动应用业务的用户体验。超密集网络可以用4个词来概括，即基站小型化、小区密集化、节点多元化和高度协作化。

3. 无线网控制与承载分离

在5G时代，多制式、多频段、多层次的移动通信网络将会长期并存，接入网节点部署更加密集，接入网环境复杂多样，每一张接入网的覆盖、容量及无线特性也存在差异，而每一个终端都希望能够在多样的无线环境中顺畅地接入网络并体验业务。同时，随着移动数据业务越来越多样化，不同的部署场景和部署环境，对网络的覆盖和容量需求存在较大的差异。因此，需要将无线接入网的控制信令与业务承载分离，无线控制层和业务承载层可以根据各自对于无线网络的覆盖与传输要求，分别采用各自最佳的无线网络。

4. 融合资源协同管理

5G系统是一张复杂、密集的移动通信网络，其干扰问题复杂、严重。5G系统需要一种融合的资源协同管理机制，从而有效地管理和使用频域、时域、码域、空域、功率域等多维度的系统资源。依据网络部署、业务应用和用户个性需求，5G系统可以进行灵活的资源调度与分配，满足业务应用的数据传输需求，优化用户移动业务体验，减少系统干扰，实现移动通信系统资源利用的最大化。

5. 邻近服务

邻近服务可使空间位置相邻的终端用户在网络控制或者不控制的情况下，在授权频段或非授权频段进行直接通信，有助于提升网络容量和覆盖性能，改善业务时延，降低终端功耗。邻近服务主要有 3 个方面的应用，即直接通信、网络覆盖增强和联合发送接收。直接通信主要应用于邻近终端存在通信需求的场景，进行终端间数据直接传送；网络覆盖增强主要应用于传统移动通信网络覆盖盲区场景，进行覆盖扩展；联合发送接收主要应用于多终端联合发送和接收数据，类似于终端侧多点协作。

6. 边缘计算与无线能力开放

5G是以用户为中心的全方位信息生态系统。网络、用户和业务信息的感知、挖掘与分析是决定 5G 成败的关键。结合 IT 技术优势，将 IT 计算与服务能力部署于移动网络的边缘，使无线接入网可以实时地统计并分析无线网络的运行状况和用户业务的需求状况，提供与环境紧耦合的高效化、差异化和多样化的移动宽带用户服务体验。同时，标准化和开放式的移动边缘计算平台可将无线网络的统计信息和控制能力开放出去；移动虚拟运营商、软件应用开发商等可以协力合作，形成全新的价值链条，开启全新的服务类别，提供丰富的用户业务。

7. 网络频谱共享

5G 时代需要提高频谱共享的灵活性和提升频谱效率。在某一地域范围内或者时间范围内的频谱资源得到动态利用，可使频谱资源的动态变化和多优先级网络共存，例如，不同无线接入系统之间进行灵活的频谱共享、不同运营商之间进行灵活的频谱共享、不同运营商之间实现非授权频谱共享、移动通信系统与其他技术实现非授权频谱共享等。频谱共享要求基站具备频谱感知技术，并能与上层静态分析系统互通频谱感知信息，同时要求系统具备频谱管理、干扰管理、业务QoS保障等功能。

4.2　超密集组网

4.2.1　超密集网络的定义与优势

与增加频谱带宽和提高频谱利用率两种方案相比，通过增加小区部署密度来提升频谱空间复用率是这 3 种提升无线系统容量方案中最有效的一种。1957—2000 年，增加无线频谱带宽提升了约 25 倍的无线系统容量，将大带宽无线频谱细分成多载波带来了无线系统容量约 5 倍的增益，而先进的调制编码技术也提升了约 5 倍的无线系统容量；与上述技术相对应的是，通过减小小区半径增加频谱资源空分复用的方式则将无线系统容量提升了1600 倍。

传统的无线通信系统通常采用小区分裂的方式减小小区半径。随着小区覆盖范围的一步步缩小，小区终将难以进一步分裂。在此情况下，需要通过在室内外热点区域密集部署低功率小基站，包括小小区基站、微小区基站、微微小区基站以及毫微微小区基站等，来提升区域内的无线系统容量，从而形成超密集网络（Ultra Dense Network，UDN）。UDN 是提升未来 5G 网络数据流量1000倍以及用户体验速率 10 ～ 100 倍的有效解决方案。

超密集组网通俗地讲是在宏基站的覆盖区域内通过增密部署小功率基站并精细控制覆盖距离，大幅增加站点数量。超密集组网如图 4-1 所示。

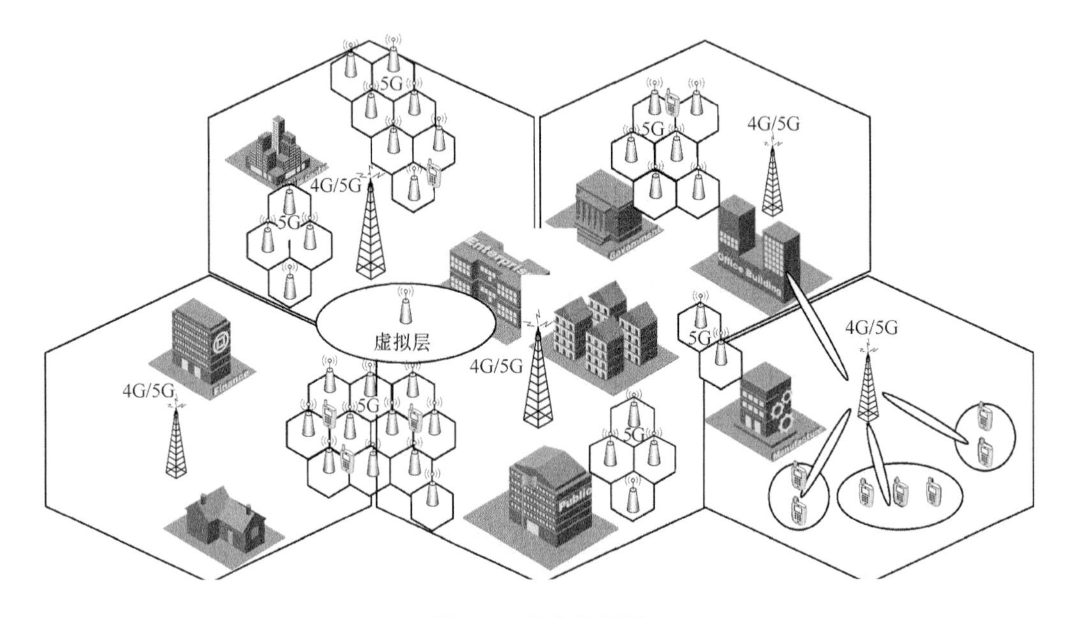

图 4-1 超密集组网

超密集组网的量化定义有两种：一是网络中小区部署密度大于等于 103cell/km^2；二是网络中无线接入点（Access Point，AP）的密度远大于其中活跃用户的密度。

超密集组网的优势主要体现在以下 3 个方面。

一是与传统的组网方式相比，超密集组网的网络节点大幅度增加，现网无法覆盖的边角区域也能有较好的信号，网络覆盖面积得以扩展，实现无缝网络覆盖。超密集组网特别适用于终端密集的区域，例如，商场、办公楼、地铁等，也可以利用微小区（small cell）覆盖城市盲点和偏远郊区来提升网络覆盖面积。

二是超密集组网可以提升系统容量、频谱效率和能源利用率。由于小区数目增多，单小区的覆盖面积相对减小，频率可在位于网络第二层拓扑的小站间有效地进行多次复用，从而提高频率的复用效率，增大吞吐量，大幅提高热点地区的系统容量和频谱效率。同时，小区半径减少、通信距离的缩小使功率损耗降低，能源利用效率提高。

三是超密集组网适应性强、灵活度高，具有更高的可拓展性。微基站相对于宏基站，可调控性高、更加灵活以及接入方式更多样化。随着微基站数量的增多，超密集组网可以适应更为复杂的网络。

4.2.2 UDN 的技术问题

超密集组网是解决未来 5G 网络数据流量爆炸式增长的有效解决方案，而小区部署的密集化也会产生新的问题。

1. 干扰问题

超密集组网通过降低基站与终端用户间的路径损耗来提升网络吞吐量，在增强有效接收信号的同时也提升了干扰信号，即超密集组网降低了热噪声对无线网络系统容量的影响，使其成为一个干扰受限的系统。如何有效进行干扰消除、干扰协调成为超密集组网在提升网络容量过程中需要重点解决的问题。

2. 频繁切换问题

低功率基站较小的覆盖范围会导致具有较高移动速率的终端用户在短时间内历经多个基站，遭受频繁切换，降低了用户体验的速率和服务质量，同时也占用了更多的系统控制信道和调度资源。

无线网控制与承载分离是小区虚拟化有效解决干扰和频繁切换问题的关键技术。

4.3 无线网控制与承载分离

4.3.1 技术概述

无线网控制与承载分离技术的主要思路是将原有无线网的控制面和用户面相分离，分别由不同的网络节点承载，形成两个独立的功能平面。无线网的控制与承载分离可以针对控制面与用户面不同的质量要求与特点分别进行优化设计与独立扩展，满足5G系统对网络性能的要求。例如，分离后的无线网控制面传输可针对控制信令对可靠性与覆盖范围的需求，采取低频大功率传输以及低阶调制编码等方式，实现控制面的高可靠以及广覆盖；而用户面传输则针对数据承载对不同业务质量与特性的要求，采取相适应的无线传输带宽，并根据无线环境的变化动态调整传输方式以匹配信道质量，满足用户面传输的差异化需求。

随着无线网控制面与用户面的分离，5G 无线网元按照提供的网络功能以及承载对象的不同可划分为信令基站、数据基站以及虚拟宏基站控制器等多种网络节点类型。

信令基站是指提供无线网控制面功能的基站节点，负责接入网控制面的功能处理，并提供移动性管理、寻呼、系统广播等接入层控制服务。

数据基站是指提供无线网用户面功能的基站节点，负责接入网用户面的功能处理，并提供用户业务数据的承载与传输。

虚拟宏基站控制器与信令基站类似，也是负责接入网控制面的功能处理，区别在于虚拟宏基站控制器主要针对无宏基站存在的微微组网场景，提供多个微基站所形成虚拟宏小区的控制面功能，实现对多个微基站的统一控制与资源管理。

以上三者均属于功能逻辑概念，在具体实现上，信令基站、虚拟宏基站控制器与数据基站可共存于同一物理实体或独立部署。

基于控制与承载分离的无线网架构如图 4-2 所示。

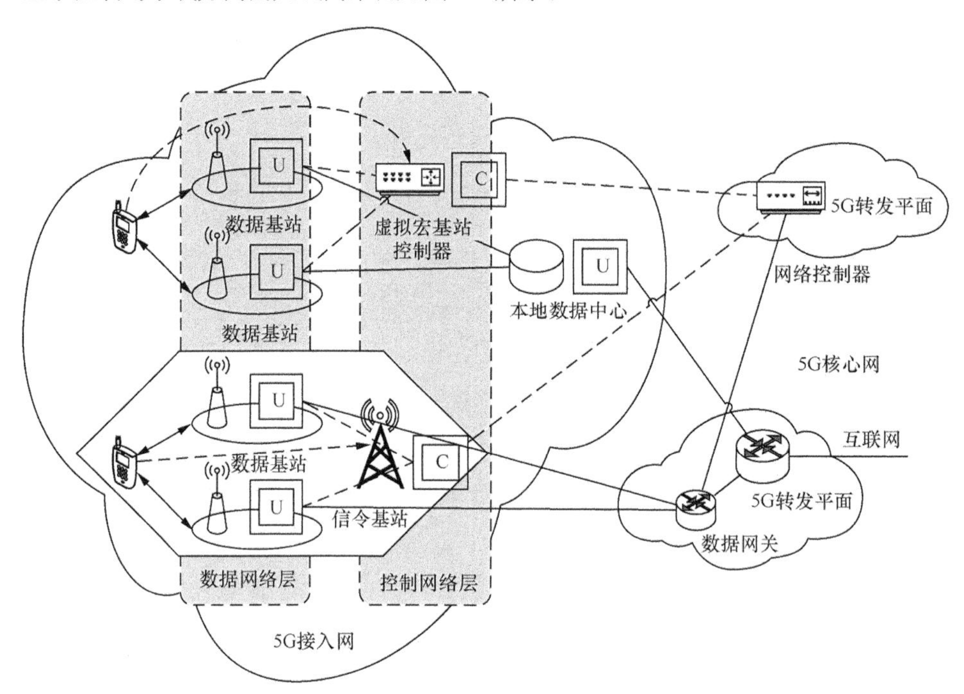

图4-2 基于控制与承载分离的无线网架构

5G 无线网架构可以划分为控制网络层与数据网络层。控制网络层由信令基站和虚拟宏基站控制器组成，根据不同的网络部署场景，实现统一的控制面，提供多网元的簇化集中控制；数据网络层则由数据基站组成，接受控制网络层的统一管理，由于仅提供用户面功能，可简化网元设计，降低成本，实现即插即用与灵活部署。

4.3.2 宏微组网场景

宏微组网场景是 5G 无线网控制与承载分离技术的主要应用场景。宏微组网场景下的控制与承载分离如图 4-3 所示。

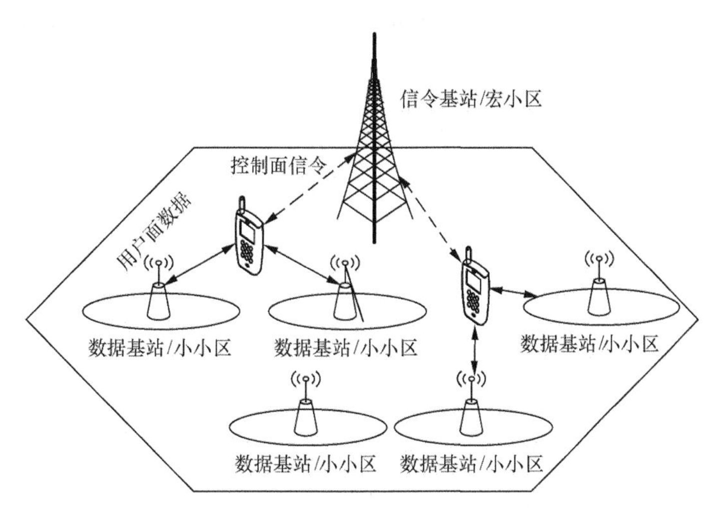

图4-3 宏微组网场景下的控制与承载分离

在此场景下，通过控制与承载分离，宏基站作为信令基站承担无线网控制面功能，微基站作为数据基站接受宏基站的无线资源管理并承担精细化的用户面处理。宏基站使用低频高功率发射，微基站使用高频低功率发射。基于控制与承载分离，宏微组网场景下的 UE 连接建立过程如图 4-4 所示。

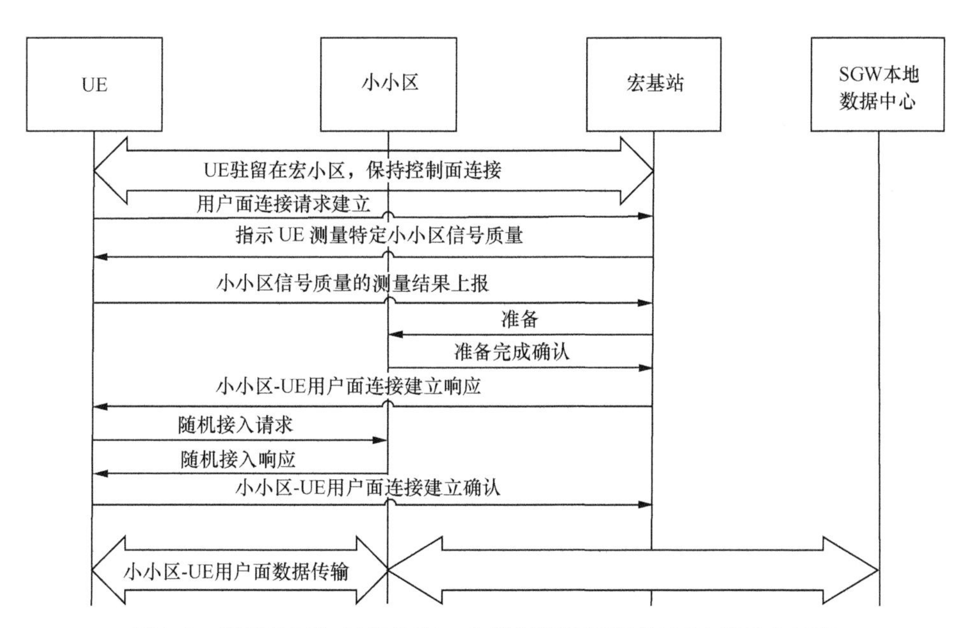

图4-4 基于控制与承载分离，宏微组网场景下的UE连接建立过程

UE 驻留在宏小区，与宏小区保持控制面连接。当 UE 发起连接建立请求时，宏基站通过无线资源控制（Radio Resource Control，RRC）信令指示UE对特定小小区进行信号测量；UE将检测到的小小区信号测量结果上报宏基站，宏基站通知微基站完成目标小小区连接建立准备，微基站向宏基站确认目标小小区完成准备后，并将分配的接入信息发送给宏基站；宏基站向UE发送连接建立，并将小小区的接入信息转发给UE，UE向小小区发起随机接入并建立与小小区的链接，随后开始UE与小小区之间的用户面数据传输。

1. 基于多连接技术的实现

由于微基站存在非连续覆盖的空洞，宏基站除了要实现信令基站的控制面功能还要实现数据基站的用户面数据承载功能。当宏基站与微基站之间存在理想回传链路时，控制与承载分离可以采取类似载波聚合的处理方式，而当二者之间不存在理想回传链路（交互时延≥5ms）时，无法保证宏微多站点小区间的同步，这种场景下可以基于多连接方式来实现无线网控制与承载分离。

多连接技术的主要目标是实现用户终端与宏微多个无线网络节点的同时连接，不同的网络节点可以采用相同的无线接入技术（Radio Access Technology，RAT），也可以采用不同的RAT。宏基站不负责为基站的用户面处理，无须宏微小区之间的严格同步。

宏微组网场景下的双连接方案如图4-5所示，其为宏微组网场景下采用LTE已定义的双连接方式实现的无线网控制与承载分离的双连接方案。宏基站作为主基站（Master eNB，MeNB），提供集中统一的控制面和用户面的数据承载；微基站作为辅基站（Secondary eNB，SeNB），只提供用户面的数据承载。

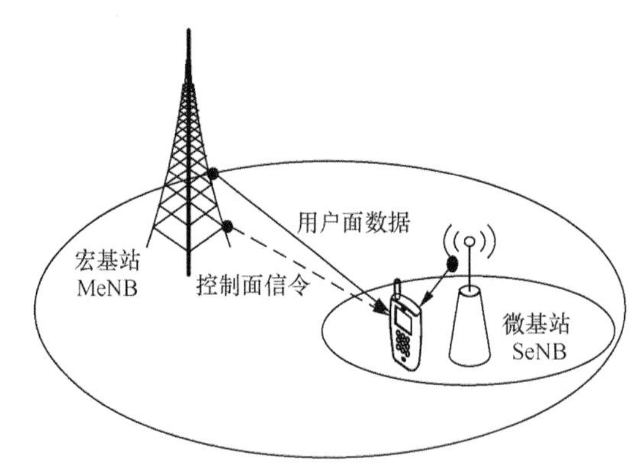

图4-5 宏微组网场景下的双连接方案

宏微组网场景下的双连接控制面方案如图4-6所示，只有MeNB和UE中存在RRC实体，MeNB和SeNB对无线资源管理功能进行协商后，SeNB将一些配置信息通过X2接口传递给MeNB，RRC消息只通过MeNB发送给UE。UE的RRC实体只能看到MeNB的RRC实体。

双连接的用户面协议栈有2种可能的候选方案（1A和3C）。宏微组网场景下的双连接用户面候选方案1A如图4-7所示，宏微组网场景下的双连接用户面候选方案3C如图4-8所示。

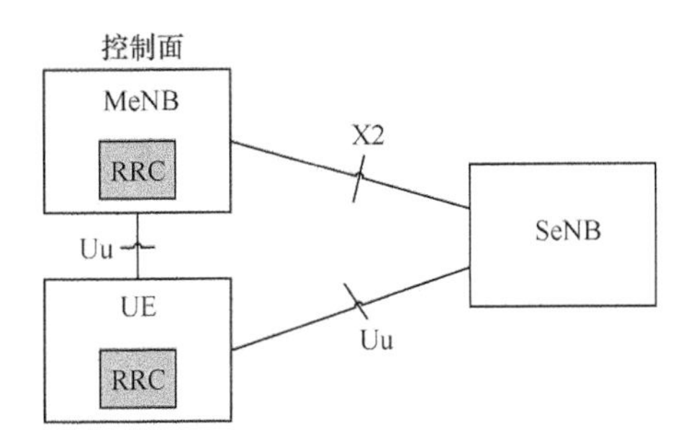

图4-6　宏微组网场景下的双连接控制面方案

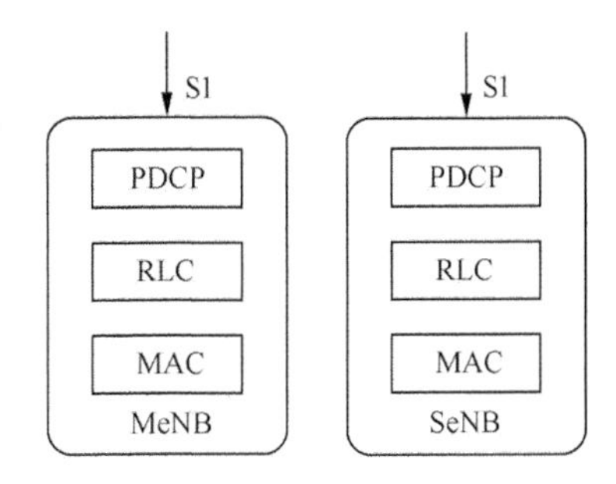

图4-7　宏微组网场景下的双连接用户面候选方案1A

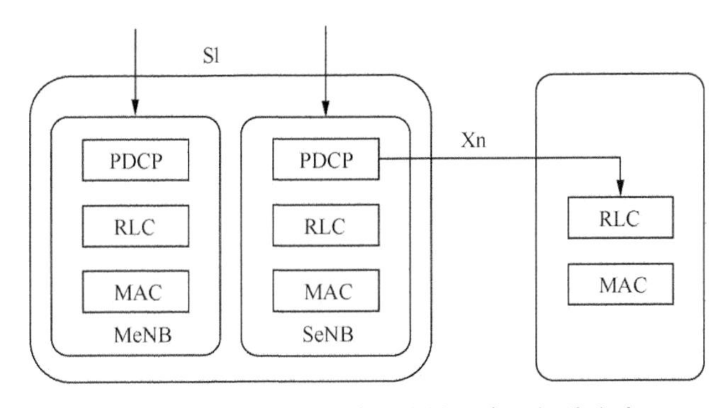

图4-8　宏微组网场景下的双连接用户面候选方案3C

方案 1A: 数据在核心网进行分流，核心网将终端的多个承载分割在不同的基站中传输；S1-U 在 SeNB 中终结，并且 SeNB 具备独立的分组数据汇聚协议（Packet Data Convergence Protocol，PDCP），MeNB 不进行数据分组的分割。

方案 3C: 数据在无线网侧进行分流，MeNB 接受 UE 的所有数据承载并将部分承载分流到 SeNB 中进行传输，一个承载的一部分 IP 分组通过 MeNB 发送给 UE，另一部分通过 SeNB 发送给 UE；S1-U 在 MeNB 中终结，在 MeNB 中进行数据分组，SeNB 中具备独立的无线链路控制（Radio Link Control，RLC）。

5G 双连接还将进一步演进为多连接，实现 UE 与多个小区多种 RAT 连接。宏基站作为

MeNB，其功能进一步增强，通过 X2 接口与包括 4G/5G 等不同 RAT 的多点站点协调实现无线资源管理，并负责与 UE 的最终 RRC 连接。

2. 移动性管理

由于采用了多连接技术实现无线网控制与承载分离，宏微异构网络的移动性管理也发生了变化。无线网控制与承载分离后，UE 与多个宏微小区建立多连接，宏小区与 UE 建立并保持信令连接，单个或多个小小区与 UE 建立并保持数据连接。传统宏微小区间的切换转变为在宏小区的统一 RRC 连接控制下不同小小区的添加与删除。典型的移动性场景包括以下 2 种。

（1）MeNB 不变，SeNB 改变

MeNB 不变，SeNB 改变的移动性场景如图 4-9 所示，MeNB 发起 SeNB 的变更，将 UE 上下文信息从源 SeNB 发送给目标 SeNB，并且通知 UE 将保存的源 MeNB 的服务小区配置更改为目标 SeNB 配置。MeNB 不变，SeNB 改变的移动性管理过程如图 4-10 所示。

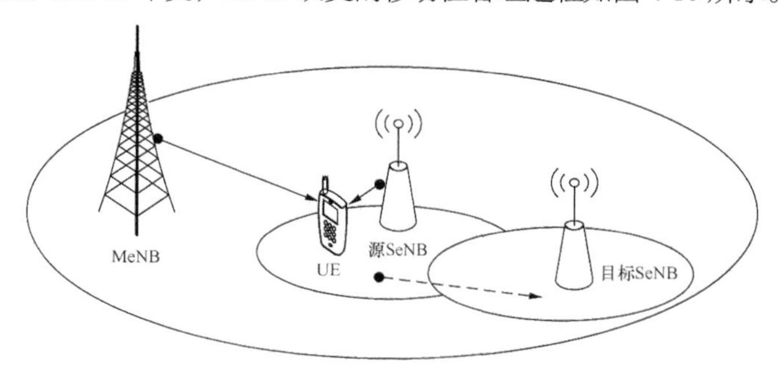

图4-9　MeNB不变，SeNB改变的移动性场景

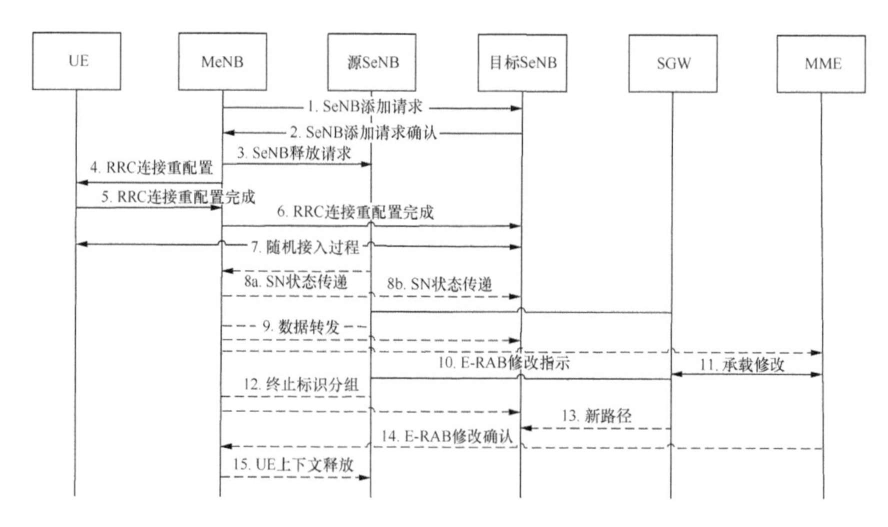

注：E-RAB（Evolved Radio Access Bearer，演进的无线接入承载）。

图 4-10　MeNB不变，SeNB改变的移动性管理过程

（2）MeNB 改变，同时保持一个或多个 SeNB 业务连接

MeNB 改变的移动性场景如图 4-11 所示。MeNB 间的切换过程重点在于源 MeNB 与目标 MeNB 之间交换在 SeNB 上保留的 UE 上下文信息。

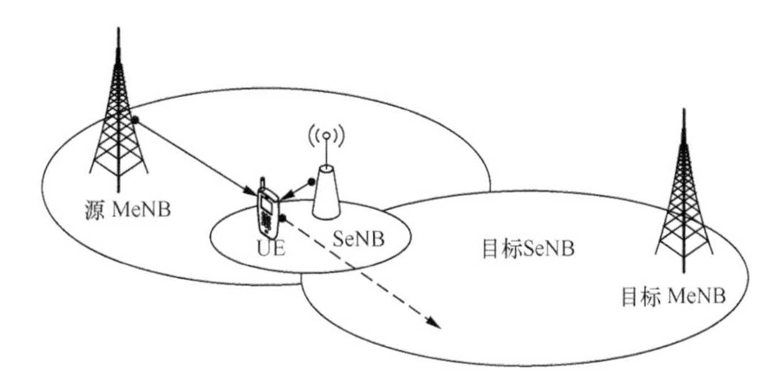

图4-11　MeNB改变的移动性场景

MeNB 改变的移动性管理过程如图 4-12 所示。

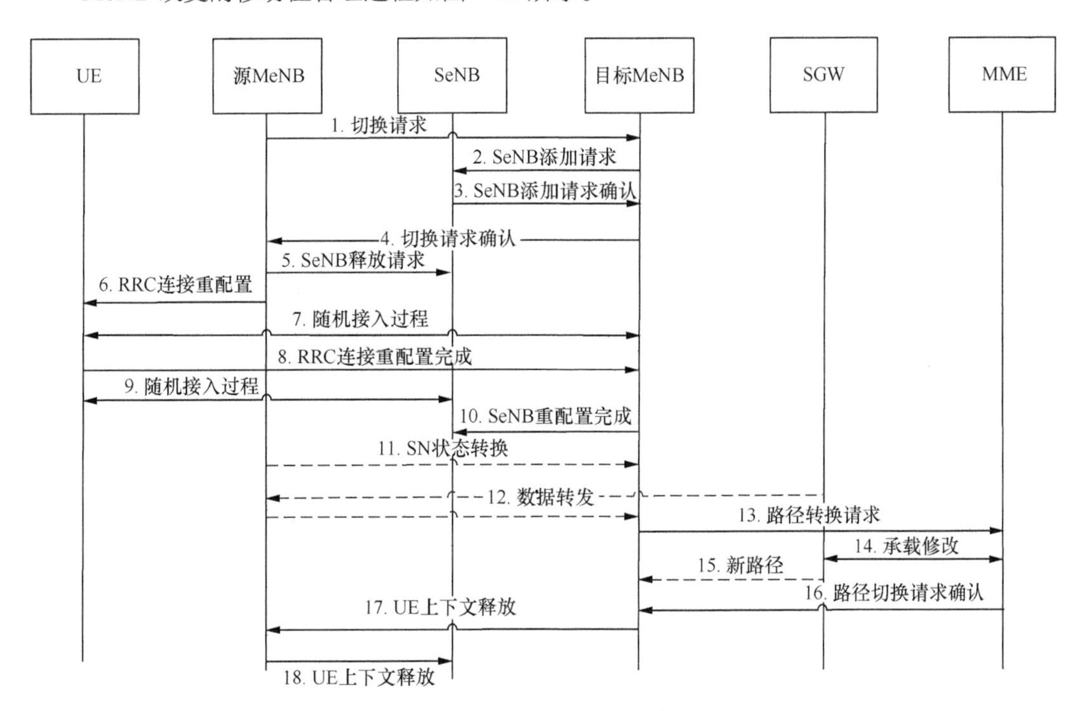

图 4-12　MeNB改变的移动性管理过程

基于控制与承载分离，UE 在微基站之间移动，小小区的变更不影响用户与系统的 RRC 链接，业务维持不中断，用户在不同宏基站间移动才会导致切换事件的发生。同时，宏基站作为移动锚点（3C 方案）能够明显降低 S1 路径更新带来的核心网信令开销，但通过宏基站路由的

所有数据，也增加了宏基站的用户面开销，而且同时管理宏小区与小小区带来的RRC重配置开销也要高于单独管理宏小区与小小区时的开销。5G网络大量采用小小区密集组网，对宏基站的负荷压力进一步增大，有必要对异构组网场景下无线网控制与承载分离技术做出进一步优化。通过增加移动数据锚点减少用户面切换开销，可增强移动性管理能力，主要有以下3种方案。

（1）基站数据中心方案

基站数据中心方案如图4-13所示，该方案将宏小区内的微基站的用户面集中，构建基站数据中心，作为UE在宏小区内各小小区间的移动数据锚点。该方案适用于用户面1A方案，基站数据中心通过X2-U接口与作为SeNB的各微基站相连，通过S1-U接口与SGW相连。当发生SeNB切换时，基站数据中心负责完成数据路径的更新，宏基站MeNB完成SeNB与UE之间RRC消息的转发。

（2）簇数据中心方案

簇数据中心方案如图4-14所示，该方案将宏小区内的微基站的用户面按簇集中，构建簇数据中心，作为UE在宏小区内各小小区簇的移动数据锚点。该方案适用于用户面3C方案，宏基站作为宏微组网的集中数据锚点，接收UE所有核心网承载数据，S1-U全部终结于宏基站。簇数据中心通过X2-U接口与宏基站相连，负责簇内各SeNB的统一用户面管理，宏基站根据微基站分簇结果，将UE的部分核心网承载分离到各簇数据中心进行传输。用户在簇内各小小区切换不会导致核心网发生路径更新，同时也避免了簇内源小小区向目标小小区的数据转发。簇数据中心方案适用于微基站分簇部署的场景。

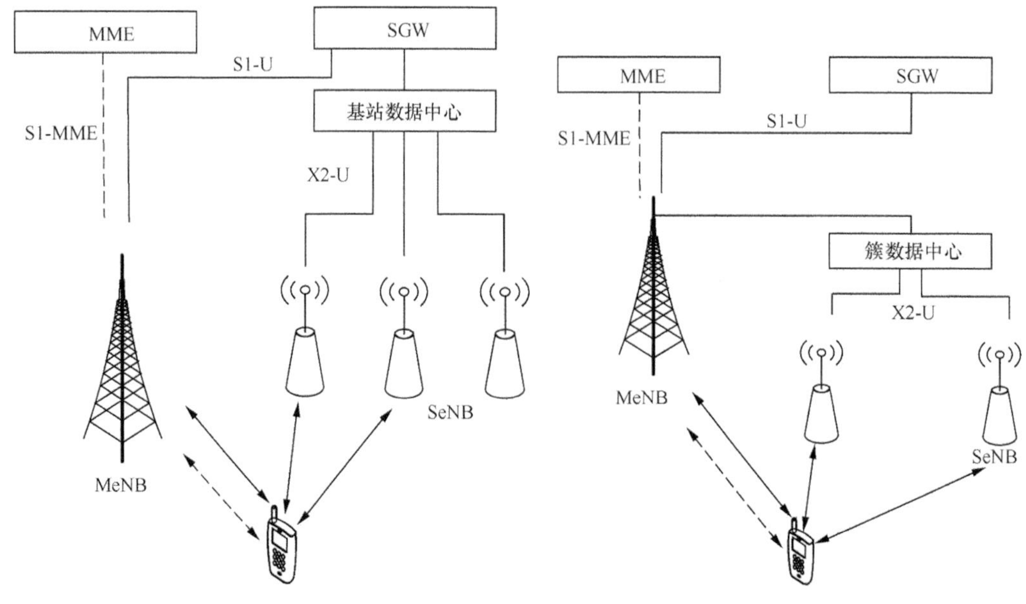

图4-13　基站数据中心方案　　　图4-14　簇数据中心方案

（3）本地数据中心方案

本地数据中心方案如图 4-15 所示，该方案将宏基站的控制面与用户面功能彻底分离，宏基站作为信令基站只负责提供宏小区内各微基站与 UE 的 RRC 转发。将宏小区内微基站的用户面集中，构建本地数据中心，本地数据中心可以进一步将多个宏小区内的微基站用户面集中，微基站（特别是位于宏小区边缘的微基站）作为数据基站，可以同时与多个宏基站保持连接。SGW 不与宏基站连接，通过 S1-U 接口与本地数据中心连接，本地数据中心作为 UE 在宏宏、微微以及宏微小区间的统一移动数据锚点。

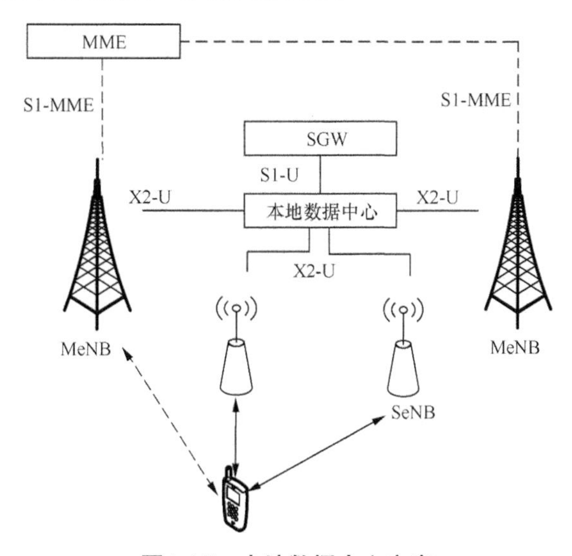

图4-15　本地数据中心方案

该方案取消了宏基站用户面的功能，由本地数据中心接收 UE 所有 EPS 承载数据，根据 UE 当前服务位置将数据分流到合适的微基站进行传输。这种方案减少了用户移动对核心网的影响，当同一本地数据中心下的当前服务站发生改变时，不用进行路径更新。

4.3.3　微微组网场景

5G 时代的超密集组网会产生较多微微组网场景。微微场景下如何解决超密集网络的无线干扰和频繁切换是迫切需要解决的技术难题。

1. 虚拟分层技术

移动通信网络可通过载波扩容来提升网络容量，形成基于载波机制的多层网络。5G 时代，无线资源虚拟化技术可以把一个移动网络的无线资源虚拟为多层网络。结合宏微场景下的多连接技术和 5G 无线资源虚拟化技术，虚拟分层技术用于解决超密集网络中微微组网场景下的无线干扰和频繁切换问题。

虚拟分层是在无线网络虚拟化的基础上，将一种单层单制式网络虚拟划分成多层无线网络的技术，各层虚拟化的无线网络同时向一个用户提供不同的无线连接和通信服务，实现在没有宏基站覆盖的微微场景的单层物理网络下的多连接通信，从而构建无线网控制与承载分离架构以解决微微组网场景下的无线干扰和频繁切换问题。

在微微组网场景下，每个微基站配置的无线资源通过虚拟分层技术划分成多份资源，以两层虚拟分层网络为例，虚拟分层组网形式如图 4-16 所示。

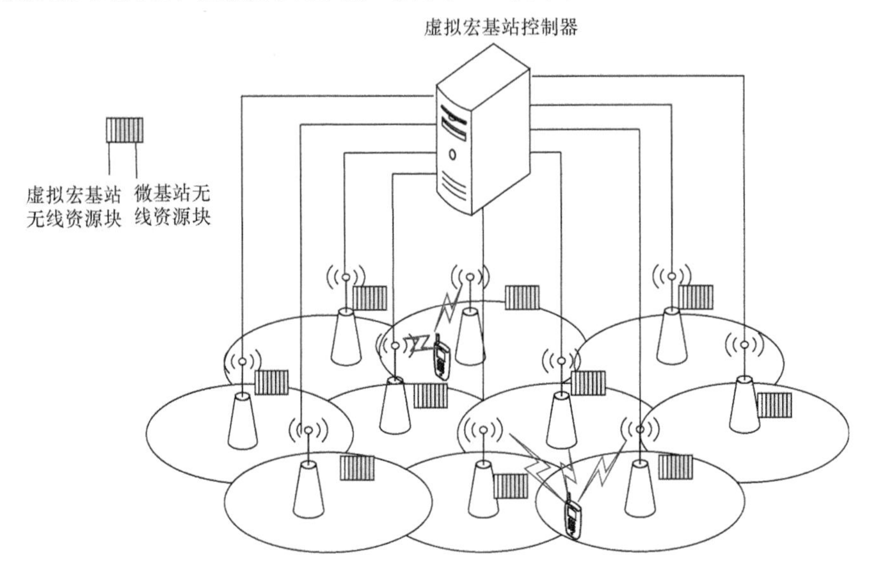

图4-16　虚拟分层组网形式

在超密集网络中，每个微基站的无线资源被划分为虚拟宏基站无线资源块和微基站无线资源块两个部分，把微基站簇内的各微基站划分出来的虚拟宏基站无线资源块组合起来构成虚拟宏基站的空口资源，虚拟宏基站空口资源、虚拟宏基站控制器以及多个微基站中相关的物理收发信机共同构成一个虚拟宏覆盖层，完成多连接网络中的宏基站功能。每一个微基站中划分出的微基站无线资源块被每个微基站单独使用，构成密集微容量层，实现多连接网络中的微基站功能。这样就构筑了微微组网场景下的控制与承载分离的无线网络。虚拟分层网络如图 4-17 所示。

对于虚拟分层技术，不仅每个微基站的无线资源需要虚拟化，部分设备也需要虚拟化，这样基站内部的软硬件和处理器资源都可以根据要求划分或切片。以两层无线虚拟化网络为例，每个微基站收发信机可分为一个密集微容量层基站使用的第一物理收发信机和一个虚拟宏覆盖层基站使用的第二物理收发信机。

采用虚拟分层后，微微组网场景可以实现单层物理网的虚拟多层部署，无线网控制面信息与业务信息可以分别映射在不同的虚拟层，每个虚拟层的无线网特性可以根据要求来虚拟构建，增强了无线网设计的灵活性和优化空间。由于虚拟宏基站和微基站的小区标识是不一样的，终端同时接入 2 个基站才可以实现多连接通信。

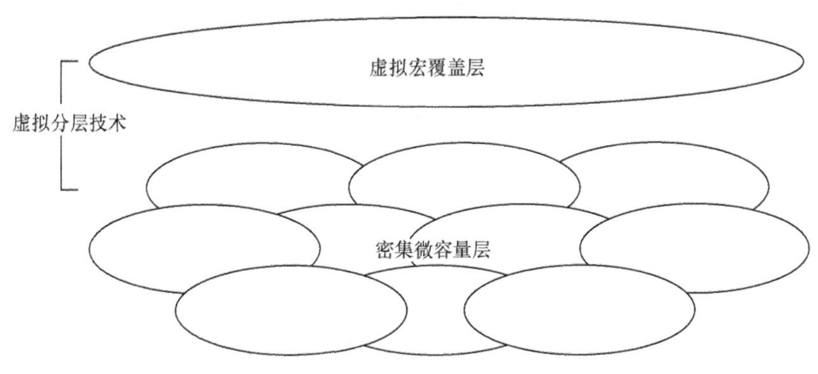

图4-17　虚拟分层网络

在虚拟分层中，虚拟宏基站控制器完成对整个系统的控制面处理，通过每个微基站中的第二物理收发信机将移动性管理、系统信息广播、寻呼、RRC 连接建立与释放等控制面信息下发到用户终端，而微基站仅负责业务面数据的处理，实现了微微组网场景下的控制与承载分离，避免了各个虚拟层内的无线干扰问题。同时，由于终端、虚拟宏基站和各个微基站的无线资源控制都是通过虚拟宏覆盖层的 RRC 控制信令来协调调度的，所以只有用户终端移出整个虚拟宏覆盖层区域才会发生系统切换，降低了微微组网场景下的频繁切换问题。

2. 多系统组网下的控制与承载分离

5G 无线网络中可能会存在多种制式的微小区，根据虚拟分层技术原理，同样可以在多制式的微小网络中实现虚拟分层技术，只是需要在宏基站控制器中增加跨系统协同管理模块来实现跨系统协同管理功能。跨系统管理模块将负责处理因无线接入技术资源分配机制不同带来的无线资源协作。

4.4　5G 小区虚拟化

4.4.1　小区虚拟化技术概念

小区虚拟化的核心思想是以用户为中心分配资源，使服务区内不同位置的用户都能根据其业务体验质量（Quality of Experience，QoE）的需求获得高速率、低时延的通信服务，同时保证用户在运动过程中具有稳定的服务体验，较好地解决边缘效应问题，最终实现一致的用户通信体验的目标。

实际上，小区虚拟化的理念早已在移动通信系统中萌发，例如，软切换技术等。而 LTE R11 和 R12 也在逐渐向小区虚拟化的方向发展，在协同多点传输（Coordinated Multiple Points，CoMP）场景 4 中，一个宏小区包含多个低功率的射频拉远头（Remote Radio Head，RRH），它们使用相同的小区标识。针对这个场景，LTE R11 引入了传输模式 10，支持多个信道状态信息（Channel State Information，CSI）反馈进程，同时用虚拟小区标识代替物理小区标识产生信道状态信息参考信号（Channel-State Information Reference Signal，CSI-RS）及解调参考信号（Demodulation Reference Signal，DMRS）序列。此外，LTE-A R12研究的小小区开关技术为形成以用户为中心的虚拟小区提供了更大的灵活性。

但目前的虚拟化手段存在一定的局限性，不能完全适配网络密集化的要求。例如，UMTS的软切换技术需要无线网络控制器（Radio Network Controller，RNC）实体的支持，并以集中式的方式实现。这增加了时延，提高了成本，不符合网络扁平化趋势。为了实现较好的协作效果，LTE的CoMP技术要求参与协作的低功率传输节点在宏基站的覆盖范围内，且具有理想回传链路并通过私有接口实现协作。在超密集网络中，理想回传链路在很多场景下是难以实现的，它限制了网络部署的灵活性，极大地增加了网络成本（选址/回传链路部署等）。此外，不同宏小区的传输节点不能实现较好的协作也难于完美地实现一致的用户通信体验的目标。

5G系统为此提出通过一个平滑的虚拟小区（Smooth Virtual Cell，SVC）来解决上述问题，平滑虚拟小区技术通过以用户为中心的虚拟小区解决超密集网络的移动性及干扰协调问题，为用户提供了更好的一致性服务体验。SVC基于混合控制机制的工作原理如图4-18所示。

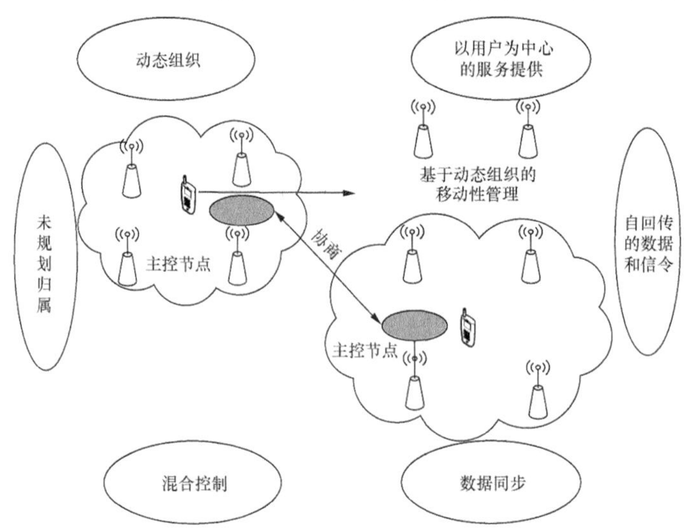

图4-18　SVC基于混合控制机制的工作原理

用户周围的多个传输节点组成一个虚拟小区，以用户为中心的方式提供服务。虚拟小区中的某一个传输节点被选为主控传输节点（Main Transport Point，MTP），其余传输节点被称为从属传输节点（Slave Transport Point，STP），MTP负责管理虚拟小区的工作过程以及虚拟小区的信息，通过协商的方式实现虚拟小区之间的协作，解决冲突，保证不同虚拟小区的和谐共存。由于虚拟小区内各个传输节点之间以及相邻小区主控传输节点之间的距离较近，SVC可以实现快速控制或协作。另外，如果使用无线自回传技术传输节点之间的信令（Signaling over The Air，SoTA），就可以进一步降低虚拟小区之间的控制信令以及虚拟小区之间的协作信令的时延。

SVC 包含一些关键的流程。此处以新传输节点加入虚拟小区的过程为例，进一步解释虚拟小区的工作过程。在终端数量多于传输节点数量的时候，由终端发现新的传输节点的方式可以更好地节省发现信号的资源；在相反的条件下，可以采用由传输节点发现终端的方式。根据网络状态，灵活切换这两种发现方式的机制可以减少开销，提升系统的性能。新传输节点加入小区的流程如图 4-19 所示。

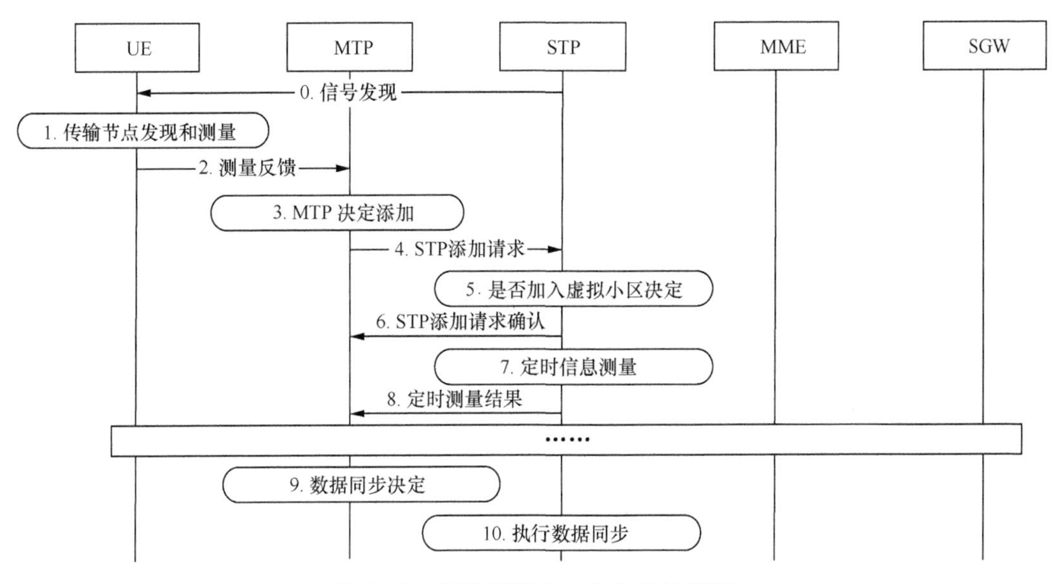

图 4-19 新传输节点加入小区的流程

第 1 步和第 2 步，终端测量未知传输节点的发现信号，并将测量结果发送给其虚拟小区的 MTP。第 3 步，MTP 根据终端的反馈、虚拟小区的状态、干扰情况判断是否需要添加该传输节点。如果 MTP 决定添加，则通过第 4 步向该候选传输节点发送“STP Addition Request”命令。这个命令包含了一些与该虚拟小区相关的关键信息，例如，虚拟小区标识、虚拟小区无线资源配置情况、加入该虚拟小区所需预留资源的数量等。资源预留是以用户为中心提供服务这一特征的重要体现，也就是在加入虚拟小区之前，传输节点应该根据虚拟小区的要求预留足够的资源用于为该用户提供一致的用户通信体验。这些预留的资源除了可以用于传输数据，还可以用于控制干扰。

第 5 步，候选传输节点根据自身的资源使用情况判断是否可以加入该虚拟小区。第 6 步，如果候选传输节点已经属于另一个虚拟小区，且该虚拟小区与发出加入请求的虚拟小区之间存在资源冲突，则候选传输节点通过“Response to STP Addition Request”命令将资源冲突问题通知新虚拟小区的 MTP。新虚拟小区的 MTP 可以放弃该候选节点，也可以通过与该候选传输节点的当前虚拟小区的 MTP 进行资源协商，待解决资源冲突之后再重新对该候选节点发起加入请求。如果不存在冲突问题，候选传输节点通过“Response to STP Addition Request”通知MTP确认加入新虚拟小区。另外，候选传输节点也可以将自身的一些信息（例如，是否直接与核心网连接）与确认信息复用在一起发送给MTP，这些信息对后续MTP的管理非常有帮助。

第7步和第8步，加入虚拟小区之后，传输节点就可以开始利用上行参考信号测量上行定时信息，并将测量结果通知MTP。第9步，在新的传输节点加入虚拟小区之后，由MTP决定什么时候执行数据同步以及数据同步的深度。数据同步是指虚拟小区内的传输节点在数据内容和封装方式方面与MTP达成一致的过程。在实现数据同步之后，MTP可以根据当前环境，灵活地为终端选择服务节点，避免对用户的通信体验产生影响。

4.4.2 小区虚拟化与移动性

LTE采用硬切换方式解决宏小区之间的移动性问题，随着异构网的引入以及网络密集化程度的提高，硬切换技术暴露出越来越多的问题。LTE同一MME内的小区切换过程如图4-20所示，此处以图4-20的切换过程为例，分析SVC在解决移动性问题上的优势。

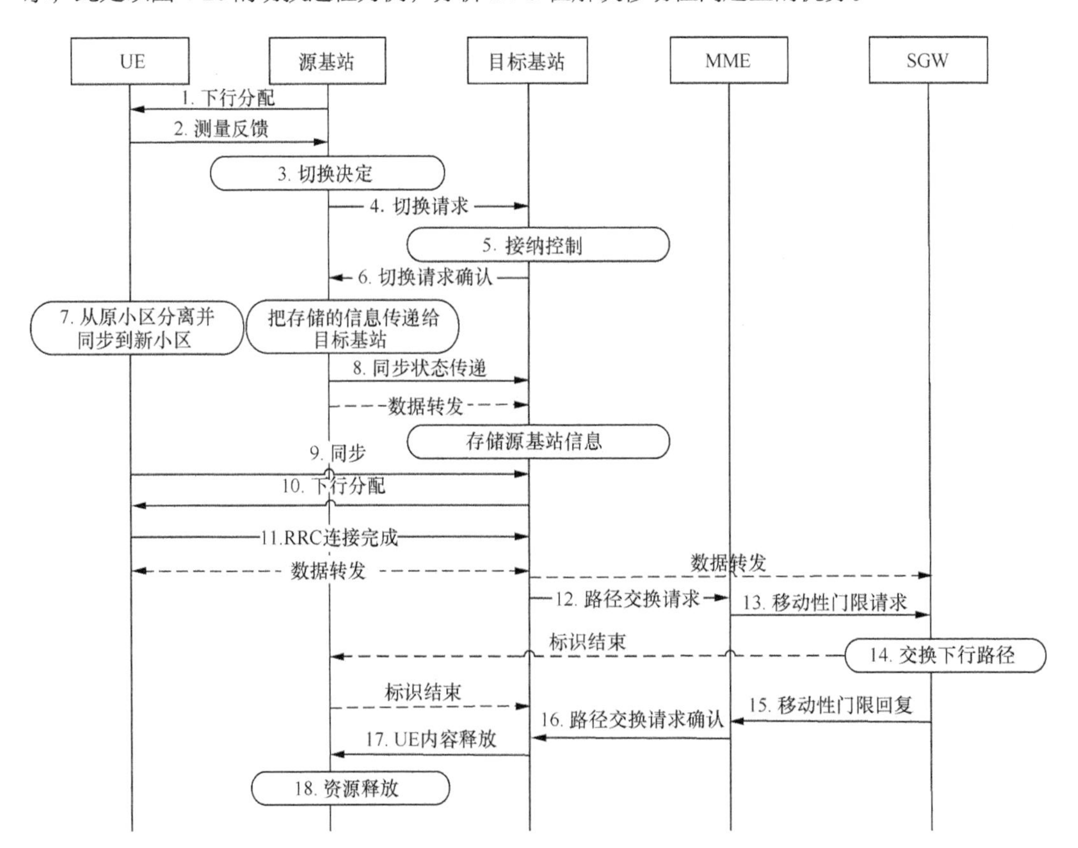

图4-20 LTE同一MME内的小区切换过程

在硬切换的过程中，通常需要链路质量在一段时间内持续低于某一个门限值后做出第 3 步的切换决定。但由于传输控制协议（Transmission Control Protocol，TCP）具有慢启动特性，即使顺利完成切换，TCP 层也需要很长的时间才能恢复其性能，用户通信体验下降，尤其是在超密集网络中，终端的数据速率较高，切换也比较频繁，这一问题将更加严重。而 SVC 支持灵活、快速的服务节点选择，能更好地保证用户的链路质量和用户通信体验的一致性。

在第 3 步，当源基站做出切换决定之后，向目标基站发送切换请求。此时，目标基站根据系统的负载状况、待切换终端的资源需求情况进行接纳控制，判断是否允许该终端切换到本小区。如果目标基站没有足够的资源，它有可能拒绝源基站的切换请求。这时候就有可能发生切换失败或导致信干比的严重恶化。而使用 SVC，传输节点在加入虚拟小区之前就已经完成了资源预留；在需要转换服务节点时，不会发生虚拟小区内的传输节点拒绝服务节点的情况。

在第 6 步，当目标基站确认接受源基站的切换请求时，源基站终端执行切换并开始将终端的数据转发给目标基站。这时终端与源基站断开连接，在执行第 11 步（与目标基站建立新连接）之前，终端处于数据传输中断状态。中断时间由第 9 步到第 11 步的上行同步过程决定。而使用 SVC 技术，传输节点在加入虚拟小区时就完成了上行定时的测量，并不断进行更新；当 MTP 决定转换服务节点时，可以直接将上行定时信息发送给终端，避免数据传输中断。

对于硬切换，终端与目标基站在第 11 步建立连接之后并不意味着可以恢复较高的数据速率。目标基站在第 11 步收到终端发送的"切换完成确认信息"之后，再向 MME 发送数据路径转换请求消息，收到该消息后核心网才会执行数据流的重定向（第 12 步到第 18 步）。由于受到 X2 接口容量及时延等因素的限制，源基站的数据转发过程不一定能提供足够多的数据量。因此，即使完成切换且链路质量恢复到较好的状态，在核心网完成数据重定向之前，终端也未必可以获得较高的数据速率。而 SVC 的数据同步过程很好地解决了这一问题，服务节点转换之前已经完成了数据同步，新服务节点有足够的数据量，且数据内容及封装方式与原传输节点相同，因此可以立刻为终端提供高速数据服务。

通过数据同步、资源预留等手段，SVC 可以实现传输节点的快速选择，并且能够更好地保持数据传输速率的稳定，实现用户通信体验一致的目标。

4.4.3　小区虚拟化与干扰协调

由于业务及干扰的突发性，即使用户处于静止状态，用户通信体验也有可能随着时间的变化而变化。小区专有参考信号是超密集网络中的主要干扰源之一，极大地限制了超密集网络的增益。SVC 利用 SoTA 实现了虚拟小区之间的分布式协作和虚拟小区内的集中控制，根据用户的业务状态以及干扰环境，动态地打开或关闭传输节点，通过以用户为中心的方式发送参考信号，有效地解决了小区专有参考信号的干扰问题。

除了参考信号的干扰，突发数据产生的干扰也会导致信道质量的剧烈波动，给用户通信体验产生较大的影响。虚拟小区之间的快速协作可以有效地控制信干比的波动范围，实现一致的用户通信体验。相对于 LTE 的 CoMP 技术而言，SVC 通过混合式的控制、管理机制以及 SoTA 等技术手段，实现了无规划或半规划地部署低功率传输节点，在有效降低网络部署成本的同时，实现了较好的干扰抑制效果。

4.5 5G 无线网络资源管理

从无线网络资源管理的角度来看，5G 系统是通过有机综合移动网络（Moving Network，MN）、超密集网络（Ultra Dense Network，UDN）、终端直连通信（Device-to-Device Communication，D2D）、大规模机器类通信（massive Machine Type of Communication，mMTC）和超可靠通信（Ultra Reliable Communication，URC）5 个概念并辅以一些补充性技术，最终实现满足 5G 要求的各项关键指标的目标。其中，MN 是业务和技术相结合的概念，UDN 和 D2D 是基于技术方案的概念，MMC 和 URC 是面向业务的概念。本节不涉及各概念内部的资源管理技术，而是从垂直功能角度介绍 5G 无线网络资源管理，5G 无线网络资源管理的垂直功能可分为 3 个模块。5G 无线网络资源管理的功能模块如图 4-21 所示。

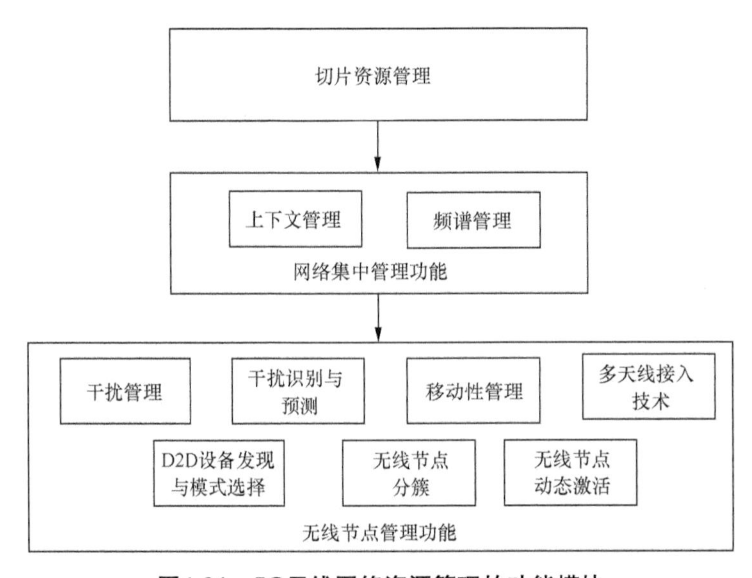

图4-21　5G无线网络资源管理的功能模块

切片资源管理负责网络切片资源的管理。网络集中管理功能负责网络的编排功能，这些

功能都是通用功能并不局限于某个具体的概念，而且主要是集中部署，也可以根据具体的应用场景进行部分功能的分布式部署，网络集中管理实体的功能主要包括上下文管理和频谱管理。无线节点管理功能主要负责网络中多个无线节点的资源协调，其中大部分功能是通用的，例如，干扰管理、干扰识别与预测、移动性管理等；同时也有个别功能是针对具体概念的，例如，D2D 设备发现与模式选择等。

4.5.1　切片资源管理

5G 网络中的资源并不仅仅包括传统的无线资源管理上下文中定义的频率、功率、时域等资源，还包括各种经过扩展的广义资源。广义资源包括硬件资源，例如，天线的数量、类型和配置，移动中继，游牧节点，服务器的运算、存储资源等；还包括软资源，例如，网元和用户的软件能力。资源内涵的扩展是 5G 差异化业务需求以及网络切片技术的结果。

为了能够高效地利用基础设施资源并为不同业务提供定制化服务，5G 网络需要支持网络切片。对于接入网，为了能够协调切片内不同业务或切片间的资源需求，网络切片要求对接入网是可见的。例如，接入网需要保证一个切片内全部服务所占用的基础资源不超过一定的门限，而公共资源应该能够在不同的切片之间实现普遍共享。这种切片感知的需求与能力，使 5G 接入网的资源管理与传统网络相比更为复杂。

从逻辑上来说，5G 接入网的资源管理可以划分为切片间和切片内的资源管理两类。

切片间的资源管理的目标是实现基础资源共享与隔离。一是切片管理要求能够高效地进行切片操作，包括切片的建立、修改和删除等；二是切片管理还需要支持切片隔离，即提供相关的切片保护机制，使一个切片内的事件不会影响到其他切片。

切片内的资源管理是指面向某个定制化网络切片的资源管理。

4.5.2　网络集中管理功能

1. 上下文管理

上下文管理是指从网络的不同位置收集相关信息，并对需要使用上下文信息的网元或者网络功能提供输入。上下文管理可以是集中式实现的，也可以是分布式实现的。上下文信息可以由网络集中实体提供，也可以是局部的本地信息，与信息更新的实际需求有关。

2. 频谱管理

频谱管理负责不同类型的频谱授权，例如，专用频谱占用、非授权频谱占用、非授权频谱共享等。

频谱管理为 D2D 通信选择合适的频谱，这能够显著地改善整个系统的性能。

UDN 中频谱管理功能包括不同频段上运行 UDN、快速的频谱聚合以及频谱资源间的切换、高效的频谱共享机制。

URC 中通过灵活的分配频谱资源可以实现以下功能：频谱间负载均衡（当用户增多、可靠性降低时）；在干扰较少的频谱中运行（当干扰增强、可靠性降低时）；在专用频段内运行来满足某个特殊的关键绩效指标（Key Performance Indicator，KPI）。

4.5.3 无线节点管理功能

无线节点管理功能描述见表 4-1。

表4-1　无线节点管理功能描述

功能	描述	涉及的概念
干扰管理	无线资源的最优分配	所有
干扰识别与预测	挖掘测量数据与上下文信息来预测干扰	所有
移动性管理	不同小区之间的切换	所有
多 RAT	根据特定指标选择合适的 RAT	MN、UDN、mMTC、URC
无线节点分簇	智能分簇	MN、UDN、mMTC、URC
无线节点动态激活	动态开关节点节约能耗	MN、UDN、mMTC、URC
设备发现与模式选择	邻近设备发现、发现局部链路机会并选择合适的 D2D 模式	D2D

1. 干扰管理

5G 接入网在支持差异化业务的同时，也要为用户提供快速、无缝、一致的连接性。为了满足这种容量和覆盖的巨大需求，5G 接入网将是一个多层、多制式的异构网络，小区间干扰是 5G 接入网面临的最复杂的挑战之一。尤其是 5G 接入网使用 UDN 组网、引入游牧节点以及 D2D 等新型通信模式时，它们复杂的回传条件和动态变化的周围环境，使得相应的干扰协调机制变得更复杂。例如，在 D2D 中，终端与基站之间、终端与终端之间的路径损耗差异明显，功率控制是 D2D 与蜂窝网络共存的关键。

2. 移动性管理

移动性管理是蜂窝网络提供无缝连接的核心技术。

对于 UDN，移动性主要是使用控制与承载分离技术，通过 UDN 层与宏小区层的紧密互动实现同一覆盖区域的控制和管理。

对于 D2D，移动性管理的具体功能需求主要是 D2D 通信与蜂窝网络通信之间的切换，包括 D2D 中继和中继 D2D。

3. 多 RAT

多 RAT 能显著地提升用户体验速率和系统吞吐量，并且通过多 RAT 间的负载均衡增强链路的可靠性，还能实现智能的 RAT 与终端 / 业务匹配，提升用户体验。

4. 无线节点分簇

根据场景的具体要求，无线节点分簇功能将多个节点聚为一簇，汇聚节点是簇头，负责控制和管理终端间的链路。汇聚节点可以分为透传汇聚节点和非透传汇聚节点两类。

透传汇聚节点：终端之间在互联网上进行直接通信。

非透传汇聚节点：汇聚节点作为代理，终端之间在互联网上通过汇聚节点进行通信。

5. 动态激活

动态激活的出发点是为了优化终端电池的使用时长，空口的低能耗以及较少的信令开销是动态激活的关键。例如，UDN 节点很可能会经历较大的业务量波动，使网络设备的利用率下降、能耗增加，采用动态开关网络节点来适配网络业务量，可以提升能耗效率。

4.6　终端直连

4.6.1　终端直连技术概述

D2D 技术是指网络中设备器件之间在没有核心网参与的情况下直接连接通信。D2D 技术的特点表现为系统中地理位置邻近的两个用户直接实现短距离通信，以及可以重用蜂窝系统频谱，且可以在现有蜂窝网的监控下进行通信。蜂窝网络引入 D2D 技术可以带来以下优势：增强网络的覆盖能力，降低回传链路负载，提供回传能力，提高频谱利用率以及单位面积内用户数据和网络容量，支持低时延、高可靠的 V2X 业务连接等。

3GPP 对 D2D 技术的研究，主要应用于公共安全领域，也包含部分的商业应用领域。3GPP D2D 技术应用场景如图 4-22 所示。

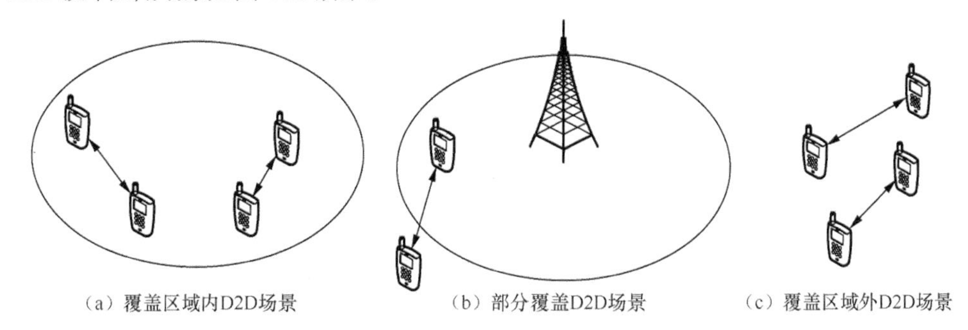

图4-22　3GPP D2D技术应用场景

3GPP 划分了 3 种 D2D 技术应用场景：一是在网络覆盖区域内场景，所有的 D2D 设备处于网络基站覆盖的范围内；二是在网络覆盖区域外场景，所有的 D2D 设备处于网络基站覆盖的范围外；三是介于二者之间的部分覆盖区域场景，在这种场景，一部分 D2D 设备处于网络基站覆盖的范围内，另一部分 D2D 设备位于网络基站覆盖的范围外。

D2D 技术使网络中设备间或器件间的本地信息传输成为可能。在 eMBB 场景下，D2D 技术可以有效地分流蜂窝网络业务数据并提高频谱利用率；在 mMTC 场景下，D2D 技术作为关键的基础技术，在簇化聚合接入和延伸网络覆盖范围方面发挥了巨大的作用，同时降低了该场景下设备的功率消耗；在 uRLLC 场景下，D2D 技术更是被作为支撑时延敏感、数据速率高的高可靠通信的关键技术。

4.6.2 5G 网络 D2D 方式

根据 D2D 设备间通信是否有集中节点参与控制，D2D 可以分为集中式 D2D 和分布式 D2D。D2D 的类型如图 4-23 所示。

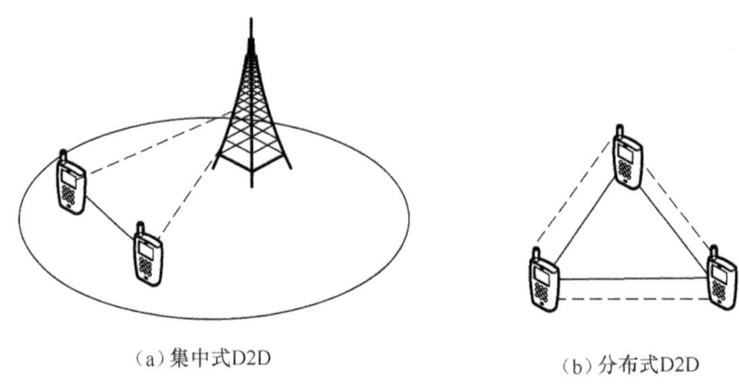

（a）集中式D2D （b）分布式D2D

图4-23 D2D的类型

在集中式 D2D 方式中，蜂窝网络基站覆盖区域内的 D2D 设备终端由基站控制 D2D 设备终端的连接建立，所以 D2D 方式中的模式选择、功率控制、资源分配等资源管理过程由基站集中控制和实现，只是源终端和目的终端间的数据交互不通过基站控制。这种方式的好处是可以相对方便地实现 D2D 方式中高质量的资源管理，且最大限度地保证蜂窝网络的性能不受影响；缺点是会增加一定的 D2D 处理时延。

在分布式 D2D 方式中，D2D 设备终端位于蜂窝网络边缘或者没有蜂窝网络覆盖的区域，设备终端间采用基于 Ad-Hoc方式的 D2D，其通信过程完全由终端自主控制。分布式 D2D 方式因为无须集中节点控制，所以可降低通信时延；但通常需要额外考虑与蜂窝网络间的干扰问题，一般基于异频实现。

4.6.3 集中式 D2D 的关键技术

高效的 D2D 在很大程度上依赖于网络的资源分配和干扰管理。

1. D2D 设备发现

D2D 的前提是高效的网络辅助 D2D 设备发现、识别以及建立连接。D2D 设备发现可用

于判断设备之间的邻近性以及在设备间建立 D2D 链路的可能性。在网络控制的 D2D 中，基站拥有 D2D 设备发现的资源，可以在有网络覆盖和无网络覆盖两种覆盖场景下高效地管理和分配用于 D2D 设备发现的资源。

在缺乏网络覆盖的区域内引入了簇头概念，簇头是一类特殊的器件，它承担了部分的网络功能并具备为附属于该簇头的一组器件分配资源的控制能力。当网络覆盖恢复后，作为簇头的器件可以平滑地恢复为普通器件。一个高效的系统将尽可能少的器件作为簇头，同时将尽可能多的器件划分为附属于一个簇头的簇，从而降低了器件的能量消耗以及同步信号发送和检测时的干扰。当没有簇概念时，网络中的所有器件以一种全部或部分同步的方式，在已知的资源池中自动地选择设备发现资源并将直接进行相互器件间的发现。

基于网络辅助和簇头概念的 D2D 设备发现具有更高的功率效率、更短的设备发现时间和更高效的资源利用。

2. 模式选择

在 D2D 设备发现两个邻近设备后，需要确定这两个设备之间是否建立了 D2D 连接。根据资源分配方式的不同，蜂窝网络中的 D2D 主要有以下 3 种通信模式。

（1）复用模式

也称为非正交模式，该模式下 D2D 用户直接在与蜂窝网络复用的频谱资源上传输数据，可以最大化地提升整体网络的频谱效率，但需要额外关注 D2D 用户与蜂窝网络之间的干扰。

（2）专用模式

也称为正交模式，该模式下蜂窝网络为 D2D 分配专用的频谱资源，而其余的频谱资源为蜂窝网络使用。该模式避免了 D2D 用户和蜂窝网络之间的干扰，但是整体网络的频谱资源有所下降。

（3）蜂窝模式

也称为中继模式，该模式下的 D2D 利用蜂窝网络的基站作为中继进行通信，此时的 D2D 与传统蜂窝网络下的通信方式相同。

在模式选择时，可以基于 D2D 终端之间的距离或者 D2D 终端与基站之间的距离进行选择，也可以对每种模式下的系统性能进行评估，选择系统容量最大的 D2D 模式。

3. 功率控制

功率控制技术是蜂窝网络中引入 D2D 技术后抑制干扰的关键技术，D2D 终端功率的分配必须满足网络中业务的 QoS 需求。为 D2D 终端分配适当的发射功率，更多数量的 D2D 终端可以共享相同的频谱资源，有利于进一步提升网络的频谱利用率。另外，由于移动器件的电量是有限的，D2D 终端的能量消耗也是一个需要考虑的因素，通常 D2D 终端的能量效率需要在电池节省与所要达到的 QoS 要求间折中。

位于蜂窝网络中的 D2D 通信系统，利用蜂窝网络中的基站对 D2D 发射功率进行控制是最直接的功率控制方法。D2D功率控制机制正面向整体网络性能、多D2D用户和多蜂窝网络用户等复杂的判决条件转变。在众多的功率控制机制中，除了单纯地优化D2D用户的发射功率外，有更多的功率控制机制与模式选择和各种资源分配相结合，以获得更优的网络综合性能。

4. 信道分配

D2D的信道分配对应着D2D的模式选择，只是D2D信道分配更加具体。特别是在用户选择了复用模式时，如何对D2D用户分配信道会对D2D用户和蜂窝网络用户的性能产生很大的影响。

当D2D用户和蜂窝网络用户之间的信道衰落较小时，选择复用模式的D2D用户将会对蜂窝网络用户产生较大的同频干扰影响；反之，当D2D用户与蜂窝网络用户之间的信道衰落较大时，选择复用模式的D2D用户对蜂窝网络用户的同频干扰较小。D2D信道分配的目的就是合理地选择D2D信道，减小D2D用户对蜂窝网络用户的影响，提高整体网络的性能。D2D通信复用模式下的信道分配通常与模式选择、功率控制方法相结合。

（1）基于规划的D2D信道分配方法

D2D信道分配是一个典型的规划问题，通常以提高频谱效率、能量效率等为目标，将信道分配问题建模为规划问题，并进行求解。在考虑基于规划的D2D信道分配方法时，信道分配通常都与功率控制相结合。

在高速移动场景下的D2D系统中，干扰管理是一项巨大的挑战。现有的算法是基于小区的分裂和区域的概念，提前对区域的大小、形状和数量进行规划，并且为每一个区域预留用于V2X的专用资源，同时限制在特定区域内蜂窝网络通信对资源的复用。在这种情况下，获得了一种相对简单且高效的D2D通信无线资源管理和信令机制，可以基于粗略的位置信息决定资源的调度，而无须考虑复杂的信道状态测量。

（2）基于地理位置的信道分配方法

当D2D用户与复用同频信道蜂窝网络用户保持一定的距离时，二者之间的相关干扰即刻降低到一定的范围内，所以可基于用户的地理位置设计信道分配方法。由于并不必须考虑信道状态，这种分配模式相对简单。通过集中分配D2D的资源，实现了对D2D更多的控制和资源复用，也更好地控制了D2D给系统带来的干扰。最佳的资源复用基于距离的最大化，增加的距离可降低干扰，提升系统的整体性能。

基于地理位置的信道分配方法有2个缺点：一是获取用户的二维位置信息需要额外的定位上的开销；二是该类方法是统计意义上的QoS保障，无法保障瞬时QoS，也不具备全局优化的意义。但在低速移动的场景下，基于位置信息的信道分配方法，可以在统计意义上保证用户的QoS要求。与基于规划和分布式的信道分配方法相比，基于地理位置的信道分配方法对信道状态信息的需求较少、计算复杂度较低，同时可以保证一定的服务质量。

4.7 网络频谱共享

4.7.1 频谱分配方式

1. 独占授权式频谱分配

独占授权式频谱分配是指无线电管理部门通过行政化和市场化的方式将不重叠的频带分配给特定的用户独占使用。整个无线频谱可划分成各种固定带宽的大小不一的频段，为避免各类有害干扰，各频段之间预留足够的保护带宽。这种方式具有较高的稳定性和可靠性，但存在因授权用户独占频段造成的频谱闲置、利用不充分等问题。

2. 动态式频谱分配

动态式频谱分配是指根据无线电系统的实际业务量，动态地分配频谱资源给该系统以避免业务量大时频谱资源不够而导致的业务请求失败和业务量小时的频谱资源浪费。这种分配方式类似于按需分配，主要包括以下 2 种方式。

（1）相邻的动态频谱分配

适用于频谱相邻的 2 个无线电系统的频谱共享，可以根据系统在不同的时刻、不同的业务量动态地调整 2 个系统频段间的边界。为避免干扰，2 个系统频段之间要有一定的保护带宽。正是因为只能用于 2 个频谱相邻的系统，所以局限性大。

（2）分片的动态频谱分配

适用于频谱位于任何位置的任何数量的无线电系统。所有不同的频谱块都被认为是独立和可共享的，任何系统可以在任何时刻任意使用未被占用的频谱块。此方式的缺点是需要搜索管理空闲频谱块并分配，在不同的频谱块之间需要保护间隔，这些都会带来额外的开销。

4.7.2 频谱共享

动态频谱分配策略需要改变现有频谱分配总体架构，目前实现存在一定的难度。在不改变现有频谱分配总体架构前提下的频谱共享技术，是最有可能得到广泛应用的频谱共享技术。考虑到不同的无线电系统在时间和空间上对频谱资源利用的不均衡问题，频谱共享技术采用共享方式利用未能充分利用的频谱资源。提供共享资源的系统称为主系统，共享主系统频谱资源的系统称为次系统。

1. 共存式频谱共享

共存式频谱共享是最简单的，次系统在接入信道之前进行与主系统之间的协作，并以极低的功率使用主系统的频段，不会对主系统产生干扰，因此通信过程中无须特别的干扰控制。在目前已有的频谱共享方法中，共存式频谱共享是实际使用最成功的方法之一，因为实现简单，无须采用感知无线电进行频谱感知。不过共存式频谱共享的应用范围很窄，由于其发射功率较低，只适用于短距离通信，例如，Wi-Fi、蓝牙等。

2. 覆盖式频谱共享

覆盖式频谱共享是指将一个或多个无线电系统频段完全覆盖另外一个无线电系统相同的频段。如果分配给一个无线电系统的频谱未被充分利用，那么其他无线电系统可以作为次系统使用同一频段中的空闲频谱，允许次系统设备具有较高的发射功率，适用于长距离通信。根据主次系统之间有无合作，可分为机会式频谱共享和协作式频谱共享。

机会式频谱共享是指主次系统之间无合作，次系统见机行事使用主系统的频谱资源。主系统无须知道次系统的存在，不会给主系统带来额外的开销，主系统的优先级高于次系统，在满足主系统正常通信的前提下，可提供空闲频谱与次系统共享。

协作式频谱共享则相反，通过主次系统之间的共同协作更加精确和高效地检查频谱，合作方式可以采用对等方式也可采用中央控制方式。

4.7.3 认知无线电系统

从上面的分析可知，无论是机会式频谱共享还是协作式频谱共享，都需要次系统进行侦听确定当前的空闲频谱，要求能够自动感知所处的频谱环境。认知无线电系统能完成无线电场景分析、信道状态识别和预测模式、传输功率控制和动态频谱管理，在不影响主系统的前提下，智能地选择利用空闲频谱，是实现覆盖式频谱共享的关键。

1. 频谱检测

实现认知无线电系统的第一步就是要感知到无线环境中存在的频谱空洞。频谱感知的目的是发现在时域、频域、空域上的频谱空洞，以提供给认知用户利用的机会。认知用户是只有授权用户才能使用频谱的用户，主用户则是指获得授权使用频谱的用户。认知无线电系统需要具有频谱检测功能，才能实时地连续侦听频谱。

频谱检测技术可以分为基于发射机的检测、合作检测和基于接收机的检测三大类。其中基于发射机的检测又称为非合作检测，主要有以下 3 种方法。

（1）匹配滤波法

最常见的方法是为了解调授权用户的信号，认知无线电要知道授权用户物理层和媒体控制层的调制方式、时序、脉冲形状、封装格式等信息，通过这些信息来完成与待检测信号的同步，进而解调信号。该方法的缺点是认知用户要掌握每一类授权用户的各种信息，优点是可以在短时间内完成同步并提高信号的处理增益。

（2）能量检测

与频谱分析类似，能量检测属于非相干的检查方法，以干扰温度为度量标准寻找合适的频谱空洞。该方法的缺点是干扰温度限比较难确定，而且当信号极弱时，比较难区分信号、噪声和干扰。

（3）循环平稳特性检测

由于对信号的调制都是周期性调制，对信号的抽样、多址、编码都是信号的统计特性呈现出周期性调制，所以调制信号具有典型的循环平稳性，信号的检测和参数估计也可以通过其循环谱密度函数特征来完成。

2. 频谱共享池

目前，基于认知无线电的动态频谱接入方法的研究主要是基于频谱共享池这一策略。频谱共享池的基本思想是将一部分分配给不同业务的频谱合并成一个公共的频谱池，并将整个频谱池划分为若干个子信道，信道是频谱分配的基本单位。

频谱共享池的基本思想是首先将频谱区域分为 3 种类型：黑色区域，常被高能量的局部干扰占用；灰色区域，在部分时间被低能量干扰占用；白色区域，只有环境噪声而几乎没有射频干扰。在一般情况下，白色区域和有限度的灰色区域都可以给感知用户使用。在特定的地理位置时，认知无线电将一定的频段分为若干个子信道，通过频谱感知以及其学习技术，将这些子信道分别纳入黑色、灰色和白色的“频谱池”，频谱池中的频谱可以是不连续的，感知用户要尽可能地利用白色频谱池内的子信道建立链路，当白色频谱池中的子信道容量不够时，可以随时占用灰色频谱池中的空闲子信道。但当主用户要使用被感知用户占用的子信道时，感知用户必须切换到其他信道。

3. 功率控制

每个用户的发射功率是造成其他用户干扰的主要原因，认知无线电系统的功率控制通过分布式进行，以扩大系统的工作范围，提供接收机性能。在多址接入的认知无线系统信道环境中，主要采用协作机制方法，包括规则及协议和协作的 Ad-Hoc 网络两个方面的内容。多用户的认知无线电系统中的协作工作以及基于先进的频谱管理功能，可以提高系统的工作性能并支持更多的用户接入。但是这种系统中除了协作，还存在竞争，在给定的网络资源限制下，允许其他用户同时工作。因此在这样的系统中发送功率控制必须考虑以下两种限制，即给定的干扰温度和可用频谱空洞的数量。目前解决功率控制的主要技术是对策论和信息论。

4.7.4　授权的频谱共享

授权的频谱共享（Licensed Shared Access，LSA）是一种新型的频谱管理方式。在 LSA 中，每一个要使用共享频段的用户都必须获得授权，这种许可与一般的频谱使用许可不同，是非排他性的，但这频段授权的共享用户必须保证不能影响此频段原所有者的服务质量。

在 LSA 中，原频谱所有者的利益能得到充分的保证，除了要求获得共享授权的用户满足授权条件外，还可以在共享协议中规定原所有者可以在某一时刻、某一区域或某一频段排他性地使用频谱资源。原频谱所有者通过这种授权可以获得一定的经济补偿。

LSA 技术实现方式主要由频谱资源数据库和频谱共享控制器两个模块组成，二者之间进行动态交互。LSA 技术实现方式如图 4-24 所示。

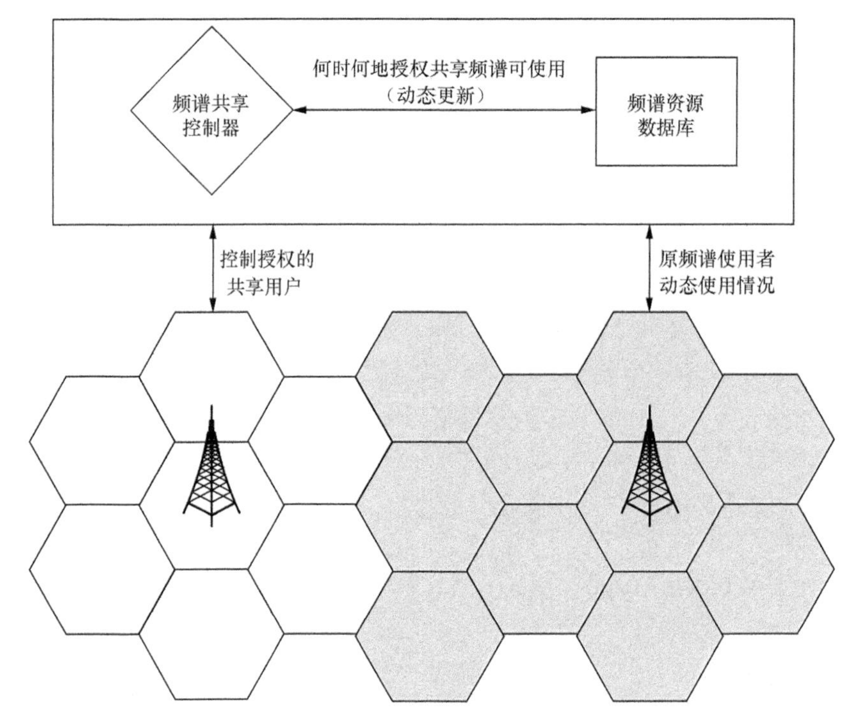

图4-24 LSA技术实现方式

频谱资源数据库接受原频谱所有者上报的自身频谱使用情况，进行信息收集、过滤、整合、维护管理等操作，并将整合后的相关信息发送给频谱共享控制器；后者将综合网络拓扑、网络负荷、共享策略、共享优先级等因素进行无线资源授权与管理。授权共享的用户可以接受或者拒绝使用分配的频谱资源，如果他选择接受，频谱共享控制器将向频谱资源数据库发送授权共享的用户的频谱共享使用信息，频谱资源数据库进而做出相应的更新。

4.7.5 授权辅助接入

1. 授权辅助接入的基本概念

3GPP 提出将非授权频段作为授权频段的补充，通过载波聚合框架来分流尽力而为的业务流量，称为授权辅助接入（Licensed Assisted Access，LAA）。LAA 将非授权频段聚合至授权载波以提升容量的方式主要有以下 3 种。

- 补充下行链路（SDL）模式，非授权频段只被用来做下行链路传输。
- 载波聚合（Carrier Aggregation，CA）模式，允许非授权频段用于下行和上行链路，它最关键的优势是灵活调节用于上行和下行链路非授权频段的资源量。

- 独立组网（SA）模式，独立使用非授权频段而不使用授权频段。

在 SDL 和 CA 模式中，非授权频段仅用于数据层，所有控制层流量都由授权频段处理，运营商同时控制授权和非授权频段资源。

LAA 采用载波聚合技术聚合授权频谱和非授权频谱，前者作为主载波单元传送关键信息和保证 QoS，后者作为副载波单元，可配置成下行补充链路提供额外的无线资源。非授权频谱资源由基站集中调度分配，通过 MAC 单元的激活 / 释放操作控制非授权频谱资源的使用和释放。当 LAA 基站释放非授权频谱资源时，其他系统可基于竞争抢占并使用，从而实现灵活使用非授权频谱的目的。

2. LAA 关键技术

（1）集中调度技术

LAA 采用了集中调度技术，即时间、空间、频谱等无线资源由基站集中控制和分配，终端之间无须竞争资源。集中调度技术可以有效避免抢占式调度技术在用户数超过基站可以服务的能力时，无法同时响应用户请求，导致频繁发生碰撞现象、资源利用率降低的情况。

（2）双连接技术

双连接技术是指用户终端同时在授权频谱和非授权频谱上建立连接。其中，前者发送系统广播信息用于实现控制平面的功能，在数据面，小基站数据业务由前者发送、后者发送或者二者都发送。双连接要求授权频谱和非授权频谱的网络同步。通过双连接，核心网可以将数据直接卸载到非授权频段，实现数据无缝连接。

（3）小区间干扰协调技术

小区间干扰协调（Inter Cell Interference Coordination, ICIC）技术主要通过对系统资源（时域、频域、功率等）进行限制和协调，根据不同用户的具体情况，合理地分配资源块和功率，以实现相邻小区间的干扰协调。

5G

第5章

5G 无线网空中接口

5G 系统的空中接口被称为新空口（New Radio，NR），其终端和接入网之间的接口命名为 Uu 接口，与 LTE 系统相同。Uu 接口是完全开放的接口，无线接口协议主要用于建立、重配置和释放各种无线承载业务，不同制造商生产的设备只要遵守公共的接口规范就能够互相通信。

5.1 5G NR技术描述

5G NR 技术描述见表 5-1。

表5-1 5G NR技术描述

5G NR 技术	技术描述
双工方式	支持 FDD 和 TDD 模式
子载波间隔	• 6GHz 以下: 15kHz、30kHz、60kHz • 6GHz 以上: 60kHz、120kHz、240kHz
CP	支持常规 CP 和扩展 CP（扩展 CP 只用于 60kHz 子载波间隔）
帧结构	帧长10ms，一个帧中包含 10 个子帧，5 个子帧组成一个半帧；支持半静态和动态帧结构配置
基本波形	下行：CP-OFDM；上行：CP-OFDM，DFT-S-OFDM
单载波支持带宽	• 6GHz 以下：最大 100MHz • 6GHz 以上：最大 400MHz
多址接入	• 下行：正交多址接入 • 上行：正交多址接入，非正交多址，其中，比较有代表性的非正交多址有 SCMA、MUSA、PDMA 等
信道编码	• 控制信道：Polar 码、RM 码、重复码、Simplex 码 • 数据信道：LDPC 码
调制方式	• 下行：QPSK、16QAM、64QAM、256QAM • 上行：CP-OFDM 支持 QPSK、16QAM、64QAM 和 256QAM；DFT-S-OFD 支持 $\pi/2$-BPSK、QPSK、16QAM、64QAM 和 256QAM
资源映射	支持集中式和分布式资源分配方式
多天线技术	广播、控制和数据信道采用一体化多天线设计 下行数据发送支持闭环、开环、准开环、多点传输等传输方案；上行数据发送支持基于码本和非码本的传输方案；下行传输方案选择和反馈方式结合；上行传输方案直接根据高层信令配置
导频设计	支持 DMRS、CSI-RS、PT-RS、上行 SRS 等设计
物理层测量	包括信道状态测量、信道质量测量、干扰管理测量、移动性测量等
混合自动重传请求（Hybrid Automatic Repeat reQuest，HARQ）	支持 Chase 合并及增量冗余（IR）混合重传
链路自适应	采用根据信道状态变化进行自适应调整的调制编码方案

（续表）

5G NR 技术	技术描述
工作带宽调整（BWP）	支持 UE 初始接入带宽管理和 UE 工作中带宽调整
载波聚合 / 双连接	最多支持 16 个 NR 载波进行聚合或双连接操作，支持 NR 使用连续或者非连续频谱超过 1GHz
上 / 下行解耦	支持一个 NR 载波中配置多个上行载波

5.2　5G 空口协议栈

5G 空口协议栈分三层和两面：三层包括物理层（L1）、数据链路层（L2）和网络层（L3）；两面是指控制面和用户面。

从整体协议栈结构来看，5G 和 4G 的空口协议栈基本相同，二者进行了控制面和用户面的分离。在控制面，5G 和 4G 的结构完全相同。5G 空口控制面协议栈如图 5-1 所示。

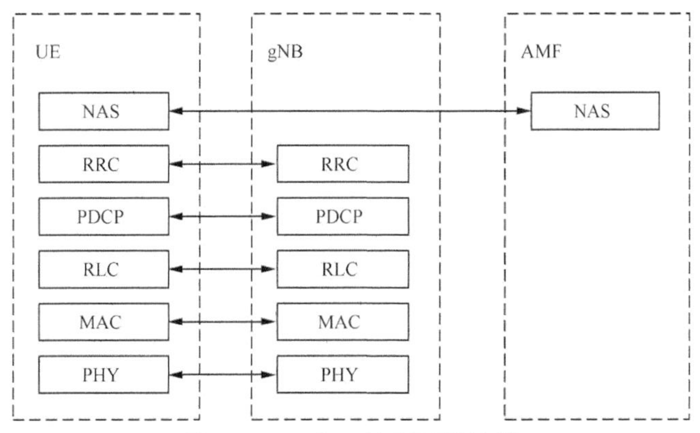

图5-1　5G空口控制面协议栈

在用户面，5G 增加了新的服务数据适配协议（Service Data Adaptation Protocol，SDAP）子层栈，其他结构与 4G 相同。5G 空口用户面协议栈如图 5-2 所示。

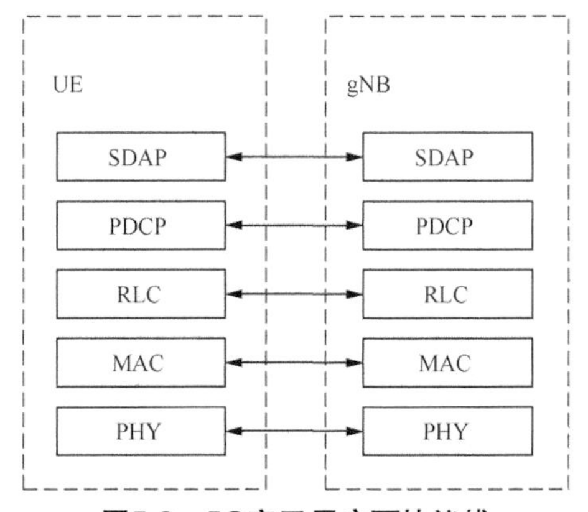

图5-2　5G空口用户面协议栈

5.2.1 物理层

物理层位于无线接口的最底层，提供物理介质中比特流传输所需要的所有功能。物理层为 MAC 层和高层提供信息传输服务。其中，物理层提供的服务通过传输信道来描述。传输信道描述了物理层为 MAC 层和高层所传输的数据特征。

物理层数据发送及接收基本过程如图 5-3 所示。

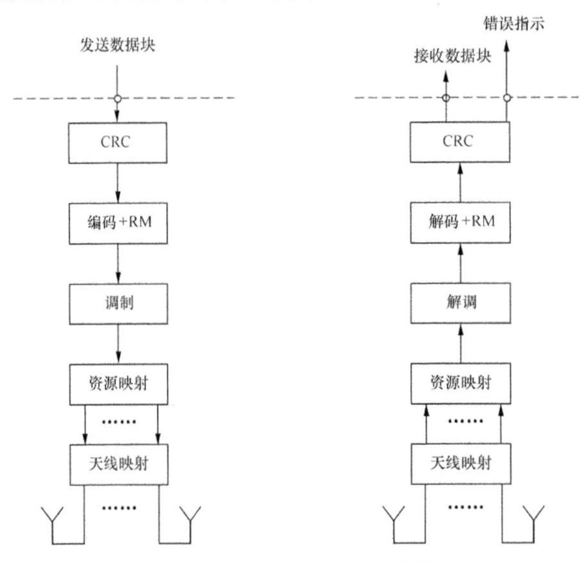

图5-3　物理层数据发送及接收基本过程

广播信道（Broadcast Channel，BCH）、寻呼信道（Paging Channel，PCH）、下行共享信道（Downlink Shared Channel，DL-SCH）和上行共享信道（Uplink Shared Channel，UL-SCH）的数据在转换为物理层发送数据之前，都需要加入 CRC 保护以便支持一次校验和重传，保护数据的可靠性。物理层需要发送的数据，除了物理随机接入信道（Physical Random Access Channel，PRACH）外，都要经过编码和速率匹配、调制、资源映射和天线映射几个步骤，然后进行空口的实际发送。在接收端与发送端对应，需要进行多天线接收和解调、解码等过程。随机接入信道发送通过发送一系列的 PRACH 前导来实现。

物理层还包括一系列参考信号。

- 解调参考信号（Demodulation Reference Signal，DMRS）。
- 相位跟踪参考信号（Phase-Tracking Reference signal，PT-RS）。
- 探测参考信号（Sounding Reference Signal，SRS）。
- 信道状态参考信号（Channel-State Information Reference Signal，CSI-RS）。
- 主同步信号（Primary Synchronization Signal，PSS）。
- 辅同步信号（Secondary Synchronization Signal，SSS）。

5.2.2　数据链路层

数据链路层包括媒体接入控制（Media Access Control，MAC）子层、无线链路控制（Radio Link Control，RLC）子层、分组数据汇聚协议（PDCP）子层和服务数据适配协议（Service Data Adaptation Protocol，SDAP）子层 4 个子层。NR 引入 SDAP 子层的主要原因是 NG 接口基于 QoS 流控制，NR 接口基于用户面的数据无线承载（Data Radio Bearer，DRB）控制，二者之间需要进行适配；而 LTE 的演进分组系统（Evolved Packet System，EPS）承载和 DRB 一一对应，不需要进行适配。SDAP 子层仅位于用户面，而数据链路层的其他 3 个子层同时位于控制面和用户面。数据链路层在控制面负责无线承载信令的传输、加密和完整性保护，在用户面负责用户业务数据的传输和加密。

数据链路层下行架构如图 5-4 所示，数据链路层上行架构如图 5-5 所示。其中，层与层之间的连接点称为服务接入点（Service Access Point，SAP）。物理层为 MAC 子层提供传输信道级的服务，MAC 子层为 RLC 子层提供逻辑信道级的服务，PDCP 子层为 SDAP 子层提供无线承载级的服务，SDAP 子层为上层提供 5GC QoS 流级的服务。MAC 子层负责多个逻辑信道到同一传输信道的复用功能。无线承载分为两类：用户面的 DRB 和控制面的信令无线承载（Signal Radio Bearer，SRB）。上行架构和下行架构的主要区别在于：下行反映网络侧的情况，需要进行多个用户的调度优先级处理；而上行反映终端侧的情况，只进行单个终端的多个逻辑信道的优先级处理。

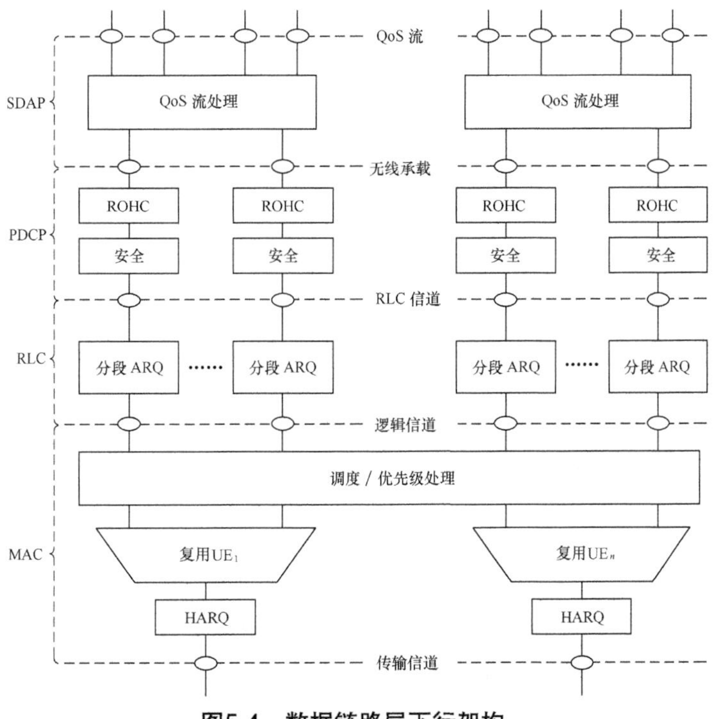

图5-4　数据链路层下行架构

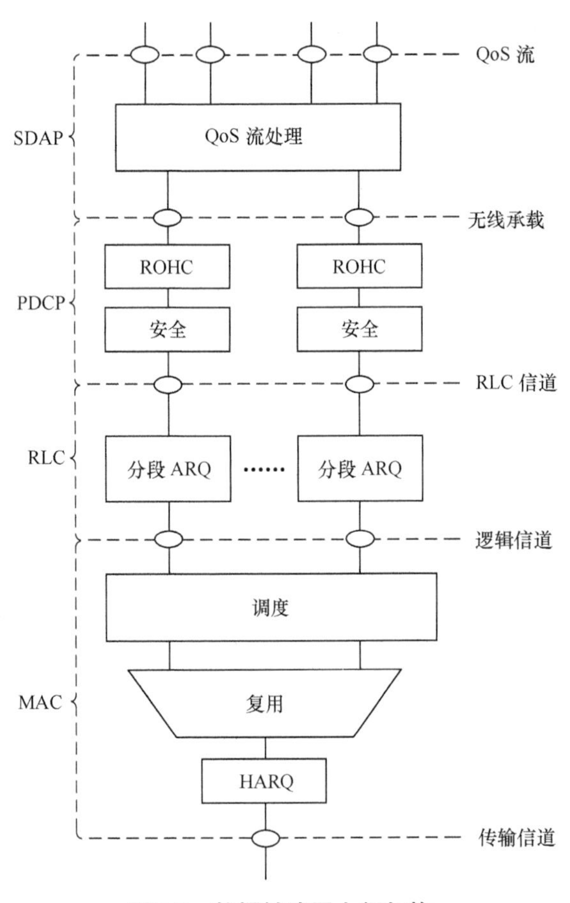

图5-5 数据链路层上行架构

5.2.3 网络层

网络层是指无线资源控制（Radio Resource Control，RRC）层，位于接入网的控制平面，负责完成接入网和终端之间交互的所有信令处理。

RRC 协议模块功能如下所述。

- 发送系统信息广播（NAS 层相关和 AS 层相关）消息。
- 发送由核心网 5GC 和接入网 NG-RAN 发起的寻呼消息。
- UE 和 NG-RAN 之间的 RRC 连接的建立、维护和释放。
- 安全功能密钥管理。
- 无线承载管理（包括建立、配置、维护和释放信令无线承载和用户无线承载）。
- 移动性管理（包括切换、UE 小区选择和重选、切换时候上下文传输）。
- QoS 管理。

- UE 测量报告和控制。
- 无线链路失败的检测和恢复。
- NAS 消息的传输。

在 5G 系统中，RRC 的协议状态有 RRC 空闲状态、RRC 非激活状态、RRC 连接状态 3 个。其中，RRC 非激活状态是 5G 系统比 LTE 新引入的状态。引入 RRC 非激活状态的主要原因是在该状态下 UE 可以进行节能操作。RRC 状态和特征说明见表 5-2。

表5-2　RRC状态和特征说明

状态	特征
RRC 空闲状态	• PLMN 选择 • 系统信息广播 • 小区重选的移动性 • NAS 配置的用于接收CN寻呼的 DRX • 5GC 发起的寻呼 • 5GC 管理的寻呼区域
RRC 非激活状态	• PLMN 选择 • 系统信息广播 • 小区重选的移动性 • NG-RAN 配置的用于接收 RAN 寻呼的 DRX • NG-RAN 发起的寻呼 • NG-RAN 管理的基于 RAN 的通知区域（RNA） • 为终端建立 5GC 和 NG-RAN 之间的连接（包括控制面和用户面的连接） • NG-RAN 和 UE 都保存 UE 的接入层的上下文信息 • NG-RAN 知道 UE 在哪个 RNA 区域
RRC 连接状态	• 为终端建立 5GC 和 NG-RAN 之间的连接（包括控制面和用户面的连接） • NG-RAN 和 UE 都保存 UE 的上下文信息 • NG-RAN 知道 UE 所属的小区 • 可以传输用户数据 • 网络控制终端的移动性，包括相关的测量

5.3　5G 空口关键技术

5.3.1　多址技术

多址接入（Multiple Access，MA）技术是为了让多个用户实现不同位置同时通信并尽可能减少用户之间的干扰，同时让多个用户共享有限的无线资源以提升频谱利用率，历来被视为每一代移动通信系统演进的标志。多址接入技术不仅决定了移动网络的系统容量，也与网络的部署成本和系统的复杂度紧密相关。

受制于芯片的处理能力以及接收机实现的复杂度，移动通信系统从1G到4G都采用正交多址接入（Orthogonal Multiple Access，OMA）技术，而多用户信息理论研究表明，OMA技术只能达到多用户容量限的下限。随着信号检测器件的快速发展、移动通信技术的不断进步以及移动业务需求的爆发式增长，为解决5G系统的传输容量问题，大幅提升频谱效率，非正交多址接入（Non- Orthogonal Multiple Access，NOMA）技术逐渐引起了业界的关注。在频谱资源受限的情况下，NOMA技术已经成为继正交频分多址（Orthogonal Frequency Division Multiple Access，OFDMA）技术之后新型多址技术的发展趋势和突破方向。目前，比较有代表性的非正交多址接入技术主要包括基于码域复用的稀疏码多址接入（Sparse Code Multiple Access，SCMA）技术、基于复数多元码以及增强叠加编码的多用户共享接入（Multi-User Shared Access，MUSA）技术和基于非正交特征图样的图样分割多址接入（Pattern Division Multiple Access，PDMA）技术等。

3GPP在R14阶段对NOMA技术进行了不同场景下的仿真研究，研究结果显示NOMA技术在系统上行吞吐量、接入用户数方面有比较明显的增加。R14研究项目中给出了明确的结论，mMTC场景应该采用NOMA技术。由于3GPP R15标准主要聚焦在对eMBB场景的支持，并没有对mMTC场景做特别的设计，所以NOMA技术没有被纳入R15。但3GPP在R15中仍延续了对NOMA技术的研究工作，继续对NOMA技术进行不同场景下的进一步评估。

在eMBB场景下，UE发送的数据量较大，长时间连续发送导致用户间的干扰将极大程度地抵消NOMA技术本身带来的系统增益；而在mMTC上行场景下，海量的物联网终端采用较低频率发送小数据包业务，随机接入的碰撞概率波动较大（忙时随机接入需求量超大，闲时甚至可能无接入）且有效载荷较低，因此适宜采用大地址空间的多址接入，NOMA技术正好满足了这种需求。

1. SCMA

在CDMA系统中，所有用户的信息符号先分别进行扩频，然后在相同的频率和时间上同时发送信号，每个用户都有自己的扩频码，且该扩频码与其他所有用户的扩频码相互正交，因此，接收端可以根据不同用户的扩频码检测出目标用户的发送信息。CDMA系统支持的用户数量没有确定的数值，系统的可靠性依赖于激活用户的数量。也就是说，CDMA是干扰受限系统。当因用户接入引入的干扰大于系统的扩频增益时，各个用户的扩频码之间无法保证严格正交，造成各用户之间出现多址接入干扰（Multiple Access Interference，MAI），系统性能也随之下降。虽然多用户检测技术可以消除由于扩频码非正交所带来的MAI，但是该技术会增加接收端的实现复杂度。

为使CDMA系统在过载状态下依然能够保持较好的检测性能，同时不以接收端复杂度的增加为代价，一种可行的替代解决方案是用低密度的签名序列来替代原CDMA系统中的等效扩频序列。采用这种方案的系统被称为低密度签名（Low Density Signature，LDS）系统。

LDS 系统相对于 CDMA 系统的最大改进是采用了稀疏矩阵。简而言之，在 CDMA 系统中，每一个码片都同时有 K 个用户同时发送数据，每一个用户同时在 N 个码片发送数据。而 LDS 系统采用低密度扩频序列后，每一个码片同时仅有 $k(k \ll K)$ 个用户同时发送数据，每一个用户同时仅在 $n(n \ll N)$ 个码片发送数据。在过载情况下，MAI 将由于其稀疏性在较大程度上被抑制。

由 OFDM 技术衍生出的 OFDMA 技术，它的各个子载波可以灵活地根据不同的业务需求分配不同的调制方式，是调制和多址的完美结合；同时，它可以根据不同子信道的衰落情况动态地分配各个信道的资源，从而提高系统的传输性能。LDS 技术与 OFDM 技术结合所形成的 LDS-OFDM 技术，可以进一步提升 MA 系统的性能。

在 LDS-OFDM 技术中，原始的数据流经过低密度的扩频序列进行扩频，然后映射到 OFDM 的各个子载波上进行调制和传输。相对于 OFDMA 中的用户数据只在某一个子载波上传输，LDS-OFDM 系统中的用户数据同时存在于 n 个子载波上。与基于 OFDMA 技术的接入系统相比，LDS-OFDM 系统可以通过合并分配用户数据所在的子载波来提供频率分集增益；与基于正交扩频序列设计的 CDMA 系统相比，LDS-OFDM 系统可以方便地支持接入过载，在过载 400% 的情况下依旧保持优良的检测性能。

SCMA 技术本质上是 LDS-OFDM 技术的简化和拓展。在 LDS-OFDM 系统中，用户数据分别经过映射和扩频两个步骤后再发送；而 SCMA 系统将映射和扩频两步合在一起，用户数据直接向用户码字中的序列进行映射，用户实际发送的序列为码本中的一个码字。SCMA 系统中的这种码字选择方式可以看作一种广义的多维星座图映射。这种映射方式的改变对 LDS 系统接收机的影响并不大。而这种广义的映射方式给用户码本的设计带来了更大的自由度，使 LDS 系统成为 SCMA 系统的一个特例。对于 SCMA 系统而言，更大的设计自由度意味着设计更好的码本可以获得更优良的系统性能。

综上所述，SCMA 是一种基于码域叠加的新型多址技术，它将低密度码和调制技术相结合，通过共轭、置换以及相位旋转等方式选择最优的码本集合，不同的用户基于分配的码本进行信息传输。由于采用非正交稀疏编码叠加技术，在同样的资源条件下，SCMA 技术可以支持更多的用户连接，同时，利用多维调制和扩频技术，单用户链路质量将大幅度提升。此外，业界还可以利用盲检测技术以及 SCMA 技术针对码字碰撞不敏感的特性，实现免调度随机竞争接入，有效降低实现复杂度和时延，以适合小数据包、低功耗、低成本的物联网业务应用。

2. MUSA

MUSA 同样也是基于扩频码域的非正交多址方案，主要应用于上行链路。不同于传统的 CDMA 技术，MUSA 通过发送端的复数域多元码（低互相关的扩展序列）可实现过载。在接收端，MUSA 利用串行干扰消除（Successive Interference Cancellation，SIC）接收机去区分不同用户的信号。

终端中 MUSA 为每个用户分配一个码序列，再将用户数据调制符号与对应的码序列通过相关算法使之形成可以发送的新的用户信号，然后再由系统将新的用户信号分配到同一时域、频域的资源单元上，通过天线的空中信道发送出去，这中间将受到信道响应 h_n 噪声的影响，最后由基站天线接收到包括用户、信道响应和噪声在内的接收信号。在接收端，MUSA 先是将所有接收到的信号根据相关技术按时域、频域和空域分类，然后将同一时域、频域和空域的所有用户按 SIC 技术分开，由于这些信号存在同频、同时用户间的干扰，所以系统必须根据信道响应和各用户对应的扩展序列，才能从同频、同时、同空域中分离出所有用户的信号。

假设在基站同一小区，同一时域、频域和空域上有 3 个用户调制符号：用户 1 为“1010”，用户 2 为“1011”，用户 3 为“1001”。基站根据小区用户的登录信息，在相同资源单元上为每个用户设置一个码序列：用户 1 为“100”，用户 2 为“110”，用户 3 为“111”。如果 MUSA 对终端用户调制符号与用户码序列的算法定义：每个用户调制符号位都与对应用户码序列异或操作，则操作后新生的用户发送信号：用户 1 是“101100101100”，用户 2 是“111110111111”，用户 3 是“110111111110”。这 3 个用户发送信号经过各自的信道响应 h_1、h_2 和 h_3 及噪声影响后，被基站天线接收并发送到 SIC 接收机，SIC 接收机再根据 3 个用户各自的信道估计和码序列分别解调出它们的调制符号。

由于 MUSA 复数域多元码的优异特性，再结合先进的 SIC 接收机，MUSA 可以支持相当多的用户在相同的时频资源上共享接入。需要指出的是，这些大量共享接入的用户可以通过随机选取扩展序列，然后采用将其调制符号扩展到相同时频资源的方式来实现，MUSA 可以让大量共享接入的用户想发就发，不发就深度睡眠，并不需要每个接入用户先通过资源申请、调度、确认等复杂的控制过程才能接入。这个免调度过程在海量连接场景中尤为重要，能极大降低系统的信令开销和实现难度。同时，MUSA 可以放宽甚至免除严格的上行同步过程，只需要实施简单的下行同步。最后，当存在远近效应时，MUSA 还能利用不同用户到达信噪比（Signal Noise Ratio，SNR）的差异来提高 SIC 接收机分离用户数据的性能，如传统功率域 NOMA 那样，将“远近问题”转化为“远近增益”。换个角度来看，这样可以放宽甚至免除严格的闭环功率控制过程。所有这些为低成本、低功耗实现海量连接打下了坚实的基础。

3. PDMA

PDMA 是基于发送端和接收端的联合设计，在发送端，多个用户信号通过功率域、空域、码域单独或联合地进行编码传输；在接收端，采用 SIC 检测算法对接收信号进行多用户检测。在 SIC 检测时，多用户会因为检测层的不同而导致分集度不一致，为了使多用户在 SIC 检测后得到等效一致的分集度，就必须提前在发送端将多用户设计为不同的分集度。而在发送端，不同的分集度可以从功率域、空域、码域等多个信号域中获得。

PDMA 功率域设计的关键点是基于小区中心用户和边缘用户的信道质量，提出一个合理的功率分配机制来确保非线性接收机获得更好的检测性能。多用户通过指定每一个用户在功

率域不同的功率参数，即功率域特征图样或者功率因子，共享相同的时频资源块，根据图样将信号叠加后传输。

PDMA 的空域图样设计就是在多天线的情况下对用户信号进行空时编码。空时编码可以在高可靠、高速率的无线通信链路中，基于 MIMO 技术进一步提升系统性能。

PDMA 的码域是通过使用不同的扩频码对即将发送的多用户信号进行扩频编码以实现用户区分。在发送端，用户根据既定的准则选择不同的扩频码对信号进行扩频，再选择性地结合空域和功率域发送出去。不同用户分别采用不同的扩频码进行扩频，得到各用户的不同码流，然后有选择性地经过功率域图样和空域编码后发送出去。

当不同用户信号或同一用户的不同信号进入 PDMA 通信系统后，PDMA 通信系统就将其分解为特定的图样映射、图样叠加和图样检测 3 个模块来处理。首先，发送端对系统送来的多个用户信号采用易于 SIC 接收机算法的，按照功率域、空域或码域等方式组合的特征图样进行区分，完成多用户信号与无线承载资源的图样映射；其次，基站根据小区内通信用户的特点，采用最优的方法完成对不同用户信号图样的叠加，并从天线发送出去；最后，终端在接收到这些与自己关联的特征图样后，根据 SIC 算法对这些特征图样进行检测，解调出不同的用户信号。

4. 几种 NOMA 技术的性能比较

通过仿真可得出 SCMA、MUSA 及 PDMA 这 3 种方案在瑞利衰落信道条件下的误码率。在相同的信噪比条件下，SCMA 的误码率最小、性能最优，MUSA 与 PDMA 性能相近。即使 PDMA 采用与 SCMA 相同的因子图，SCMA 的性能仍优于 PDMA。

SCMA 在接收端采用消息传递算法（Message Passing Algorithm，MPA），MUSA 和 PDMA 在接收端采用 SIC 接收机。SIC 接收机通过逐级干扰消除策略对多个用户进行联合译码，其对误差传播较为敏感，易产生误判。MPA 算法通过功能节点（Function Node，FN）和变量节点（Variable Node，VN）之间的概率估计和反复迭代，虽然复杂度较 SIC 算法有所增加，但性能更优。同时，SCMA 利用其码本的稀疏性也降低了 MPA 算法的复杂度，使其更具有优势。几种非正交多址接入技术的特征比较见表 5-3。

表5-3　几种非正交多址接入技术的特征比较

多址技术	关键技术	优势	存在问题
SCMA	• 低密度扩频 • 多维调制技术 • MPA 算法迭代	• 码本具有一定的灵活性，适用场景广泛 • 多维调制技术使星座图增加成形增益 • 提升频谱效率 3 倍以上，上行容量为 OFDMA 的28 倍，下行小区吞吐率比 OFDMA 提升了5% ～ 8%	• 码本的进一步优化 • MPA 算法复杂度高

（续表）

多址技术	关键技术	优势	存在问题
MUSA	• 采用复数域多元码序列进行扩频 • SIC 接收机	• 低误块率 • 支持大用户数的接入 • 提升频谱效率	• 用户间的干扰较大 • 低互相关性复数域多元码的设计如何承载更多用户
PDMA	• 采用特征图样区分不同信号域 • SIC 接收机	• 进行功率域、空域、码域联合或单独地进行编码传输 • 上行系统容量提升 2 ～ 3 倍，下行系统频谱效率提升 15 倍	• 特征图样的设计待进一步优化 • 技术复杂度高

5.3.2 双工方式

所谓双工方式是指终端与网络间上 / 下行链路协同工作的模式，2G/3G/4G 网络中主要采用两种双工方式，即频分双工 FDD 和时分双工 TDD，且每个网络只能用一种双工方式。FDD 和 TDD 两种双工方式各有特点，FDD 在高速移动场景、广域连续组网和上 / 下行干扰控制方面具有优势，而 TDD 在非对称数据应用、突发数据传输、频率资源配置及信道互易特性对新技术的支持等方面具有优势。

面对复杂场景和多样化的业务需求，5G 网络必须在系统容量和资源利用率等方面有明显的改善，5G NR 采取 FDD/TDD 紧密融合方式，引入了同频、同时全双工方式和灵活双工方式，显著提升了网络容量和组网灵活性。

1. 全双工

利用同频、同时全双工技术，通信的收发双方同时在相同的频谱上发射和接收信号，与传统的 TDD/FDD 双工方式相比，理论上可使空口频谱效率提高 1 倍。

全双工技术能够突破 FDD 和 TDD 方式的频谱资源使用限制，使频谱资源的使用更加灵活。然而，全双工技术需要极高的干扰消除能力，对干扰消除技术提出了极大的挑战；同时全双工技术还存在相邻小区同频干扰问题。在多天线及组网场景下，全双工技术的应用难度更大。

全双工技术主要包括自干扰抑制技术和组网技术两个方面。

（1）自干扰抑制技术

全双工的核心问题是本地设备的自干扰如何在接收机中进行有效抑制。目前的抑制方法主要是在空域、射频域、数字域联合干扰抑制。空域自干扰抑制通过天线位置优化、波束陷零、高隔离度实现干扰隔离；射频域自干扰抑制通过在接收端重构发射干扰信号实现干扰信号对消；数字域自干扰抑制对残余干扰做进一步的重构以进行消除。

全双工设备同时发射和接收信号，自身的发射信号会对自身的接收信号产生强干扰，必须通过多种自干扰抑制技术使自身的发射信号远远低于自身的接收信号，即干扰抵消能力要达到一定的要求。虽然自干扰可以得到抑制，但是全双工依然无法解决其他信号发射点的干扰问题和对其他用户的干扰问题。全双工可能会造成更加严重的网络干扰问题，是全双工组网需要特别注意的问题。

（2）组网技术

全双工改变了收发控制的自由度，改变了传统的网络频谱使用模式，将会带来多址方式、资源管理的革新，同时也需要与之匹配的网络架构。业界普遍关注的研究方向包括以下几个方面。

- 全双工基站和半双工终端混合组网架构。
- 终端互干扰协调策略。
- 网络资源管理。
- 全双工帧结构。

2. 灵活双工

灵活双工通信技术是针对业务需求的多样性而实施的对上 / 下行链路的无线资源的动态控制和管理的技术，旨在提高系统资源的利用率。灵活双工通信可以通过时域和频域方案来实现，其特例是上 / 下行被配置为同时、同频，即全双工通信。未来移动通信的业务种类更加丰富，上 / 下行业务分布更加多样，如果仍然沿用上 / 下行对称的固定分配的双工方式必然会造成资源不能被充分利用，因此，灵活双工通信对于 5G 系统具有重要意义，可以更好地适应未来 5G 移动通信的发展方向，传输上 / 下行不对称的业务以及上 / 下行数据量不断变化的业务。

灵活双工通信的基本思想是根据不同方向链路的业务种类、总量、长期统计以及瞬态特性，动态调节上 / 下行链路的资源分配，类似于潮汐车道可以根据早晚交通流量的不同情况，调整某一车道不同时间段内的行驶方向以缓解交通拥挤。

传统 FDD 方式系统的上 / 下行频带是由保护频带隔开的，分别传输上行和下行业务，上 / 下行频率被固定分配，一旦确定后将不能调整，当服务区内业务的上 / 下行流量严重不平衡时，会形成严重的频率资源浪费。而 TDD 方式系统分为上行时隙和下行时隙，上 / 下行时隙之间利用保护时间间隔分开，可以适应非对称业务的传输。TDD 系统可以是固定的上 / 下行时隙结构，也可以是非固定的上 / 下行时隙结构。

具有非固定时隙结构的 TDD 系统可以称为时分灵活双工系统。其上 / 下行时隙的分配可以根据业务的情况动态调整，即上 / 下行时隙的切换点是可变的。这种变化包括上 / 下行链路滑动切换点和动态切换点两种：滑动切换点是指上 / 下行链路只有一个切换点，该切换点的位置可以在整个数据传输时隙段之间移动，从而形成不同比例的上 / 下行链路时隙数目；动态切换点则是指在整个数据传输时隙段上可以有多个上 / 下行链路切换点。由于上 / 下行链路切换点处的保护时隙比同向链路时隙之间的保护时隙要大得多，滑动切换点模式占用的保护时隙较少，一帧可以传输更多的数据，但是总的频谱利用率比动态切换点模式低。

相对于 TDD 方式，FDD 方式下的灵活双工较难实现。一种可行的方案是根据业务的实际情况确定上 / 下行单位带宽，将上 / 下行频率按上 / 下行单位带宽分成多个频点，所有上/下行频点组成上/下行频率池，每个小区根据业务的实际情况，动态使用频率池中的频点。这样的频分灵活双工系统，既继承了传统FDD系统的优点，又兼具了TDD系统的灵活性。

灵活双工通信技术可以应用于宏微结合的异构网络中，灵活双工应用场景如图5-6所示。

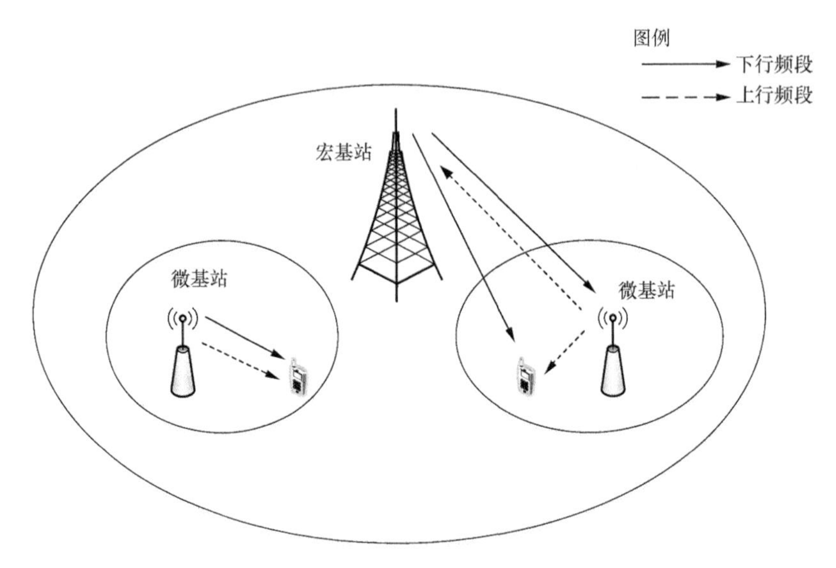

图5-6　灵活双工应用场景

灵活双工通信技术将FDD系统中的部分上行频带灵活配置为下行传输，从而实现了上/下行频谱资源与上/下行业务需求的匹配。灵活双工通信技术实现的关键在于干扰协调和资源分配的问题，这有待进一步的研究突破。

5.3.3 帧结构

NR采用的帧长度为10ms，一个帧中包含10个子帧。5个子帧组成一个半帧，编号0～4的子帧和编号5～9的子帧分别处于不同的半帧。

NR的基本帧结构以时隙（slot）为基本颗粒度。正常循环前缀（Cyclic Prefix，CP）情况下的每个时隙包含14个符号，扩展CP情况下的每个时隙含有12个符号。当子载波间隔发生变化时，时隙的绝对时间长度也随之改变，每个子帧内包含的时隙个数也有所差别。在不同的子载波间隔下，每帧和每子帧包含的时隙数见表5-4。表5-4给出了不同子载波间隔时，时隙长度以及每帧和每子帧包含时隙个数的关系。每帧所包含的时隙是10的整数倍，随着子载波间隔加大，每帧/子帧内的时隙数也会增加。

表5-4　不同子载波间隔下，每帧和每子帧包含的时隙数

循环前缀类型	μ	N_{symb}^{slot}	$N_{slot}^{frame,\mu}$	$N_{slot}^{subframe,\mu}$
正常 CP	0	14	10	1
	1	14	20	2
	2	14	40	4
	3	14	80	8
	4	14	160	16
扩展 CP	2	12	40	4

每个时隙中的符号被分为3类：下行符号(标记为D)、上行符号(标记为U)和灵活符号(标记为X)。下行数据发送可以在下行符号和灵活符号进行，上行数据发送可以在上行符号和灵活符号进行。灵活符号包含上/下行转换点，NR 支持每个时隙包含最多两个转换点。

NR 帧结构配置不再沿用 LTE 阶段采用的固定帧结构方式，而是采用半静态无线资源控制（Radio Resource Control，RRC）配置和动态下行控制信息（Downlink Control Information，DCI）配置结合的方式进行灵活配置。这样设计的核心思想还是兼顾了可靠性和灵活性，前者可以支持大规模组网的需要，易于网络规划和协调，并利于终端省电；而后者可以支持更动态的业务需求来提高网络利用率。但是完全动态的配置容易引入上/下行的交叉时隙干扰而导致网络性能的不稳定，也不利于终端省电，在实际网络使用过程中需要谨慎操作。

RRC 配置支持小区专用（Cell Specific CS）的 RRC 配置和 UE 专用（UE Specific UES）的 RRC 配置两种方式。DCI 配置的方式支持由时隙格式指示（Slot Format Indication，SFI）直接指示和 DCI 调度决定两种方式。

1. 半静态帧结构配置

LTE 中上/下行资源识别只有半静态帧结构配置一种，LTE 的帧结构配置也遵循一定的规则。NR 设计中没有继续沿用 LTE 中基于表格指示的上/下行资源配置和特殊时隙配置联合的方式，而是采用新的更加灵活的配置规则。

（1）基于周期的配置方式，每个周期只有一个从下行到上行的转换点

- 保证每个周期中下行资源连续，上行资源连续。
- 独立的下行和独立的上行资源配置指示。
- 无须额外的 GP 配置指示。

（2）上/下行响应时延的灵活性

- 为了支持不同时延响应的要求，需要支持不同的周期配置，而不仅局限于 LTE 的 5ms 周期或 10ms 周期。
- 通过双周期下行和上行资源配置方式，提供更灵活的周期组合和上/下行资源配置组合。

（3）友好的前向兼容性

小区专用的半静态上/下行公共配置信息（UL-DL-Configuration Common）由下行时隙数（Number-of-DL-Slots）、下行公共符号数（Number-of-DL-Symbols-Common）、上行时隙数（Number-of-UL-Slots）、上行公共符号数（Number-of-UL-Symbols-Common）、上/下行发送周期（DL-UL-Transmission-Periodicity）、参考子载波间隔（Reference-SCS）6个参数确定。

下行时隙数和下行公共符号数表示下行资源分配。下行时隙数表示配置的周期内开始时连续的全下行时隙数。下行公共符号数表示在数个全下行时隙后连续的全下行符号数，取值为{0,1,…,13}。上行时隙数和上行公共符号数表示上行资源分配。上行时隙数表示配置的周期结束前连续的全上行时隙数。上行公共符号数表示在数个全上行时隙后连续全上行符号的个数，取值为{0，1，…，13}。上/下行发送周期表示上/下行配置的周期，取值为{0.5ms，0.625ms，1ms，1.25ms，2ms，2.5ms，5ms，10ms}。参考子载波间隔为上/下行配置的参考子载波间隔，取值为{15，30，60，120}。上/下行配置之间的部分为未知区域，可以被UE专用的RRC或DCI进行配置。

为支持连续两个周期的不同上/下行配比，NR中引入了小区专用的半静态上/下行公共配置信息参数集2（UL-DL-Configuration-Common-Set2）。当需要配置连续两个上/下行配比时，小区发送上/下行公共配置信息和上/下行公共配置信息参数集2，两个配置串联在一起。

UE专用的半静态上/下行配置信息（UL-DL-Configuration-Dedicated）由下行符号指示的时隙号（Slot-Index-of-DL-Symbol-Indication）、上行符号指示的时隙号（Slot-Index-of-UL-Symbol-Indication）、上行专用符号数（Number-of-UL-Symbols-Dedicated）4个参数确定。

下行符号指示的时隙号和下行专用符号数确定下行资源分配，下行符号指示的时隙号表示由小区专用配置中确定的上/下行周期内的时隙位置，取值为{1，…，(上/下行发送周期的时隙数)}；下行专用符号数表示下行符号指示的时隙号里一开始连续的下行符号数，取值包括{0，1，…，13，14}。上行符号指示的时隙号和上行专用符号数确定上行资源分配，上行符号指示的时隙号表示由小区专用配置中确定的上/下行周期内的时隙位置，取值为{1，…，(上/下行发送周期的时隙数)}；上行专用符号数表示上行符号指示的时隙号里最后连续的下行符号数，取值包括{0，1，…，13，14}。

UE专用的半静态上/下行配置信息主要作为测量配置，该配置信息由UE专用的RRC配置信息发送。被配置的符号可根据配置的具体内容进行相应的上/下行发送，包括周期或者半静态未进行CSI测量的CSI-RS、周期的CSI报告、周期或者半静态SRS；每一部分带宽（Band Width Path，BWP）配置的UE-Specific RRC PRACH；类型1的免调度上行发送；类型2的免调度上行发送。

2. 动态DCI上/下行配置

动态DCI实现的上/下行配置可以通过DCI格式2_0实现，或者直接通过DCI格式0_0/0_1/1_0/1_1的上/下行数据调度直接实现。直接通过DCI进行数据指示的方式没有直接改

变帧结构，但是DCI调度的上行或者下行数据发送能够隐性地给出被调度符号的方向性。

DCI格式2_0是专门用作SFI指示。SFI主要根据单时隙可支持的时隙格式，实现周期的帧结构配置。单时隙可支持的最大格式数为256个，已经标准化的值可直接参照标准38.213。为减少DCI的开销，基站会在单时隙表格中选择部分值，然后把这些值根据不同的SFI周期，组成若干个多时隙SFI组合。这些组合基站会通过高层RRC信令通知给UE，DCI每次仅进行多时隙SFI的序号指示。

3. 不同配置的优先级

NR中RRC高层配置和DCI物理层配置均可实现对帧结构的修改。当不同配置对帧结构进行更改时，一旦发生冲突，就需要确定各种配置相互覆盖的规则。NR中半静态上/下行配置、半静态测量配置、动态SFI及DCI配置的相互覆盖规则如下所述。

- 半静态上/下行配置的上行及下行不能被修改，半静态上/下行配置的灵活符号可以由半静态测量配置、动态SFI及DCI配置更改。
- 半静态测量配置中的上行及下行配置可以被动态SFI及DCI配置更改，一旦更改发生，半静态测量的相关行为将被终止。
- DCI配置的数据发送不能和SFI配置的上行和下行冲突，但可以对SFI配置中的灵活部分进行更改。

4. 帧结构决定过程

根据优先级规则，基站进行小区级及UE侧的帧结构配置。小区级的半静态配置提供基础的框架性结构，UE专用半静态配置和DCI级别配置在小区级的半静态配置基础上做了进一步的灵活配置。当基站希望采用固定的帧结构时，小区级的半静态配置可以分配尽可能多的固定上行与下行符号；而基站希望进行更动态的帧结构分配时，小区级的半静态配置可以分配更多的灵活符号，通过SFI及DCI调度等方式实现更多符号的动态使用。

当系统配置了RRC参数后，帧结构的确定主要分为两种情况：没有SFI配置时帧结构决定和有SFI配置时帧结构决定。

（1）没有SFI配置时帧结构决定

UE按照上/下行公共配置信息来配置上/下行时隙格式。如果上/下行公共配置参数集2存在，按照上/下行公共配置参数集2配置两个时隙周期的格式。如果上/下行专用配置存在，按照上/下行专用配置来配置上/下行公共配置信息或上/下行公共配置参数集2中的灵活符号部分。其中，由上/下行公共配置、上/下行公共配置参数集2或上/下行专用配置确定为下行的符号，UE考虑用作接收。而由上/下行公共配置、上/下行公共配置参数集2或上/下行专用配置确定为上行的符号，UE考虑用作发送。被配置为上行的符号，UE不希望被后续的DCI或者高层信令配置进行物理下行共享信道（Physical Downlink Shared Channel，PDSCH）、物理下行控制信道（Physical Downlink Control Channel，PDCCH）和CSI-RS的接收；而被配置为下行的符号，UE不希望被后续的DCI或者高层信令配置进行物理上行链路控制信道（Physical Uplink Control Channel，PUCCH）、物理上行共享信道（Physical Uplink Shared Channel，PUSCH）、SRS或者PRACH的发送。

没有被上/下行公共配置、上/下行公共配置参数集2或上/下行专用配置确定为配置的部分需要考虑以下情况。

- 当UE收到DCI或者高层信令配置的PDSCH或者CSI-RS接收指示时，进行PDSCH或者CSI-RS的接收。
- 当UE收到DCI或者高层信令配置的PUSCH、PUCCH、PRACH或者SRS发送指示时，进行PUSCH、PUCCH、PRACH或者SRS发送。
- 如果UE收到高层指示进行PDCCH、PDSCH或者CSI-RS接收，当DCI并没有指示在这些符号进行上行PUSCH、PUCCH、PRACH或者SRS发送时，UE进行PDCCH和PDSCH的接收。否则，UE不进行PDCCH和PDSCH的接收。
- 如果UE收到高层配置的类型0的SRS、PUCCH、PUSCH或者PRACH发送，当DCI没有指示在这些符号进行PDSCH或CSI-RS接收时，UE进行类型0的SRS、PUCCH、PUSCH或者PRACH发送，否则UE不进行类型0的SRS、PUCCH、PUSCH或者PRACH的发送。

还有一些情况，标准还进行了专门的规定：对于被配置为接收SS/PBCH的符号，不能用于上行PUSCH、PUCCH、PRACH或者SRS的发送。如果通过DCI格式1_1给UE分配了多时隙的PDSCH接收，而里面任何一个时隙中如果有符号被上/下行公共配置、上/下行公共配置参数集2或上/下行专用配置等信号配置为上行，那么DCI格式调度的该时隙不用作PDSCH接收。如果通过DCI格式0_1给UE分配了多时隙的PUSCH发送，而里面任何一个时隙中如果有符号被上/下行公共配置、上/下行公共配置参数集2或上/下行专用配置等信号配置为下行，那么DCI格式调度的该时隙不用作PUSCH发送。

（2）有SFI配置时帧结构决定

由SFI分配为上行的符号，不应被其他DCI格式调度用作PDSCH或者CSI-RS的接收。由DCI格式2_0分配为下行的符号，也不应被其他DCI格式调度用作PUSCH、PUCCH、PRACH或者SRS发送。

被高层信令上/下行公共配置、上/下行公共配置参数集2或上/下行专用配置等信号配置为上行或者下行的符号，UE不希望被SFI配置为相反方向或者灵活符号。

被高层信令上/下行公共配置、上/下行公共配置参数集2或上/下行专用配置等信号配置为灵活符号或者未配置的符号，需要考虑以下情况。

- 只有当SFI指示为下行时，如果一个或者多个符号配置为PDCCH监测，UE进行PDCCH的接收。

● 对SFI指示为灵活的符号，可以由DCI格式调度进行PDSCH或者CSI-RS的接收，也可以由DCI格式调度进行PUSCH、PUCCH、PRACH或者SRS的发送。

● SFI指示为灵活的符号，UE认为这些符号为保留符号，不进行发送或者接收。

● 高层触发的type 0 SRS、PUCCH、免调度PUSCH或者PRACH只在SFI配置为上行的符号进行发送。

对于上/下行公共配置、上/下行公共配置参数集2或上/下行专用配置等信号配置为灵活符号或者未配置的符号，当UE被配置为监测SFI，但是又没有监测到SFI时，需要考虑以下情况。

● UE继续进行SFI的监测，直到下一个SFI的监测周期。

● 如果UE被配置了高层触发的type 0 SRS、PUCCH、免调度PUSCH或者PRACH，在下一个SFI监测周期之前，上述操作被取消。

● 如果在下一个SFI监测周期之前，UE被高层信令配置了CSI-RS或者SPS PDSCH的接收，UE也不进行CSI-RS和SPS PDSCH接收。

如果UE在被高层信令配置进行type 0 SRS、PUCCH、免调度PUSCH或者PRACH的符号有一部分被SFI指示为下行或者灵活的符号，那么UE在承载SFI的控制资源集合的最后一个符号开始到N_2间的这段时间内的上行发送不会被取消，而在之后的发送将被取消，其中N_2是PUSCH反馈时间指示能力，在规范38.214中给出。

如果高层信令配置了CSI-RS或PDSCH的接收，UE只有在检测到SFI指示为下行的符号时才进行CSI-RS和PDSCH的接收。

如果高层信令配置了type 0 SRS、PUCCH、免调度PUSCH或者PRACH的发送，UE检测到SFI指示为上行的符号或者在有一部分被SFI指示为下行或者灵活的符号时，处于从承载SFI的控制资源集合的最后一个符号开始到N_2间的这段时间内的符号，进行type 0 SRS、PUCCH、免调度PUSCH或者PRACH的发送。

如果UE没有检测到SFI指示一个时隙中的若干符号为灵活或者上行的符号，那么UE假设配置给UE做PDCCH监测的处于控制资源集合内的符号为下行的符号。

对于上/下行公共配置、上/下行公共配置参数集2或上/下行专用配置等信号配置为灵活的符号或者未配置的符号，但是UE又没有监测到SFI时，需要考虑以下情况。

● UE收到DCI指示或者高层信令配置的PDSCH或者CSI-RS接收，UE进行相应的接收操作。

● UE收到DCI指示或者高层信令配置的PUSCH、PUCCH、PRACH或者SRS发送，UE进行相应的发送操作。

● 当UE由高层信令配置进行PDCCH、PDSCH或者CSI-RS接收，而DCI没有配置UE进行PUSCH、PUCCH、PRACH或者SRS的上行发送时，UE进行与高层信令配置相应的PDCCH、PDSCH或CSI-RS接收。否则，UE将不进行PDCCH、PDSCH或CSI-RS接收，而进行PUSCH、PUCCH、PRACH或者SRS的上行发送。

● 当UE由高层信令配置进行type 0 SRS、PUCCH、免调度PUSCH或者PRACH发送，而DCI没有配置UE进行PDSCH或者CSI-RS接收时，UE进行与高层信令配置相应的type 0 SRS，PUCCH、免调度PUSCH或者PRACH发送。否则，UE将不进行type 0 SRS、PUCCH、免调度PUSCH或者PRACH发送。

5. 帧结构分析

根据目前的NR帧结构配置机制，可以非常容易地实现目前LTE的各种帧结构配置。实际网络中帧结构的配置需要考虑业务分布、网络干扰、时延和覆盖等多种情况。

对于6GHz以下频段，采用15kHz、30kHz、60kHz 3种子载波间隔配置。对于6GHz以上频段，主要采用120kHz和240kHz子载波间隔配置。采用更大的子载波间隔，符号长度也会缩短。根据目前的标准规定，子载波间隔扩大一倍，符号长度基本缩短一半。在数据传输时延方面，大的子载波间隔有更大优势，对于TDD配置，这一优势更加突出。子载波间隔和CP长度及保护间隔也存在相互的制约关系，子载波间隔越大，相应的这些开销也会增加。

5.3.4 调制技术

对于5G NR，上/下行均支持QPSK、16QAM、64QAM和256QAM几种调制方式，每个调制符号分别对应2、4、6、8个比特。

另外，当上行采用DFT-S-OFDM时，NR还支持π/2-BPSK，以增大小区边缘的覆盖范围（仅在Transforming Precoding启用时可以采用），每个调制符号对应1个比特。

1. 正交相移键控技术

正交相移键控（Quadrature Phase Shift Keying，QPSK）是通过转换基准信号（载波）的相位或采用调制方式来传送数据的调制方法，也称作四进制相移键控。它规定了4种载波相位，分别为45°、135°、225°、315°，由于调制器输入的是二进制数据序列，为了能和四进制载波相位相匹配，需要把二进制数据转换为四进制数据，所以需要把二进制数据序列分组，把二进制数据序列中每两个比特分为一组，共有4种组合，分别为00、01、10、11共4个点位。QPSK利用星座圆周上均匀分布的4个点。QPSK星座如图5-7所示。

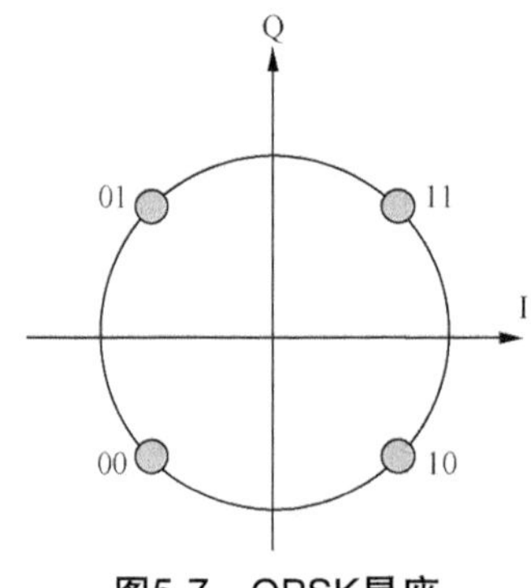

图5-7 QPSK星座

上述 4 个点代表载波的 4 种不同的相位信息，通过 4 种相位将每个点编码为两个信息比特，其中，每一组称为双比特码元，每一个双比特码元都是由两个二进制信息组成的，它们分别代表四进制信息的 4 个符号中的 1 个符号。QPSK 每次调制时传输 2 个信息比特，这些信息比特是通过载波的 4 种相位来传递的。QPSK 调制映射公式如下。

$$x=\frac{1}{\sqrt{2}}\{[1-2b(i)]+j[j-2b(i+1)]\}$$

QPSK 调制原理如图 5-8 所示。

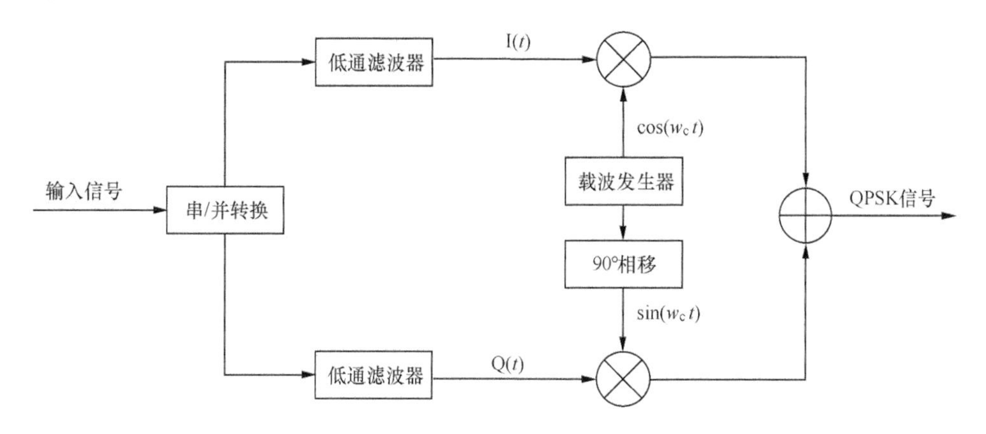

图5-8　QPSK调制原理

输入的串行二进制数据序列经串 / 并转换，变成两路并行的双比特数据流，每一路码元宽度是串行时的两倍。再经过 I/Q 信号发生器将每一个比特信息的字节转换成一对比特信息，并分成两路速率减半的序列，电平发生器分别产生双极性二电平信号 I(t) 和 Q(t)，然后对 $\cos(w_c t)$ 和 $\sin(w_c t)$ 进行调制，相加后即可得到 QPSK 信号。

四进制相移键控调制方法，与二进制相移键控调制方法一样也有绝对相移键控 4PSK 和相对相移键控 4DPSK 方式。目前，QPSK 调制方式已经广泛应用在无线通信中，成为现代通信中一种重要的调制方式，并且作为 5G 系统的调制方式之一。

2. 正交幅度调制技术

正交幅度调制（Quadrature Amplitude Modulation，QAM）是由调制载波的相位和幅度承载信令信息的。类似于其他数字调制方式，QAM 发射信号集可以用星座图方便地表示。星座图上每一个星座点对应发射信号集中的一个信号。例如，正交幅度调制的发射信号集大小为 N，则称为 N-QAM。

星座点经常采用水平和垂直方向等间距的正方网格配置，当然也有其他的配置方式。数字通信中的数据常采用二进制表示，这种情况下星座点的个数一般是 2 的幂。常见的 QAM 形式有 16QAM、64QAM、256QAM 等。星座点的个数越多，每个符号能传输的信息量就越大。但是，如果在星座图的平均能量保持不变的情况下增加星座点，会使星座点之间的距离变小，进而导致误码率上升。因此高阶星座图的可靠性比低阶要差。5G NR采用的QAM星座如图5-9所示。

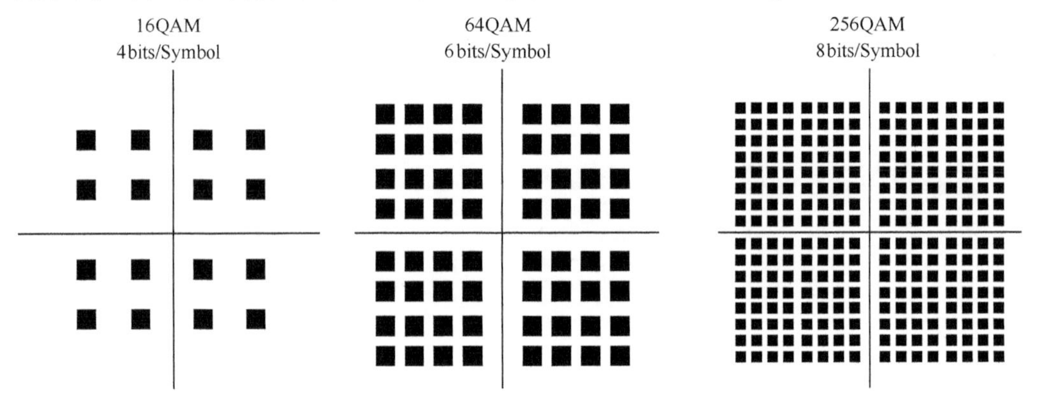

图5-9　5G NR采用的QAM星座

64QAM高阶调制采用了6个连续符号，并通过串/并转换成I、Q两路分支。其中，I路分支上3个连续的符号，Q路分支上3个连续的符号，I、Q两路分支上的符号通过调制映射出64个星座。从理论上看，64QAM调制方式的1个符号代表6bits，将频谱利用效率相比16QAM的4个连续符号，调制效率提高了50%。

5G NR采用的QAM主要有16QAM、64QAM、256QAM等几种。QAM调制映射公式见表5-5。

表5-5　QAM调制映射公式

调制方式	阶数	映射公式
16QAM	4	$x=\frac{1}{\sqrt{10}}[[1-2b(i)][2-[1-2b(i+2)]]+j[1-2b(i+1)][2-[1-2b(i+3)]]]$
64QAM	6	$x=\frac{1}{\sqrt{42}}[[1-2b(i)][4-[1-2b(i+2)][2-[1-2b(i+4)]]]$ $+j[1-2b(i)][4-[1-2b(i+3)][2-[1-2b(i+5)]]]]$
256QAM	8	$x=\frac{1}{\sqrt{170}}[[1-2b(i)][8-[1-2b(i+2)][4-[1-2b(i+4)][2-[1-2b(i+6)]]]]$ $+j[1-2b(i+1)][8-[1-2b(i+3)][4-[1-2b(i+5)][2-[1-2b(i+7)]]]]]$

5.3.5　编码技术

在3GPP制定的标准中，确定了5G NR控制消息和广播信道采用极化码，数据采用低密度校验码的方案。以下将重点介绍这两种编码方案和标准化内容。

1. 极化码

极化（Polar）码是一种线性分组码，于2009年由埃尔达尔·阿里坎教授提出。Polar码

是针对二元对称信道（Binary Symmetric Channel，BSC）的严格构造码，可以达到二元对称信道的信道容量。Polar 码的基本思想是利用信道的两极分化现象，把承载较多信息的比特放在“理想信道”中传输，而把已知的固定比特（冻结比特）放在“非理想信道”中传输。信道极化是一种普遍存在的现象，不仅在 BSC 信道，而且在高斯加性白噪声（Additive White Gaussian Noise，AWGN）信道也广泛存在，它随着码长的增加而更明显。

Polar 码在性能等指标上有较强的竞争力，在 2016 年 11 月最终进入要求严格的 5G NR 标准中，作为 eMBB 控制信道的编码方案。

Polar 码是基于信道极化（Channel Polarization，CP）理论构造的。将一组二进制输入离散无记忆信道（Binary-input Discrete Memoryless Channel，B-DMC），通过信道合成和信道分裂的操作，得到一组新的二进制输入离散无记忆信道，该过程称为极化过程，得到新的信道称为子信道。当参与极化的信道足够多时，一部分子信道的容量趋于 1（可靠子信道），其余的子信道的容量趋于 0（不可靠子信道）。利用这一现象，可以将消息承载在可靠子信道上，在不可靠子信道上放置收发两端已知的固定比特（冻结比特），通过这种方式构造的编码就是 Polar 码。

根据Polar码原理，首先定义极化内核：$G_2=\begin{bmatrix}1 & 0\\1 & 1\end{bmatrix}$，相应的信道极化基本单元如图 5-10所示。

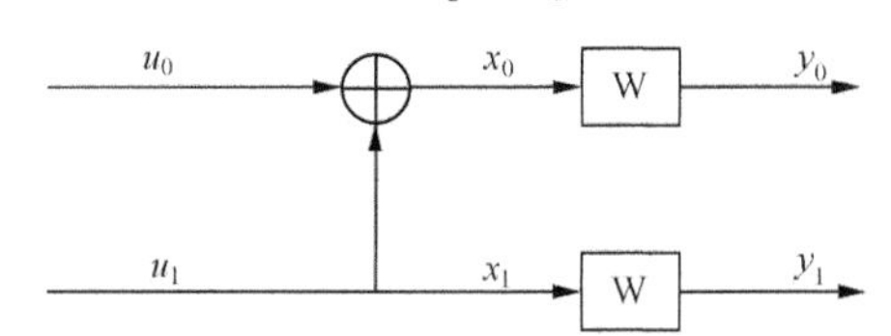

图5-10 相应的信道极化基本单元

将 2 个比特（u_0，u_1）编码为（x_0，x_1）=（$u_0 \oplus u_1$，u_1），其中的$\oplus$为二元域加法。将 x_0 和 x_1 分别经过二进制输入离散无记忆信道 W: $\chi \to \gamma$ 进行传输 [χ 和 γ 分别表示输入和输出的符号集合，转移概率为 $W(y|x)$，$x \in \chi$，$y \in \gamma$]，则合成信道 W_2 的转移概率如下。

$$W_2\left(y_0, y_1 \middle| u_0, u_1\right) = W\left(y_0 \middle| u_0 + u_1\right) W\left(y_1 \middle| u_1\right)$$

将上述合成信道 W_2 分裂成 2 个等效的二进制输入子信道 $W_2^{(0)}$ 和 $W_2^{(1)}$，其转移概率如下。

$$W_2^{(0)}\left(y_0, y_1 \middle| u_0\right) = \sum_{u_1} \frac{1}{2} W_2\left(y_0, y_1 \middle| u_0, u_1\right)$$

$$W_2^{(1)}\left(y_0, y_1, u_0 \middle| u_1\right) = \frac{1}{2} W_2\left(y_0, y_1 \middle| u_0, u_1\right)$$

经过信道极化得到的子信道的对称容量满足：

$$I[W_2^{(0)}] + I[W_2^{(1)}] = 2I\left(W\right)$$

$$I[W_2^{(0)}] \leqslant I\left(W\right) \leqslant I(W_2^{(1)})$$

即两个等效子信道的容量分别向更好和更差两个方向极化。根据上述极化过程进行 n 次极化，即对信道 W 进行 $N=2^n$ 次使用，得到的合成信道的转移概率如下。

$$W_N^{(i)}(y_0^{N-1}|u_0^{N-1})=W(y_0^{N-1}|u_0^{N-1}G_N)$$

其中，$G_N=G_2^{\otimes n}$（⊗表示克罗内克积）。将合成信道 W_N 分裂成 N 个等效的子信道。

据此定义一个（N，K）Polar 码：基于编码（极化）矩阵 G_N，将 K 个信息比特放在 N 个子信道中最可靠的 K 个子信道上，该子信道集合称为信息比特集合，记为 $\mathbb{I}$；其余（$N-k$）个子信道放置在固定比特，例如，全 0 比特，该子信道集合称为冻结比特集合，记为 $\mathbb{F}$，$\mathbb{I}\cap\mathbb{F}=\Phi$，$\mathbb{I}\cup\mathbb{F}=\{0, 1, \cdots, N-1\}$。编码码字 $d=\{d_0, d_1, \cdots, d_{N-1}\}$ 的计算过程如下。

$$d=uG_N$$

其中，输入向量 $u=\{u_0, u_1, \cdots, u_{N-1}\}$ 中，冻结比特集合（$i\in\mathbb{F}$）的元素 $u_i=0$，信息比特集合（$i\in\mathbb{I}$）的元素是信息比特。

串行抵消（Successive Cancellation，SC）译码算法是一种低复杂度的译码算法，并且有理论证明在该算法下，Polar 码为香农容量可达的编码方案。它主要基于从前往后进行逐比特串行判决译码，在译码到第 i 个比特时，硬判决过程如下。

$$\hat{u}_i=\begin{cases}u_i, & i\in F\\ h_i\left(y_0^{N-1}, \hat{u}_0^{i-1}\right) & i\in I\end{cases}$$

其中，$h_i\left(y_0^{N-1}, \hat{u}_0^{i-1}\right)$ 为判决函数。如果 $W_N^{(i)}(y_0^{N-1}, u_0^{i-1}|0)>W_N^{(i)}(y_0^{N-1}, u_0^{i-1}|1)$，其值为 0；否则，其值为 1。虽然 Polar 码在串行抵消译码算法下是容量可达的，且复杂度非常低，但在有限码长时，其性能并不理想。改进的串行抵消译码算法，例如，串行抵消列表（Successive Cancellation List，SCL）译码算法，在中间译码过程中保留了多个候选路径，可以用较低的复杂度有效提升有限码长下 Polar 码的性能。

从以上 Polar 码的编译码过程中可以看到，Polar 码的性能受信息比特集合 $\mathbb{I}$ 的影响，而确定 $\mathbb{I}$ 需要对各子信道的可靠度进行评估和排序。在实际系统中，由于存储开销或者译码时延的限制，码长总是有限的，Polar 码需要针对有限码长设计。另外，Polar 码的原生长度（母码长度）是2的整数次幂，而实际应用中可能需要支持任意码长。因此，需要设计速率匹配方案将Polar码的码长适配到实际需要的大小。

2. 低密度奇偶校验码

低密度奇偶校验（Low Density Parity Check，LDPC）码最早于 1963 年由罗伯特•加拉格尔提出。LDPC 码是基于稀疏二分图（Bipartite Graph）设计的校验码，可采用迭代方式进行解码。LDPC 码是一种线性分组码，它具有线性分组码的普遍特性。

经典的 LDPC 码在长码块时有优异的性能和较低的解码复杂度，因此，LDPC 码在卫星电视标准、WiMAX 标准和 Wi-Fi 标准中先后得到应用。LDPC 码在 2016 年 10 月最终进入要求严格的 5G NR 标准中，作为 eMBB 数据信道的编码方案。

如果我们先将信息序列按 k 个码元分组，然后通过编码器将每组的 k 个信息元按一定的规律产生 m 个冗余的码元，称为校验元或监督元。最后将信息序列和校验元组合后输出一个长为 $n=k+m$ 的码字，这样产生的码就叫作分组码。因此，每一个码字的 m 个校验元仅与本组的信息元有关，而与别组无关。

分组码常用（n,k）表示，n 表示码长，k 表示信息位数目，$r=k/n$ 为码率。在二元域上，长度为 n 的序列的可能排列总共有 2^n 种（每一 n 长序列称为 n 重），也就是说，长度为 n 的序列可以表示 2^n 个码字。一个（n,k）分组码的码字集合只有 2^k 种，分组编码其实就是以一定的规则从 2^n 个 n 重中选择其中的 2^k 个 n 重构成一个许用码的码集，而其余的 2^n-2^k 个 n 重称为禁用码组。在解码时，我们需要判断收到的码字是否属于 2^k 个许用码字中的一个，如果不是，就需要使用一种算法来找出最有可能是发送码字的 n 重。

任何一个（n,k）组码，如果其信息元与监督元之间的关系是线性的，即能用一个线性方程来描述的，就称为线性分组码。线性分组码在所有可能的分组码中只占很少的一部分，然而，它却几乎是唯一具有实际价值的分组码。（n,k）线性分组码的每个码字有 m 个校验元，要从 k 个信息元中求出 m 个校验元，必须有 m 个独立的线性方程，根据求解校验元所使用的不同线性方程，就可以得到不同的（n,k）线性分组码。

因此（n,k）线性分组码的编码问题就是如何根据已知的 k 个信息元求得 m 个校验元。由于是线性分组码，它们一定是由 m 个线性方程构成的线性方程组。（n,k）线性分组码的 2^k 个码字组成 n 维向量空间的一个 k 维子空间，而线性空间可以由其基向量生成。设 k 个基向量为 G_1，G_2，…，G_k，那么任何有效码字都是这 k 个向量的线性组合，因此如果令 $G=[G_1, G_2, \cdots, G_k]^T$，则有 $C=K\times G$。其中，$K=(K_1, K_2, \cdots, K_k)$ 是 k 个信息比特组成的信元向量，C 是与这 k 个信息比特所对应的码字，G 被称为线性分组码的生成矩阵。显然，码元全部为 0 的 n 重一定是一个有效的码字。

假设 n 维线性空间的另外 m 个基向量为 $H_1, H_2, \cdots, H_m$，那么由线性空间的性质可以知道，对于任意的有效码字 C 有 $C\times H_i^T=0$。所以，如果令 $H=(H_1, H_2, \cdots, H_m)^T$，则有 $H\times C^T=0$。

对一个线性空间而言，其基向量组并不是唯一的，不同的基向量组是线性相关的。可以看出，对一个线性分组码而言，其生成矩阵 G 形式上也不是唯一的，但是这些校验矩阵却都是等价的；同时，检验矩阵 H 形式上不是唯一的，但这些校验矩阵却都是等价的。一旦给定某个生成矩阵或者校验矩阵，这个线性分组码也就完全被确定了。

两个 n 重之间，对应位置取值不同的总个数，称为这两个 n 重之间的汉明距离。一个码字集中，任意两个码字间的汉明距离的最小值称为该码的最小汉明距离，记为 d_{min} 或 d_0。可以证明，（n，k）线性分组码的最小距离等于非零码字的最小重量。一种码的最小汉明距离是一个重要的参数，它决定了该码的纠错、检错能力。一般而言，d_0 越大，纠错的能力就越好。（n,k）线性分组码的最小距离 d_0 的充分必要条件是校验矩阵 H 中，任意 d_0-1 列线性无关。

可以证明，对于一个最小汉明距离为 d_0 的（n，k）线性分组码，有以下 4 个方面的要求。

- 检测 e 个随机错误，要求码的最小汉明距离 d0 ≥ e+1。
- 纠正 t 个随机错误，要求 d0 ≥ 2t+1。
- 纠正 t 个随机错误，并检测 e(e ≥ t）个错误，要求 d0 ≥ t+e+1。
- 纠正 t 个错误和 p 个删除，要求 d0 ≥ 2t+p+1。

因此，线性分组码需要构造尽可能大的 d_0 以确保更好的纠错、检错能力。

LDPC 码通常用一个 m 行 n 列的奇偶校验矩阵 H 表示。H 矩阵的零空间就是它所定义的所有 LDPC 码字，并且 H 矩阵需要满足以下条件。

- 矩阵的行重、列重与码长的比值远小于 1。
- 任意两行（列）最多只有 1 个相同位置上的 1。
- 任意线性无关的列数尽量得大。

其中，行重、列重指的是 H 矩阵的某一行或某一列所包含的非零元素（“1”）的个数。这样的 LDPC 码的码长为 n，校验位长度为 m，信息位长度为 $k=n-m$。上述条件使非零元素（“1”）在 H 矩阵中所占的比例非常小，这就是低密度奇偶校验码名称的由来。正是校验矩阵的稀疏性，使 LDPC 码的解码复杂度能简化到仅与其码长呈线性关系，所以 LDPC 码能在长码长的应用中有实用价值。如果要证明一个码字是许用码字，它就要同时满足由 H 矩阵的 m 行所定义的 m 个校验方程。由于 H 矩阵的行重并不大，n 个码元中每次只有其中的若干个参与校验方程的校验，这就使校验算法的复杂度被大大简化。同时可以证明，对码字的 m 个校验是可以同时进行的。并行操作使 LDPC 码的解码算法可以有很大的吞吐率，正是这些优异的特性使 LDPC 码在实际应用中备受青睐。

LDPC 码是由其校验矩阵 H 定义的。对于一个线性分组码，其校验矩阵并不是唯一的。也就是说，如果线性分组码的校验矩阵做行变换，得到的矩阵也是这个码的校验矩阵。但是对于 LDPC 码这种特殊的线性分组码而言，由于解码算法的设计和性能分析的需要，我们仅关心其属于稀疏矩阵的这个校验矩阵，因此，定义一个 LDPC 码必须给出这个稀疏的校验矩阵才有意义。对于 LDPC 码的生成矩阵，并没有其他特殊的限制。LDPC 码可以用泰勒图来表示，泰勒图能直观地表现出各码元间的校验关系，是常用的一种分析 LDPC 码的方法。

LDPC 码具有以下优点。

- 分组误码性能好。
- 不需要深度交织，系统时延短。

- 其译码算法属于全并行算法，能够设计并行度更高的译码器。
- LDPC 码在高码率的构造上更具灵活性。

3. 其他编码

在制定 5G NR 标准的过程中，Polar 码与 LDPC 码得到深入和广泛的讨论。除这两种编码外，3GPP 各成员也讨论了重复码、Simplex 码、Reed-Muller（RM）码、咬尾卷积码（Tail Biting Convolutional Code，TBCC）和 Turbo 码等其他编码方案。最终，5G NR 标准保留了 LTE 中的重复码和 Simplex 码，分别用作 1 比特和 2 比特长度数据包的编码；同时，5G NR 保留了 LTE 中的 RM 码，但将其应用限制到 3～11 比特数据包的编码。TBCC 和 Turbo 码由于性能相对不足和译码复杂度等原因没有选入 5G NR 标准。

（1）重复码

5G NR 采用重复码对 1 比特消息编码。在实现过程中采用了经过编码调制联合最优设计的方案，使符号间的欧式距离最大。针对可选的物种调制阶数，5G NR 分别规定了消息比特序列到编码比特序列的映射方式。1 比特消息编码见表 5-6。

表5-6　1比特消息编码

Q_m	编码比特 d_0，d_1，d_2，⋯，d_{N-1}
1	$[c_0]$
2	$[c_0 y]$
4	$[c_0 yxx]$
6	$[c_0 yxxxx]$
8	$[c_0 yxxxxxxx]$

在表 5-6 中，Q_m 表示调制阶数，“x”和“y”表示占位符。占位符的作用如下：如果 $d_i=y$，则 $d_i=d_{i-1}$；如果 $d_i=x$，则 $d_i=1$。

这种方案可以最大化符号间的欧式距离。以 $Q_m=4$ 为例，对于消息比特 0 和 1，查询上表可知编码比特序列分别是 0011 和 1111，调制后分别对应图 5-9 所示的 16QAM 星座图中右上角和左下角的两个星座点，满足符号间欧式距离最大的设计目标。

（2）Simplex 码

5G NR 采用 Simplex 码对 2 比特长的数据包编码。在实现过程中，先做 Simplex 码编码得到 3 比特长的序列，再根据所选的调制阶数 Q_m 进一步级联重复码编码。如果 $Q_m>1$，则级联码率为 1/2 的重复码，添加一定的占位符后作为编码序列；如果 $Q_m=1$，则不级联重复码，直接将 Simplex 码编码得到的 3 比特序列作为编码序列。针对可选的物种调制阶数，5G NR 分别规定了消息比特序列到编码比特序列的映射方式。2 比特消息编码见表 5-7。

表5-7　2比特消息编码

Q_m	编码比特 d_0，d_1，d_2，…，d_{N-1}
1	$[c_0c_1c_2]$
2	$[c_0c_1c_2c_0c_1c_2]$
4	$[c_0c_1xxc_2c_0xxc_1c_2xx]$
6	$[c_0c_1xxxxc_2c_0xxxxc_1c_2xxxx]$
8	$[c_0c_1xxxxxxc_2c_0xxxxxxc_1c_2xxxxxx]$

以 Q_m=4 为例，编码器首先做 Simplex 码和重复码级联编码，得到序列 $[c_0, c_1, c_2, c_0, c_1, c_2, c_0, c_1, c_2]$；然后序列 $[c_0, c_1, c_2, c_0, c_1, c_2]$ 将等分为 3 份并补充相应的占位符，得到序列 $[c_0, c_1, 1, 1, c_2, c_0, 1, 1, c_1, c_2, 1, 1]$；最后根据上述序列映射到 3 个16QAM 进行发送。

（3）RM 码

对于长度3≤K≤11的上行链路控制信息（Uplink Control Information，UCI），5G NR 采用基于RM码的超短码编码。该超短码是一个线性分组码，其编码矩阵由11个长度为 32 的基序列构成，记为 $M_k=\{M_{0,k}, M_{1,k}, \cdots, M_{31,k}\}$，$k=\{0, 1, \cdots, 10\}$，（32，$K$）码的基序列见表 5-8。

表5-8　（32，K）码的基序列

i	$M_{i,0}$	$M_{i,1}$	$M_{i,2}$	$M_{i,3}$	$M_{i,4}$	$M_{i,5}$	$M_{i,6}$	$M_{i,7}$	$M_{i,8}$	$M_{i,9}$	$M_{i,10}$
0	1	1	0	0	0	0	0	0	0	0	1
1	1	1	1	0	0	0	0	0	0	1	1
2	1	0	0	1	0	0	1	0	1	1	1
3	1	0	1	1	0	0	0	0	1	0	1
4	1	1	1	1	0	0	0	1	0	0	1
5	1	1	0	0	1	0	1	1	1	0	1
6	1	0	1	0	1	0	1	0	1	1	1
7	1	0	0	1	1	0	0	1	1	0	1
8	1	1	0	1	1	0	0	1	0	1	1
9	1	0	1	1	1	0	1	0	0	1	1
10	1	0	1	0	0	1	1	1	0	1	1
11	1	1	1	0	0	1	1	0	1	0	1
12	1	0	0	1	0	1	0	1	1	1	1
13	1	1	0	1	0	1	0	1	0	1	1
14	1	0	0	0	1	1	0	1	0	0	1
15	1	1	0	0	1	1	1	1	0	1	1
16	1	1	1	0	1	1	1	0	0	1	0
17	1	0	0	1	1	1	0	0	1	0	0
18	1	1	0	1	1	1	1	1	0	0	0
19	1	0	0	0	0	1	1	0	0	0	0
20	1	0	1	0	0	0	1	0	0	0	1
21	1	1	0	1	0	0	0	0	0	1	1

（续表）

i	$M_{i,0}$	$M_{i,1}$	$M_{i,2}$	$M_{i,3}$	$M_{i,4}$	$M_{i,5}$	$M_{i,6}$	$M_{i,7}$	$M_{i,8}$	$M_{i,9}$	$M_{i,10}$
22	1	0	0	0	1	0	0	1	1	0	1
23	1	1	1	0	1	0	0	0	1	1	1
24	1	1	1	1	1	0	1	1	1	1	0
25	1	1	0	0	0	1	1	1	0	0	1
26	1	0	1	1	0	1	0	0	1	1	0
27	1	1	1	1	0	1	0	1	1	1	0
28	1	0	1	0	1	1	1	0	1	0	0
29	1	0	1	1	1	1	1	1	1	0	0
30	1	1	1	1	1	1	1	1	1	1	1
31	1	0	0	0	0	0	0	0	0	0	0

其中，M_0 是一个全 1 序列，$M_1 \sim M_5$ 是经过交织后的 Walsh 序列，$M_6 \sim M_{10}$ 是 5 个基本掩码序列。这些序列具有以下性质。

$M_1 \sim M_5$ 是经过交织的 Walsh 序列，对其进行线性组合后再进行二进制相移键控（Binary Phase Shift Keying，BPSK）调制，可以得到 32 个互相正交的序列，即一组正交基。

对 $M_6 \sim M_{10}$ 进行线性组合，可以生成 32 个不同的掩码序列，掩码序列的设计目的是最大化码距。

在实现过程中，按以下方式进行编码。

$$d_i = \left(\sum_{k=0}^{k-1} c_k M_{i,k}\right) \bmod 2$$

其中，$i=\{0, 1, \cdots, N-1\}$，$N=32$。当 $3 \leqslant K \leqslant 6$ 时，该编码过程退化为一个 RM(5, 1) 码；当 $6 < K \leqslant 11$ 时，引入 $K-6$ 个掩码序列形成基于 RM 码的超短码。如前文所述，掩码序列的设计目的是最大化码距。根据 5G NR 采用的掩码序列：当 $6 < K \leqslant 10$ 时，对应编码的最小码距可以达到 12；当 $K=11$ 时，对应编码的最小码距可以达到 10。

5.4　5G 空口信道

5.4.1　传输信道

1. 下行传输信道类型

下行传输信道类型分为 3 种，与 LTE 系统相比少了多播信道。未支持多播信道的原因主要在于多播业务相对其他业务优先级低，未获得运营商的足够支持。虽然 R15 未支持多播信道，但是在 5G 后续版本演进过程中根据业务需求还有可能引入多播信道。各信道传输特点如下所述。

（1）广播信道（BCH）

该信道采用固定的预定义传输格式，并且能够在整个小区覆盖区域内广播。

（2）下行共享信道（DL-SCH）

该信道使用 HARQ 传输，能够调整传输使用的调制方式、编码速率和发送功率来实现链路自适应，能够在整个小区内发送或使用波束赋形发送，支持动态或半静态的资源分配方式，并且支持终端非连续接收，以达到节电的目的。

（3）寻呼信道（PCH）

该信道支持终端非连续接收以达到节电的目的（非连续接收周期由网络配置给终端），并且要求能在整个小区覆盖区域内传输，使用映射到可用于动态使用的业务或者其他的控制信道的物理资源上。

2. 上行传输信道类型

上行传输信道分为两种，各信道的传输特点如下所述。

（1）上行共享信道（UL-SCH）

该信道可以使用波束赋型和自适应调制方式 / 编码速率 / 发送功率的调整，支持 HARQ 传输，采用动态或半静态的资源分配方式。

（2）随机接入信道（Random Access Channel，RACH）

该信道承载有限的控制信息，具有冲突碰撞的特征。

5.4.2 物理信道

1. 下行物理信道

NR定义的下行物理信道有 3 个：物理广播信道（Physical Broadcast Channel，PBCH）、PDCCH、PDSCH。

① PBCH 承载部分系统消息，与同步信号一起提供终端接入网络的必要信息。PBCH 和同步信号一起也被称为下行同步信道。

② PDCCH 用于下行控制信息发送，主要承载调度相关信息：提供 PDSCH 接收和 PUSCH 发送的必要信息；向 UE 提供帧结构配置；向 PUCCH、PUSCH 和 SRS 发送功率控制消息；指示 UE 被调度 PDSCH 所占用的资源。

③ PDSCH 发送下行数据，也承载寻呼信息及部分系统信息的发送。

2. 上行物理信道

NR 定义的上行物理信道有 3 个：PRACH、PUCCH、PUSCH。

① PRACH 用于随机接入。

② PUCCH 发送上行控制信息。用于终端发送 HARQ 消息，指示下行数据是否接受成功；发送信道状态信息（CSI）报告辅助下行链路调度；发送上行链路发送数据请求。

③ PUSCH 中的上行数据传输信道也可以承载部分上行控制信息的发送。

5.4.3　传输信道到物理信道映射

下行传输信道与物理信道的映射关系如图 5-11 所示，上行传输信道与物理信道的映射关系如图 5-12 所示。在下行方向上，BCH 信息直接映射到 PBCH 上发送；PCH 和 DL-SCH 信息映射在 PDSCH 上发送。在上行方向上，RACH 信息映射到 PRACH 信道发送；UL-SCH 信息映射到 PUSCH 上发送。

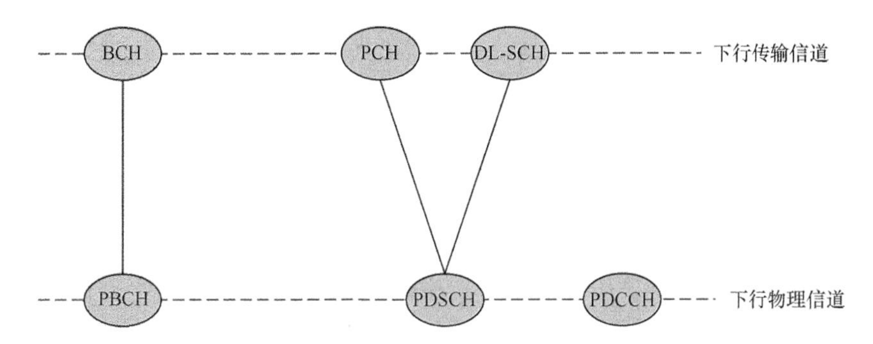

图5-11　下行传输信道与物理信道的映射关系

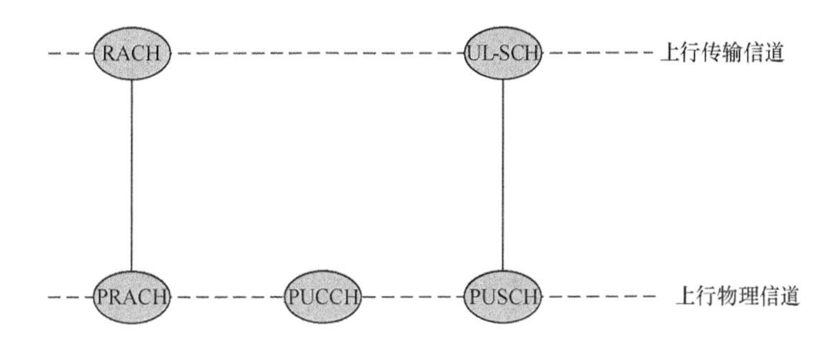

图 5-12　上行传输信道与物理信道的映射关系

5G

第6章

大规模天线技术

大规模天线技术作为5G的一项关键技术，在满足5G eMBB、uRLLC和mMTC三大应用场景的需求中发挥着至关重要的作用。大规模天线系统也被称为Massive MIMO、Large MIMO或者Large Scale MIMO系统，它通过在基站端布置几十甚至上百个规模的天线阵，利用波束赋形（Beam Forming，BF）技术，构造朝向多个目标客户的不同波束，从而有效减少不同波束之间的干扰，充分挖掘空间资源。大规模天线技术可以有效利用宝贵的频带资源，并且成几十倍地提升网络容量。

6.1 多天线技术的发展

在传统的无线通信系统中，接收端和发射端通常采用单天线形式，这种称为单输入单输出（Single Input Single Output，SISO）系统。SISO系统的信道容量可以表示为：$C=W\log_2(1+S/N)$。其中，W表示信道带宽，S/N表示接收信噪比。该公式给出了系统在加性高斯白噪声信道中进行无差错传输的最大速率。此时，无论用什么样的信道编码方法和调制方案，只能逼近系统容量C而无法超越。因此，系统容量是一个不可逾越的上界，这也成为现代通信系统的一个瓶颈问题。

多天线技术的提出打破了香农极限，可以有效提升系统的信道容量。多天线技术，即多输入多输出（Multiple Input Multiple Output，MIMO）技术已成为第四代移动通信系统中的关键技术，其基本原理是在无线通信的发射端和接收端同时采用多个发射天线和接收天线，发送机利用多个天线进行独立传输，而接收机利用多个天线来恢复原始信息。多天线技术能够充分利用空间资源以及电磁波的多径传播特性，在不增加频谱资源和发射功率的前提下，通过先进的无线传输和信号处理技术，建立并行传输机制，从而成倍地提升信道容量。

利用多天线技术提高无线传输速率和性能的思想最早是由马可尼于1908年提出的，直到20世纪90年代才由美国贝尔实验室的泰拉格尔、福斯基尼和塔罗克等学者完成了无线通信系统MIMO技术的重要研究工作。泰拉格尔分析了MIMO系统的理论容量；福斯基尼研发出了MIMO系统的接收算法和发射算法，他的研究结果表明：如果在无线通信系统的收发两端同时配备多根天线，那么只要信道中存在足够多的非相关散射路径，该信道的信道容量就会与收发两端的天线数量构成一定的比例，即收发两端的天线数量越多，无线通信系统的信道容量就越大。1998年，有学者进一步研发了垂直贝尔实验室空时分层码（Vertial Bell Labs Layered Space Time，V-BLAST）算法，并据此建立了一个MIMO实验系统。该系统在实验室达到了$20\text{bit}\cdot\text{s}^{-1}\cdot\text{Hz}^{-1}$的频谱利用率，引起了学术界的极大关注，有力推进了MIMO技术的迅速发展。

早期对多天线技术的研究主要集中在单用户MIMO系统，即点对点 MIMO 系统，并取得了许多重要的研究成果。随着多天线技术研究的深入，MIMO 技术逐步扩展到点对多点的多用户MIMO系统。在无线局域网、蜂窝移动通信等应用系统中，一个基站通常需要同时与多个用户通信，当基站端和用户端同时配有多根天线时，就组成了一个多用户MIMO系统。多用户MIMO系统比单用户MIMO系统更为复杂，需要借助多根天线引入空间自由度，基站与多个用户的通信可以在同一频率下同时进行，从而大幅度提升系统的频谱利用率，在有限的带宽内增加系统的吞吐量。

多天线技术以其特有的大容量与高可靠性的优势被纳入4G/5G移动通信系统中。与此同时，研究人员继续开发 MIMO 原型系统，不断改进与完善多天线技术，推动无线通信向前发展。

6.2　多天线技术理论基础

6.2.1　多天线传输技术

多天线技术在接收机或发射机上采用多根天线，且与先进的信号处理技术相结合。多天线技术可以用来获得改进的系统性能，包括提高系统容量和扩展小区的覆盖范围，以及改进所提供的业务。

1. 传统的天线系统

在一个无线通信系统中，天线是处于最前端的信号处理部分。提高天线系统的性能和效率将直接给整个系统带来可观的增益。传统天线系统的发展经历了从单发单收（SISO）、多发单收（Multiple Input Single Output，MISO）、单发多收（Single Input Multiple Output，SIMO）以及多发多收（MIMO）天线的阶段。天线系统的分类如图 6-1 所示。

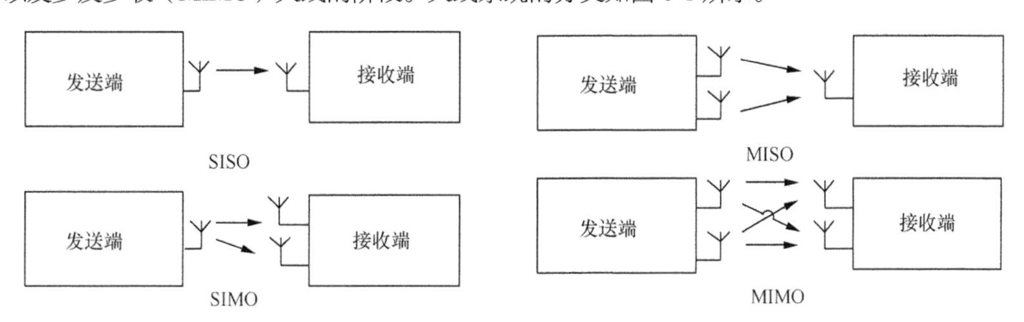

图6-1　天线系统的分类

与光纤、同轴电缆、微波视距传输等其他传输信道相比，地面无线环境的复杂性给无线信号带来时变—多径衰落特性的影响，大大降低了信号传输的可靠性。为了尽可能降低这种影响，研究人员不断寻找新技术。采用时间和频率分集技术就是在传统单发单收（SISO）系统中抵抗多径衰落的有效手段。

随着移动通信的发展，人们开始追求更好的服务、更高的功率和频谱利用率，传统的时间分集技术和频率分集技术已经无法满足需求，人们开始把目光投向发送/接收端天线系统的信号处理上。研究表明，在一个多径散射信道中，采用天线分集切实可行且可以有效降低多径衰落的影响。在时间分集、频率分集的基础上，增加了新的分集增益，进一步满足了人们对无线通信的更高需求。

单发单收（SISO）天线系统的容量换算为频谱效率（$\text{bit}\cdot\text{s}^{-1}\cdot\text{Hz}^{-1}$）。

$$C_{\rho}=\log_2(1+\frac{S}{N})$$

从上式可以看出，一个SISO系统的频谱效率是由链路信噪比决定的，频谱效率与天线的发射功率呈正比关系。

实现天线分集的SIMO、MISO系统在SISO天线的接收/发射端增加了额外天线，并由此带来了分集增益，其频谱效率可以由下式表示。

$$C_{\rho}=\log_2(1+M\frac{S}{N})$$

其中，M表示天线数量。从式中可以看出，SIMO、MISO系统虽然可以带来一定的增益，但并不能改变SISO系统的频谱效率随信噪比变慢的特性。只有当天线数量M很大时，这种增益的效果才较为明显。SISO到SIMO的系统频谱效率增益如图6-2所示。

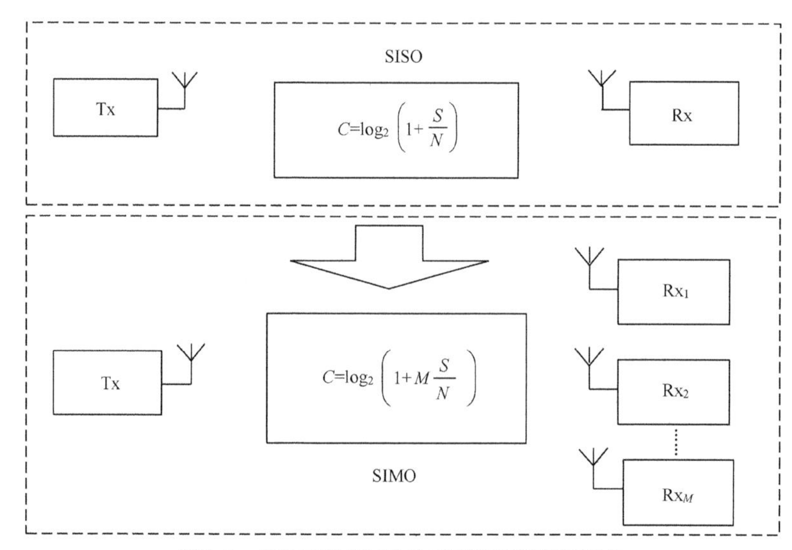

图6-2　SISO到SIMO的系统频谱效率增益

2. 多输入多输出系统

MIMO 系统是指在信号发射端和接收端采用多个天线，利用无线信道丰富的空间多径特性，以多输入端 / 多输出端的方式工作，从而突破性地提高系统的信道容量的一种通信方法。MIMO 技术的提出为现代无线通信开辟了一个全新的领域，给未来的移动通信系统，特别是为高速数据接入业务提供了一种可以极大提高系统频谱效率的手段。

MIMO 技术的基本思路是将用户数据分解为多个并行的数据流，然后分别在每根发射天线上进行同时刻、同频率的发射，同时保持总发射功率不变，最后由多个接收天线根据各个并行数据流的空间特性，在接收端将其识别，并利用多用户解调技术，最终恢复出原始的数据流。传统的通信系统一般都采用各种技术来减少多径的影响，而 MIMO 系统反行其道，充分利用多径传播信道来增加系统容量。通过采用 MIMO 技术，利用天线的空间特性，能够带来分集增益、复用增益、阵列增益、干扰对消增益等，提升覆盖范围和系统容量。

根据实现方式的不同，MIMO 技术可以分成传输分集、波束赋形和空间复用等类型。MIMO 模式示意如图 6-3 所示。

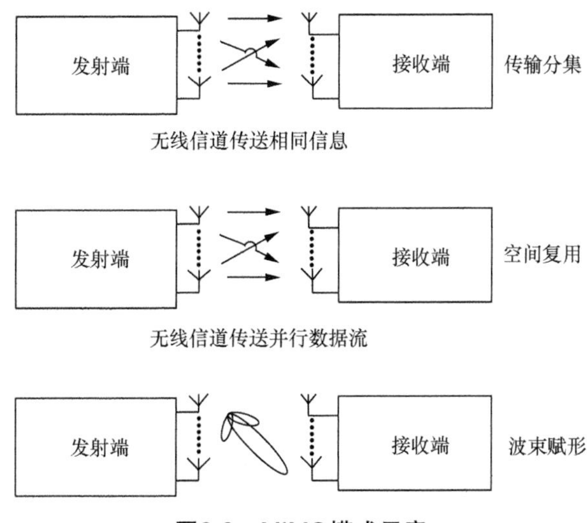

图6-3　MIMO模式示意

（1）传输分集

在多根发射天线和接收天线间传送相同的数据流，该方式有利于提高通信系统的可靠性。

（2）空间复用

将高速数据流分成多个并行低速数据流，并由多个天线同时发射，该方式有利于成倍提升系统容量。

（3）波束赋形

通过调整阵列天线各阵子的增益及相位，使天线波束方向形成指定形状，该方式有利于增强用户的覆盖。

假设有一个 N_T 根发射天线和 N_R 根接收天线组成的 MIMO 系统，此 MIMO 信道可以看成是由 $M=\min(N_T,N_R)$ 个并行的子信道或者本征模组成的，因此整个MIMO信道的容量就是所有子信道容量之和。从理论上看，由于每个子信道都可以逼近香农容量极限，所以当发射天线和接收天线都具有良好的非相干性时，整个MIMO信道的容量可以显著提高，具体算法如下。

$$C_\rho \approx M\log_2(1+\frac{S}{N})$$

传统的 SISO、SIMO、MISO 系统的容量（频谱效率）与分集天线个数 M 和 SNR 是成对数关系的，而对于一个多发多收（MIMO）系统来说，信道容量在相同的 SNR 下，与天线个数近似呈线性比例关系，MIMO 系统的信道容量如图 6-4 所示。

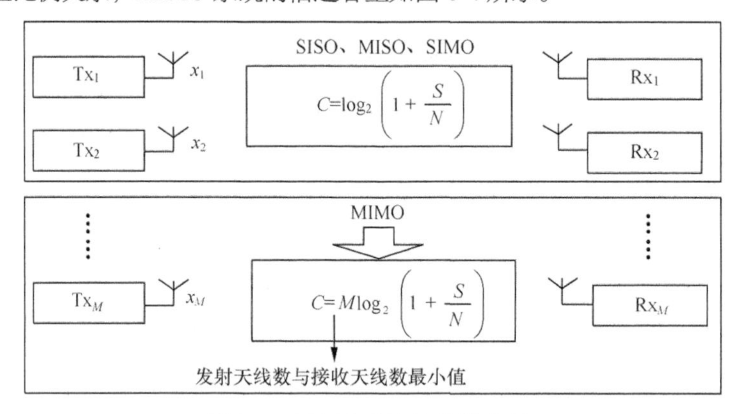

图6-4 MIMO系统的信道容量

也就是说，在不提高发射功率的前提下，仅依靠增加 MIMO 系统天线的个数，就可以成倍增加系统的容量，这可能为将来系统容量的扩充提供无限的可利用空间，为将来高容量无限通信系统的发展奠定了坚实的技术基础。

多天线技术在提高系统频谱效率、高速数据传输、提高传输信号质量、增加系统覆盖范围和解决热点区域的高容量需求等方面有无可比拟的优势，现已被广泛应用于各种移动通信系统中，例如，3G、LTE、Wi-Fi 等。传统的多发多收计算存在硬件复杂度高、信号处理复杂度高、能量消耗较大等问题，同时需要更多物理空间容量较大的天线，会产生额外的土地租赁支出。随着移动互联网和云计算为代表的数据业务的指数式增长，传统的多发多收技术已经无法满足人们日益增长的更高速率的数据业务需求。

6.2.2 发射分集

发射分集技术是通过多个信道承载相同信息的多个信号副本，由于各信道的传输特性不

同，信号多个副本的衰落也不尽相同，然后接收端收到的多径信号分离成不相关的多路信号，并将多路信号的能量按照一定的规则合并起来，接收的有用信号能量最大。发射分集作为抗衰落的主要方法，已经被应用到实际通信中。

发射分集实质上可以认为是涉及空间、时间、频率、相位和编码的多种资源相互结合的一种多天线技术。下面我们简要介绍几种发射分集技术：延迟分集、循环延迟分集、通过空时编码实现的分集、通过空频编码实现的分集。

1. 延迟分集

发射信号通过多条相互独立且带有不同传输时延的衰落路径从发送端传播到接收端，我们称这种信道为时间色散的多径信道。从无线链路性能的角度来看，在多径传播的数量不是非常大时，多径传输实际上是有益的，它为克服由无线信道频率选择性所引起的信号损耗提供了方法。

如果传输信道本身不具有时间色散的特性，可以通过在发射机的不同天线上发送带有不同时延的相同信号来制造人为时间色散或者等效的人为频率选择性，以实现发射分集。采用这种方式，发射分集可以被转换为频率分集。延迟分集如图 6-5 所示。

以一个延迟分集的特例，它采用两根发射天线，通过选择相对时延 T 来保障传输信号带宽上存在适当的频率选择性。尽管图 6-5 仅假设了两根发射天线，但延迟分集的原理可以直接扩展到各天线间带有不同相对时延的多根发射天线的场景。

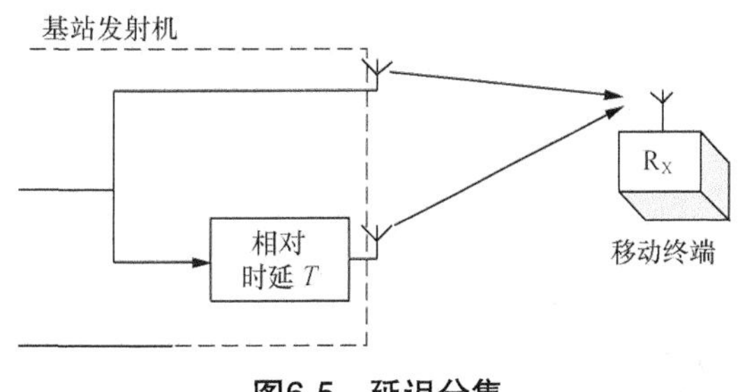

图6-5　延迟分集

实际上，发射延迟分集对于移动终端是不可见的，移动终端将其视为经历额外时间色散的单一无线信道。因此发射延迟分集可以在无须任何特定相关无线接口标准的支持下直接引入现存的移动通信系统之中。发射延迟分集基本上可以应用到为了控制频率选择性衰落并从中受益的任何传输方案中。

2. 循环延迟分集

循环延迟分集（Cyclic Delay Diversity，CDD）与延迟分集相似，主要的不同点在于循环延迟分集在不同天线间进行块操作并应用循环偏置而非线性时延，循环延迟分集适用于基于传输块的传输机制。两天线循环延迟分集系统如图 6-6 所示。

在 OFDM 系统中，时域信号的循环偏置相当于 OFDM 调制前进行基于频率的相位旋转，如图 6-6（b）所示。与延迟分集类似，在接收端制造人为的频率选择性。此外，循环延迟分集也可以直接扩展到各天线间带有不同循环偏置的多根发射天线的场景中。

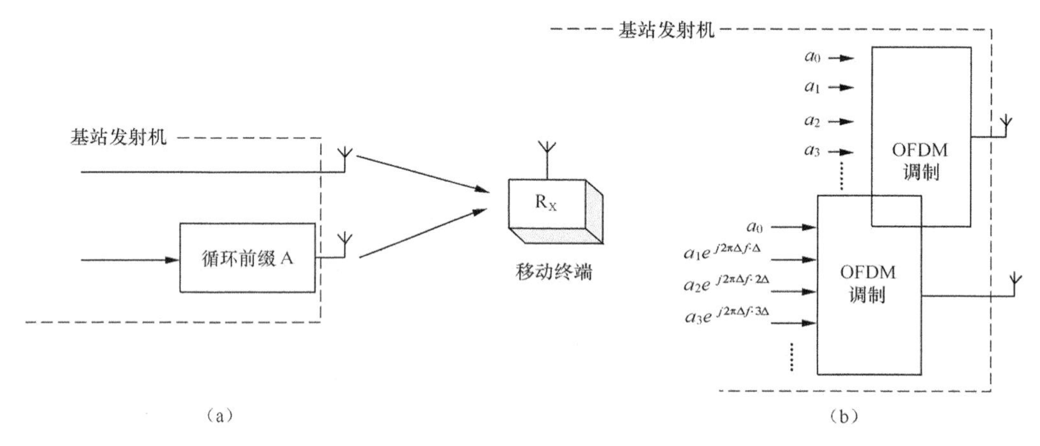

图6-6　两天线循环延迟分集系统

3. 通过空时编码实现的分集

空时编码是将调制符号映射到时域和空域，以此获得多根发射天线提供的分集增益，这种分集系统也可称为空时发射分集（Space Time Transmit Diversity，STTD），STTD 对调制符号进行成对操作。空时发射分集（STTD）如图 6-7 所示。

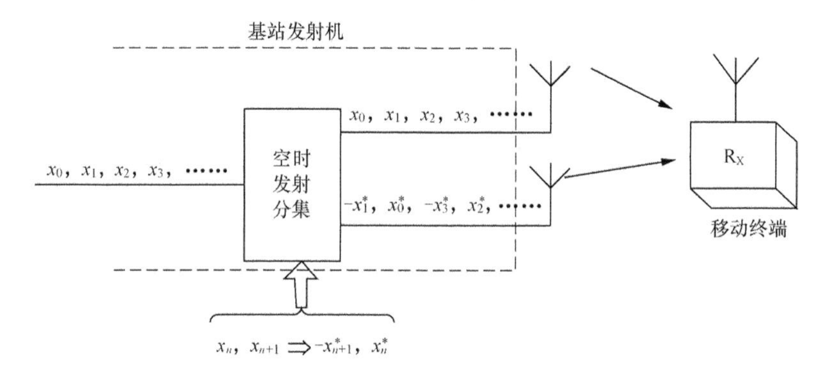

图6-7　空时发射分集（STTD）系统

调制符号被直接发送到第一根天线，然后在第二根天线上将成对的调制符号的符号顺序进行倒置。最终在整个系统中，调制符号变为如图 6-7 所示的反转和复卷积形式。

图 6-7 中的两天线空时编码的带宽利用率为 1，即输入符号速率与单个天线上的符号速率相同。空时编码也可以扩展到两根天线以上的场景，但是在如 QPSK 或 16QAM 的复值调制情况下，不带任何信号间干扰的空时编码只对两天线场景有效。如果多于两根天线，为避免符号间干扰，必须采用速率低于 1 的空时编码，相当于降低了带宽的利用率。

4. 通过空频编码实现的分集

空频编码（Space Frequency Block Code，SFBC）与空时编码类似，二者的差异在于空频

编码是在天线频域而非天线时域实现。因此，SFBC 适用于 OFDM 以及其他频域传输方案。这种空频处理与 STTD 等效。基于空频编码的天线分集称为空频发射分集（Space Frequency Transmit Diversity，SFTD）。基于空频编码的空频发射分集如图 6-8 所示。

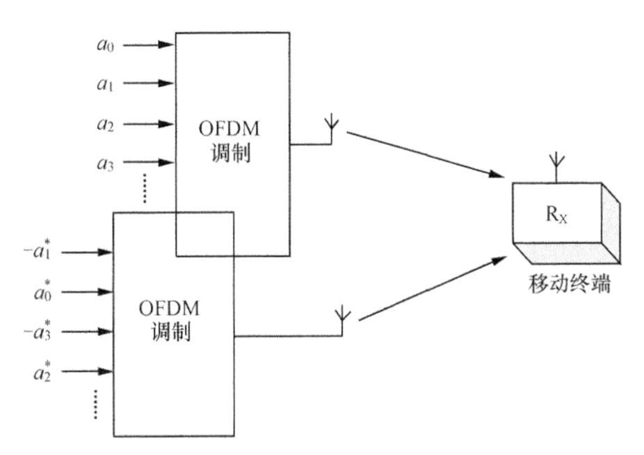

图6-8　基于空频编码的空频发射分集

在图 6-8 中，调制符号 a_0，a_1，a_2，a_3……被直接映射到第一根天线的 OFDM 子载波上，而符号 $-a_1^*$，a_0^*，$-a_3^*$，a_2^*……被直接映射到第二根天线的对应子载波上。与空时编码类似，空频编码的缺点是如果要直接扩展到多于两根天线的场景，必须降低速率。

对比图 6-6 和图 6-8 可以看出，SFBC 与循环延迟分集的本质差异在于频域调制信号被映射到第二根天线的方法不同。与循环延迟分集相比，SFBC的优势在于提供了调制信号级别的分集，而循环延迟分集在 OFDM 情况下必须依赖结合频域交织的信道编码才能提供分集。

6.2.3　闭环空间复用

多发多收系统可以根据不同的系统条件、变化的无线环境，采用各种不同的工作模式。闭环（Close Loop，CL）空间复用就是其中的一种工作模式。根据 3GPP 的定义，发射端在并行发射多个数据流时，根据反馈的信道估计的结果，选择制造“多径效应”的复矩阵，即闭环空间复用。

闭环多发多收的反馈方式又可以分为全反馈和部分反馈。全反馈是将全部信道信息反馈给发射端，由于反馈链路要占用系统开销，在实际系统中，一般采用部分反馈技术，例如，反馈信道的统计特征值、奇异值分解（Singular Value Decomposition，SVD）值、基于码本的码字序号等，实现性能和复杂度的权衡。

如果发射端已经获得无线信道的部分信息，就可以对信道进行预编码，以获得更好的传输性能，基于预编码的闭环 MIMO 系统如图 6-9 所示。

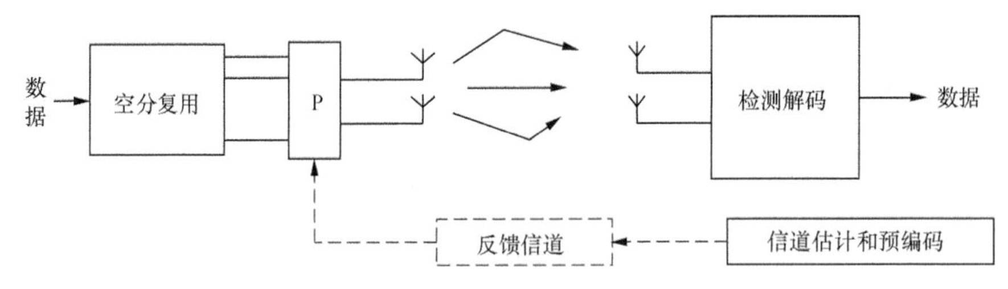

图6-9 基于预编码的闭环MIMO系统

令 $x(t)$ 表示第 t 时刻的发射数据，$z(t)$ 表示第 t 时刻的加性高斯白噪声，$\boldsymbol{H}(t)$ 为第 t 时刻的信道估计矩阵，则接收数据可以表示为 $y(t)=\boldsymbol{H}(t)\times x(t)+z(t)$，$\boldsymbol{H}(t)$ 的元素 $h_{N_{Rx},\ N_{Tx}}(t)$ 表示第 t 时刻、第 N_{Rx} 接收天线端口、第 N_{Tx} 发射天线端口对应的信道估计。

在基于预编码的 MIMO 系统中，移动台首先对 $\boldsymbol{H}(t)$ 进行奇异值分解，然后利用码本映射，获得其 N_{Tx} 阶酉矩阵对应的预编码矩阵索引（Precoding Matrix Indicator，PMI），并将 PMI 通过上行链路反馈至基站侧。

闭环空间复用采用无循环延迟分集的预编码模式，预编码矩阵 $\boldsymbol{W}(i)$ 的值根据基站和移动台的码书配置进行选择。

6.2.4 开环空间复用

相对闭环空间复用而言，开环空间复用不需要接收端反馈信道信息，接收端需要单独计算出信道信息，解码数据流。开环空间复用采用大循环延迟分集的预编码工作模式。循环延迟分集是一种常见的时间分集方式，可以通俗地理解为从发射端到接收端人为制造多径。延迟发射分集不是简单的线性延迟，而是利用 CP 特性采用循环延迟操作。

开环空间复用虽然不需要接收端反馈信道信息，但是却需要接收端单独计算出信道信息，解码数据流。这给接收端造成了沉重的负担，也使系统无法完全利用信道的分集或容量，因此在实际应用中一般使用闭环空间复用。

6.2.5 波束赋形

如果发射端已经获得信道状态信息（Channel State Information，CSI），可以对发射数据进行复数因子加权，使接收端在距离较远时也能获得较高的信噪比。对发送数据进行加权的过程就是波束赋形。波束赋形如图 6-10 所示。

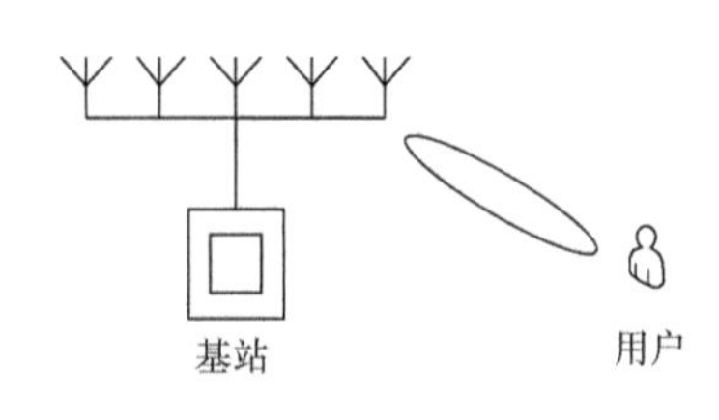

图6-10 波束赋形

波束赋形技术通过对不同路径的相关信号进行合并，明显改善了接收端的信噪比，从而在接收端较远时，也能获得较好的信号质量。

波束赋形技术主要包含两个关键的计算过程：空间相关矩阵（空间协方差矩阵）计算和赋形权矢量计算。

1. 空间相关矩阵计算

假设基站侧采用 N_{Tx} 根天线，移动台采用 N_{Rx} 根天线。对于上行链路，移动台单天线发射或者多天线轮流发射，基站侧 N_{Tx} 天线同时接收。

① 对于移动台单天线发射情况，假设第 t 时刻开始发射信号，基站侧 N_{Tx} 根天线接收信号，此时对应的信道可以表示为 $\boldsymbol{h}(t)[h_1(t)h_2(t), \cdots, h_{Tx}(t)]^{\mathrm{T}}$，其中，$[\cdot]^{\mathrm{T}}$ 表示转置运算，$h_m(t)$ 表示第 t 时刻基站侧第 m 根天线对应的上行信道估计。第 t 时刻的信道估计空间相关矩阵表示为 $\boldsymbol{R}(t)=\boldsymbol{h}(t)[\boldsymbol{h}(t)]^{\mathrm{H}}$。

② 对于移动台，N_{Rx} 根天线轮流发射信号的情况，构造空间相关矩阵包括两种方式。

方式 1：采用与移动台单天线发射相同的处理方式。

方式 2：采用合并信道估计的处理方式。

显然，对于移动台 N_{Rx} 根天线轮流发射信号的情况，方式 1 和方式 2 的空间相关矩阵构造方式不同。方式 1 仅针对移动台的某个天线实现波束赋形，实现方式比较简单，受无线信道时变影响较小。然而，如果将移动台所有的天线作为一个整体来看，其接收性能并非最优。考虑到移动台天线数与间距不大，因此方式 1 对下行整体性能影响并不明显。方式 2 将移动台的所有天线作为一个整体进行处理，如果在轮流发射周期内无线信道基本满足非时变，则其接收性能基本达到最优。但是方式 2 的计算复杂度较高，对系统的基带处理能力以及调整要求也较高，而且受无线信道时变特性的影响较大。

2. 赋形权矢量计算

（1）基于最小均方误差（Minimum Mean Square Error，MMSE）准则的赋形权矢量计算

MMSE 准则下的自适应算法是一种常用的非盲算法，该准则使加权后的接收信号和参考信号（即导频信号）之间的估计误差的均方值达到最小，可以通过直接矩阵求逆算法、最小均方算法、递归最小平方算法等多种方法实现。

（2）基于最大信噪比（Maximum Signal Noise Ratio，MSNR）准则的赋形权矢量计算

MSNR 准则的算法有基于特征值分解（Eigenvalue Based Beamforming，EBB）的算法、基于波达角（Grid Of Beam，GOB）的算法等。

（3）基于最大信干噪比（Maximum Signal to Interference plus Noise Ratio，MSINR）准则的赋形权矢量计算

如果某个系统仅考虑加性高斯白噪声，MSINR 准则与 MSNR 准则实质上是一致的。因此，MSINR 是 MSNR 在空间色噪声情况下的推广形式，而 MSNR 是 MSINR 在空间白噪声情况下的特殊形式。

（4）基于最强路径准则的赋形权矢量计算

如果不考虑无线信道的时变性，该算法对于与UE发射天线所对应的单个接收天线而言，满足最大接收功率（信噪比）准则。但如果移动台采用多天线接收，则其他接收天线无法同时满足最大接收功率准则，因此性能可能会有所影响。然而在实际应用中，无线信道必然存在时变性，而该算法受信道时变性的影响较小，同时其计算复杂度较小，所以该算法同样具有较为广泛的应用范围。

6.3 大规模MIMO技术

MIMO技术虽然已经凭借其较高的频谱利用率、良好的抗多径衰落性能等优点在4G移动通信系统中得到广泛应用。但是在4G移动通信系统中，MIMO系统的天线数量较少，多为4个或者8个，天线数量限制了4G网络的通信容量。在4G的基础上，5G引入了大规模MIMO技术，即在收发端设置几十根甚至上百根天线。通过增加天线数量，大规模MIMO技术可以充分利用天线的空间特性，获得更好的分集增益、复用增益、阵列增益、干扰对消增益等，大幅度提升覆盖范围和系统容量。

6.3.1 大规模MIMO简介

2010年，贝尔实验室提出了在基站侧设置大规模天线代替现有的多天线技术，基站的天线数量远大于其能够同时服务的单天线移动终端数目，由此形成了大规模MIMO无线通信理论。使用Massive MIMO系统的大规模天线阵列，可以从系统结构和系统性能两个方面提高系统的容量及频谱资源的整体利用率，同时，基站使用大量天线可以消除不同终端用户之间的干扰。大规模MIMO技术的应用场景如图6-11所示。

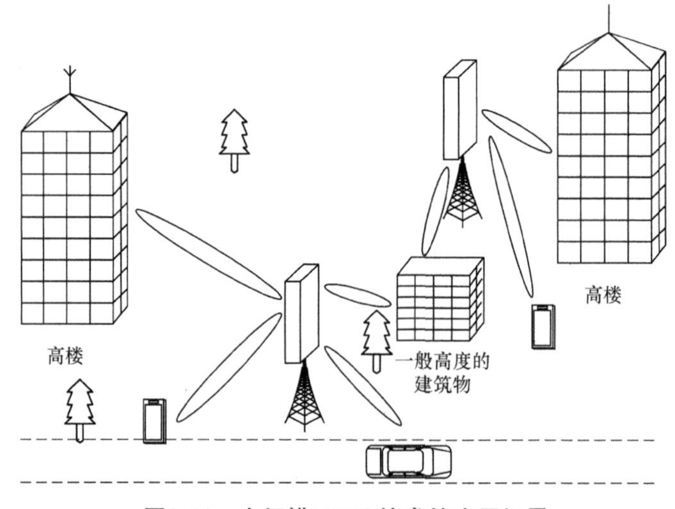

图6-11 大规模MIMO技术的应用场景

大规模 MIMO 系统的通信收发信机通过使用大量天线获得了多种增益。总的来说，利用大规模 MIMO 技术可以获得以下优势。

1. 提升通信容量

大规模 MIMO 技术具备波束空间复用的特性，在同时、同频下可以实现对不同地理位置的不同终端的通信，由此极大地提升了频谱效率。

2. 改善覆盖范围与功耗

一般来说，通信设备的功耗与覆盖范围成正比，利用大规模的MIMO技术，天线数量多、增益大，对射频组件的功率要求降低，单位功耗由此大大降低。

3. 降低终端的计算复杂度

大规模 MIMO 技术要求所有的复杂处理运算均放在基站处进行，降低了终端的计算复杂度。

作为 5G 的关键技术之一，大规模 MIMO 技术具有诸多优点，将为应对移动用户快速增长的网络需求提供有效的解决方法。

6.3.2　大规模天线基本原理

1. MIMO 信道容量

假设有一个 N_{Tx} 根发射天线和 N_{Rx} 根接收天线的MIMO系统，MIMO系统示意如图6-12所示。

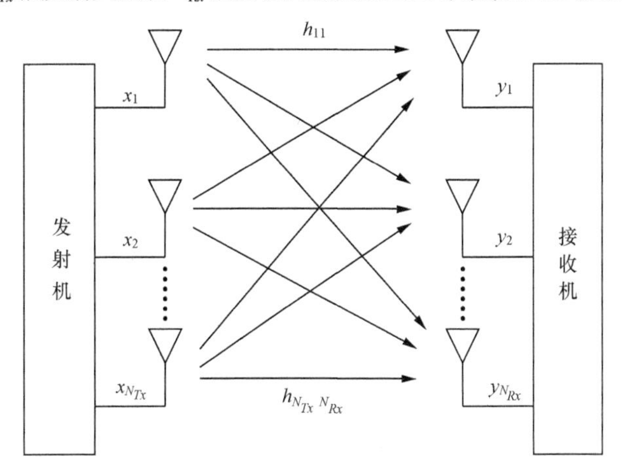

图6-12　MIMO系统示意

无线信道可以表示为 $N_{Tx}\times N_{Rx}$ 的确定性矩阵 $\boldsymbol{H}\in C^{N_{Tx}\times N_{Rx}}$。令 z 表示加性高斯白噪声，对于由 N_{Tx} 个独立符号 x_1，$x_2,\cdots$，$x_{N_{Tx}}$ 构成的发射天线符号为 $x\in C^{N_{Tx}\times 1}$，接收信号 $y\in C^{N_{Tx}\times 1}$ 可以表示如下。

$$y=\sqrt{\frac{E_x}{N_{Tx}}}\boldsymbol{H}x+z$$

发射信号向量的自相关矩阵为 R_{xx}=E{xx^{H}}，假设每根发射天线的发射功率为 1，则 Tr(R_{xx})=N_{Tx}。

（1）发射端已知 CSI 的信道容量

发射端已知 CSI 时，MIMO 系统的信道容量如下。

$$C=\max_{\mathrm{Tr}(\boldsymbol{R}_{xx})=N_{Tx}}\mathrm{lb}\det\left(\boldsymbol{I}_{Rx}+\frac{E_x}{N_{Tx}N_0}\boldsymbol{H}\boldsymbol{R}_{xx}\boldsymbol{H}^{\mathrm{H}}\right)\mathrm{bit}^{-1}\cdot\mathrm{Hz}^{-1}$$

发射端已知信道状态信息，利用 UV 分解，在发射端用 V 预处理发射信号，然后在接收端用 U^{H} 处理接收信号。发射端已知 CSI 的 UV 分解如图 6-13 所示。

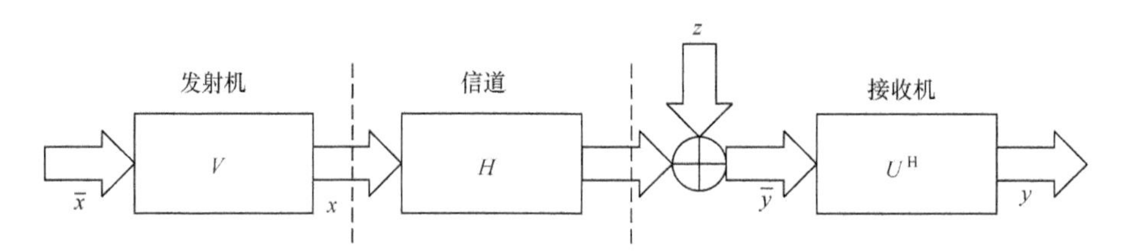

图6-13　发射端已知CSI的*UV*分解

根据图 6-13，接收信号可以表示如下。

$$\bar{y}\sqrt{\frac{E_x}{N_{Tx}}}U^H HV\bar{x}+\bar{z}=\sqrt{\frac{E_x}{N_{Tx}}}\sum\bar{x}+\bar{z}$$

将其拆分为多个虚拟 SISO 信道，表示如下。

$$\bar{y}=\sqrt{\frac{E_x}{N_{Tx}}}\sqrt{\lambda_i}\bar{x}_i+\bar{z}_i,\quad i=1,\ 2,\ 3,\cdots,r$$

多发多收系统的信道容量是所有虚拟 SISO 信道容量之和，其值如下。

$$C=\sum_{i=1}^{r}C_i(\gamma_i)=\sum_{i=1}^{r}\mathrm{lb}\left(1+\frac{E_x\gamma_i}{N_{Tx}N_0}\lambda_i\right)$$

上式需要满足总功率约束，通过求解此约束条件下的最优化问题，最优解的算法如下。

$$\gamma_i^{\mathrm{opt}}=\left(\mu-\frac{N_{Tx}N_0}{E_x\lambda_i}\right)^+,\ i=1,\cdots,r$$

当满足约束条件 $\sum_{i=1}^{r}\gamma_i^{\mathrm{opt}}=N_{Tx}$ 时，上式的解可以通过注水功率分配算法得到。注水功率分配算法如图 6-14 所示。

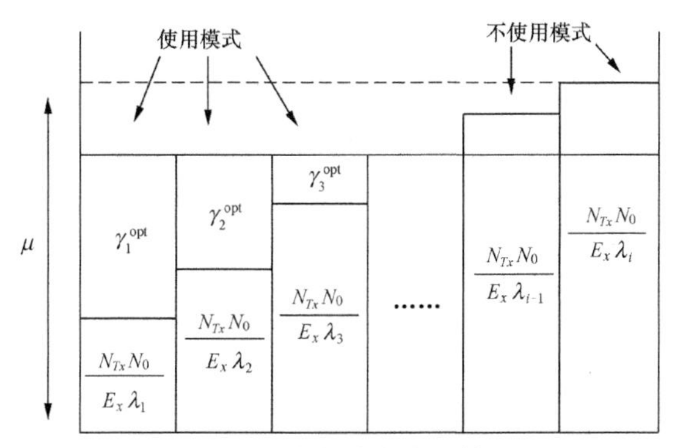

图6-14　注水功率分配算法

注水功率分配算法会给更高的 SNR 模式分配更多的功率。如果 SNR 低于给定的门限 μ，则该模式不能被使用，即不给该模式分配功率。

（2）发射端未知 CSI 的信道容量

当发射机未获得$\boldsymbol{H}$时，所有发射天线平均分配功率。在这种情况下，信道容量可以表示如下。

$$C=\sum_{i=1}^{r}\text{lb}\left(1+\frac{E_x}{N_{Tx}N_0}\lambda_i\right)$$

当所有并行的 SISO 信道拥有相同的奇异值时，系统获得最大的信道容量。如果 SISO 信道的奇异值为$\lambda_i=\frac{\zeta}{N}$，$i=1,2,\cdots,N$，则 MIMO 系统的最大信道容量可以表示如下。

$$C=N\text{lb}\left(1+\frac{\zeta E_x}{N_0 N}\right)$$

（3）遍历 MIMO 信道容量

MIMO 信道通常是随机变化的。假设随机信道是遍历过程，即 MIMO 信道的容量可以通过它的时间平均给出。MIMO 信道容量的统计概念如下。

$$\bar{C}=\text{E}\{C(\boldsymbol{H})\}=\text{E}\left\{\max_{T_r(R_{xx})=N_{Tx}}\text{lb}\det\left(I_{N_{Rx}}+\frac{E_x}{N_{Tx}N_0}\boldsymbol{H}\boldsymbol{R}_{xx}\boldsymbol{H}^H\right)\right\}$$

对于发射端使用 CSI 的闭环系统，可以得到其遍历信道容量如下。

$$\bar{C}_{CL}=\text{E}\left\{\sum_{i=1}^{r}\text{lb}\left(1+\frac{E_x}{N_{Tx}N_0}\gamma_i^{\text{opt}}\lambda_i\right)\right\}$$

2. 天线分集与空时编码

（1）天线分集

分集技术可以用来缓解由无线信道的不稳定衰落（例如，多久衰落）造成的差错性能下降。数据传输中的分集主要基于多个独立统计的衰落信道，同时处于深度衰落的概率非常低。实现分集增益的方式主要有以下几种。

- 空间分集：用间隔足够大（大于10λ）的多根天线实现独立的无线信道。
- 极化分集：利用垂直极化和水平极化的相互独立性来实现独立的信道。
- 时间分集：相同的信息在足够大的时间间隔（大于相干时间）重复发送。
- 频率分集：相同的信息在足够大的频率间隔（大于相干带宽）重复发送。
- 角度分集：不同方向的多根接收天线从不同角度接收承载同一信息的信号。

从发送和接收的角度来看，天线分集可以分为接收分集和发射分集。

① 接收分集。考虑一个具有 N_{Rx} 根接收天线的接收分集系统，假设只有一根发射天线，令 x 表示具有单位方差（功率）的发射信号，则接收信号向量 y 可以表示为 $y=\sqrt{\frac{E_x}{N_0}}hx+z$。其中，$h=\left[h_1,h_2,\cdots,h_{N_{Rx}}\right]^{\mathrm{T}}$ 是 N_{Rx} 个独立的瑞利衰落信道，z 是加性高斯白噪声。在接收端可以通过多种技术对不同天线上的接收信号进行合并，包括选择合并（SC）、最大比合并（MRC）和等增益合并（EGC）。

② 发射分集。接收分集的缺点在于各支路信号在接收端集中处理，使接收端的计算复杂度很高，会产生较大的功率消耗。在发射端使用空时编码（Space Time Coding，STC）同样可以获得分集增益，而且在接收端解码时只需要简单的线性处理。为了进一步降低终端的计算复杂度，可以采用接收端不需要估计 CSI 的差分空时码。

（2）空时编码

一个具有 N_{Tx} 根发射天线和 N_{Rx} 根接收天线的空时编码 MIMO 系统。采用空时编码的 MIMO 系统如图 6-15 所示。

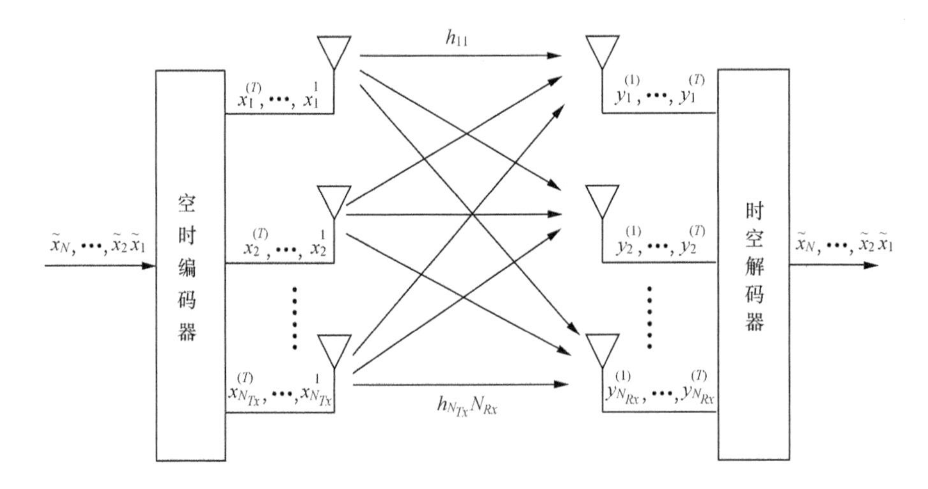

图6-15 采用空时编码的MIMO系统

系统首先将比特流映射成符号流$\{\tilde{x}_i\}_{i=1}^{N}$，然后对大小为 N 的符号流进行空时编码，得到$\{x_i^{(t)}\}_{i=1}^{N_{Tx}}$，$t$=1, 2, ⋯, T，其中，i 为符号的时间编码。一个空时码字中的符号数是 $N_{Tx}\times T$（即 $N=N_{Tx}\times T$）。在接收端获得接收信号$\{y_j^{(t)}\}_{j=1}^{N_{Rx}}$，$t=1,2,\cdots,T$，通过信道估计算法得到发射信号$\{\tilde{x}_i^{(t)}\}_{i=1}^{N}$。令$h_{ji}^{(t)}$表示第 i 根发射天线到第 j 根接收天线在第 t 个符号周期内的瑞丽信道增益，i=1, 2, ⋯, N_{Tx}，j=1, 2, ⋯, N_{Rx}。假设在 T 个符号周期内信道增益不变，且发射天线与接收天线之间的距离足够大，即假设 $N_{Rx}\times N_{Tx}$ 个信道增益$\{h_{ji}^{(t)}\}$在统计上相互独立。如果$x_i^{(t)}$是第 i 根发射天线在第 t 个符号时间内发送的信号，那么第 j 根接收天线在第 t 个符号时间内的接收信号如下。

$$y_j^{(t)}=\sqrt{\frac{E_x}{N_0N_{Tx}}}\left[h_{j1}^{(t)}h_{j2}^{(t)},\cdots,\ h_{jN_{Tx}}^{(t)}\right]\left[x_1^{(t)}x_2^{(t)},\cdots,\ x_{N_{Tx}}^{(t)}\right]^{\mathrm{T}}+z_j^{(t)}$$

其中，$z_j^{(t)}$为第 j 根接收天线在第 t 个符号时间内的高斯噪声，E_x 是每个发射信号的平均能量，总的发射功率约束为$\sum_{i=1}^{N_{Tx}}\mathrm{E}\left\{\left|x_i^{(t)}\right|^2\right\}=N_{Tx}, t=1, 2, \cdots, T$。

（3）空时块码

最早提出且被人们所熟识的空时块码是 Alamouti 编码，它是专门应用于两根发射天线的复正交空时码。Alamouti 编码器如图 6-16 所示。

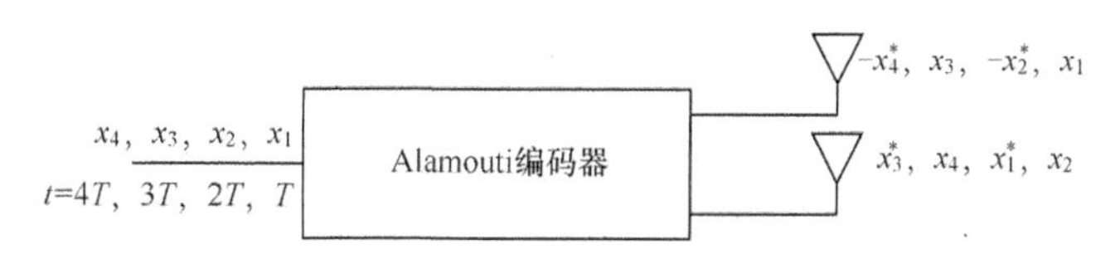

图6-16　Alamouti编码器

Alamouti 编码后的信号经过两个符号周期到达两根发射天线上。在第一个符号周期内，两个符号 x_1 和 x_2 分别同时从两根发射天线发射。在第二个符号周期内，再次发射这两个符号，其中，第一根天线发射 $-x_2^*$，第二根天线发射x_1^*。

Alamouti 码字是一个复正交矩阵，其正交性使接收机可以通过简单的线性处理实现最大似然（Most Likely, ML）译码。通过使用广义正交设计方法，可以把空时块码推广到任意发射天线数的情况。设计正交空时编码有两个主要目标：一是获得 $N_{Tx}N_{Rx}$ 的分级阶数；二是提高接收机检测每个符号的计算效率，同时达到 ML 检测的性能。

3. MIMO 信号检测

（1）ZF 信号检测

ZF 技术使用加权矩阵$W_{ZF}=\left(H^{\mathrm{H}}H\right)^{-1}H^{\mathrm{H}}$消除干扰，使用奇异值分解。

（2）MMSE 信号检测

MMSE 使用加权矩阵$\boldsymbol{W}_{MMSE}=\left(\boldsymbol{H}^{\mathrm{H}}\boldsymbol{H}+\sigma_Z^2 I\right)^{-1}\boldsymbol{H}^{\mathrm{H}}$，能够使检测后的 SINR 实现最大化。

（3）ML 信号检测

ML信号检测主要通过计算接收信号向量和发射信号向量与给定信道 $\boldsymbol{H}$ 的乘积之间的欧式距离，并求取一个最小的距离来获得最佳的信号估计。

令 C 和 N_{Tx} 分别表示信号的星座集和发射天线数，ML检测将发射的信号向量 x 估计为 $\hat{\boldsymbol{x}}_{ML}=\arg\min\|\boldsymbol{y}-\boldsymbol{Hx}\|^2 \quad x\in C^{N_{Tx}}$，其中，$\|\boldsymbol{y}-\boldsymbol{Hx}\|^2$ 是 ML 估计方法的度量。当所有的发射向量幅值相等时，ML方法达到最大后验概率（Maximum Posteriori，MAP）检测的最佳性能。ML检测方法的复杂度随调制阶数或发射天线数量的增加而上升，ML 方法总共需要计算$|C|^{N_{Tx}}$个 ML 度量，通过改进 ML 检测方法可以将 ML 度量的计算次数从 $|C|^{N_{Tx}}$ 减少到 $|C|^{N_{Tx}-1}$。虽然 ML 信号检测的计算复杂度较高，但由于 ML 方法具有较高的估计精度，因此一般将其作为其他检测方法的参考。

6.3.3 大规模 MIMO 的信息理论

大规模 MIMO 系统通过在基站侧部署数量巨大的天线，为无线通信提供了充分的空间自由度。随着发射天线数 N_{Tx} 或接收天线数 N_{Rx} 趋于无穷，大规模 MIMO 系统表现出一些与传统 MIMO 系统不同的特性。

首先，根据随机矩阵理论的结果，随着天线数的增加，一些在传统 MIMO 系统中具有随机性分布逐渐变成确定性分布。例如，信道矩阵的 SVD 分布将趋近于一个确定性函数。此外，在大规模 MIMO 系统中，即使是非常高或者非常宽的信道矩阵也能有较小的条件数，这使一些矩阵运算，例如，求逆运算是有快速高效解决方法的。当基站天线数趋近于无穷而用户配备单天线时，在上行采用简单的最大比合并进行线性接收或者在下行用最大比传输进行波束赋形，就能达到最佳接收或者发射性能。其次，随着天线数的增加，噪声的影响逐渐减少，此时系统仅受其他发射机的干扰。最后，随着天线阵列的孔径越来越大，其分辨率也越来越高。这意味着，当天线数趋于无穷时，能以极高的精度分辨出任意的散射中心，从而有效减少不同波束间的干扰。

1. 点对点大规模 MIMO

（1）信道模型

假设一个点对点 MIMO 链路由一个配备 N_{Tx} 根天线的发射机和一个配备 N_{Rx} 根天线的接收机组成。每根接收天线接收到的信号由所有发射天线的发射信号和接收天线与发射天线阵列之间的信道共同确定。

简单的窄带无记忆信道用 $y=\sqrt{\rho}Gx+z$ 表示，其中，x 是 $N_{Tx}\times 1$ 的发射信号；y 是 $N_{Rx}\times 1$ 的发射信号；G 为 $N_{Tx}\times N_{Rx}$ 的信道系数矩阵，z 是一个矢量噪声；ρ 是链路信噪比的度量，它与发射功率和噪声方差的比值成正比，ρ 还包含各种归一化常数。假设归一化使总发射功率的期望为 1，再假设加性噪声矢量的分量都是独立同分布的零均值，单位方差的复高斯随机变量 $CN(0,1)$，如果收发机均为单天线，则上式中的 y、G、x 和 z 都将是标量，此时 SNR 将等于 $\rho|G|^2$。

在时延扩展的信道条件下，信道可由冲激响应矩阵或者等效的频率响应矩阵表示。我们可以将这种信道分解为独立的并行窄带信道，每一个窄带信道都可以用上式描述。OFDM 就采用这种分解方式。

（2）可达速率

假设接收端已经获得理想的信道矩阵 G，在独立同分布的复高斯噪声条件下，由上式所描述的点对点 MIMO 信道的输入和输出的互信息（单位为比特每符号或者比特每信道）可表示如下。

$$C=I(x;y)=\mathrm{lb}\det\left(I_{N_{Tx}}+\frac{\rho}{N_{Tx}}GG^{\mathrm{H}}\right)$$

其中，$I(x;y)$ 表示取互信息操作，$I_{N_{TX}}$ 表示 $N_{Tx}\times N_{Rx}$ 的单位矩阵，G^{H} 表示 G 的共轭转置。根据注水功率分配原理对输入信号的功率进行优化，则 C 可达到理论上的最佳容量。如果 GG^{H} 为单位矩阵与一个常数的乘积，则 C 就是信道的实际容量。

如果已知信道的统计特征，那么发射机可以根据一个可接受的中断概率来设定可达速率 C。当收发机均为单天线时，上式中的可达速率变为标量加性复高斯噪声的容量，即 $C=\mathrm{lb}\left(1+\rho|G|^2\right)$。

将信道矩阵 G 进行奇异值分解得到 $G=\Phi D_v\Psi^{\mathrm{H}}$，其中，$\Phi$ 和 Ψ 分别是 $N_{Rx}\times N_{Rx}$ 和 $N_{Tx}\times N_{Tx}$ 的酉矩阵，D_v 是一个 $N_{Rx}\times N_{Tx}$ 的对角阵，其对角元素是信道矩阵 G 的奇异值 v_1，v_2，…，$v_{\min(N_{Tx},N_{Rx})}$，则可达速率由信道矩阵 G 的奇异值表示。

$$C=\sum_{l=1}^{\min(N_{Tx},N_{Rx})}\mathrm{l}b\left(1+\frac{\rho v_l^2}{N_{Tx}}\right)$$

上式表示若干个并行链路的可达和速率，其中，第 l 个链路的 SNR 为 $\rho v_l^2/N_{Tx}$。可以看出，MIMO 信道容量与信道矩阵的奇异值分布有关，不同的奇异值分布对应不同的信道容量。

考虑在约束条件 $\sum_{l=1}^{\min(N_{Tx},N_{Rx})}v_l^2=\mathrm{Tr}(\boldsymbol{GG}^{\mathrm{H}})$ 下最好和最坏的奇异值分布，其中，Tr 表示取矩阵的迹。最坏的奇异值分布情况是所有的奇异值中仅有一个非零，最好的奇异值分布情况是所有 min（N_{Tx},N_{Rx}）个奇异值都相等。这两种情况分布对应可达速率的下界和上界。

$$\mathrm{lb}\left(1+\frac{\rho\mathrm{Tr}\left(GG^{\mathrm{H}}\right)}{N_{Tx}}\right)\leqslant C\leqslant\min\left(N_{Tx},N_{Rx}\right)\mathrm{lb}\left(1+\frac{\rho\mathrm{Tr}\left(GG^{\mathrm{H}}\right)}{N_{Tx}\min\left(N_{Tx},N_{Rx}\right)}\right)$$

当大规模天线的阵元间距较小且传播环境为视距（Line of Sight，LOS）时，信道容量逼近下界，此时信道矩阵是一个秩为 1 的矩阵。此外，在极端的钥孔传播条件下也会产生逼近下界的秩为 1 的信道矩阵。当信道矩阵的元素为独立同分布的随机变量时，信道矩阵的各个奇异值基本相等，此时信道容量逼近上界。在理想的传播条件和高信噪比条件下，可达速率正比于 $\min(N_{Tx},N_{Rx})$。

（3）极限情形

小区边缘用户的 *SNR* 值一般比较低。当 *SNR* 值很低时，可达速率可以近似表示如下。

$$C_{\rho\to0}\approx\frac{\rho\mathrm{Tr}\left(GG^{\mathrm{H}}\right)}{N_{Tx}\ln2}\approx\frac{\rho N_{Rx}}{\ln2}$$

该表达式与 N_{Tx} 无关，即从可达速率的角度来看，在 *SNR* 值较低的情况下，采用多根发射天线是没有意义的。

增大发射天线的数量，保持接收天线的数量不变，可达速率如下。

$$C_{N_{Tx}\gg N_{Rx}}\approx\mathrm{lb}\det\left(I_{N_{Tx}}+\rho\,I_{N_{Tx}}\right)\approx N_{Rx}\,\mathrm{lb}\left(1+\rho\right)$$

增大接收天线的数量，保持发射天线的数量不变，可达速率如下。

$$C_{N_{Rx}\gg N_{Tx}}\approx\mathrm{lb}\det\left(I_{N_{Tx}}+\frac{\rho}{N_{Tx}}G^{\mathrm{H}}G\right)=N_{Tx}\,\mathrm{lb}\left(1+\frac{\rho N_{Rx}}{N_{Tx}}\right)$$

足够多的收发天线数，加上渐近正交的信道矩阵，便构成了一个比较理想的大规模 MIMO 传输场景。额外的接收天线能进一步提高 *SNR*，并且可以在理论上补偿低 *SNR* 下复用增益的损失。由于独立同分布的复高斯输入是最优的，因此上式的可达速率就是实际的信道容量。

2. 多用户大规模 MIMO

在点对点 MIMO 系统中获取较高复用增益的必要条件是理想传播条件和较高的 *SNR*。当用户处在小区边缘或者发生 LOS 传播时，复用增益便会恶化。额外的接收天线可以补偿低 *SNR* 的信号能量损失，但是对于下行链路而言将增加终端的复杂度和开销。

将点对点 MIMO 链路中某一端的天线阵列分开为一个个独立的天线，就可得到性质上完全不同的多用户 MIMO。多用户 MIMO 与点对点 MIMO 的区别主要有两点：一是终端间隔通常是波长的多倍，这比点对点 MIMO 中阵列天线的间隔大得多；二是无论是下行链路还是上行链路，终端之间都没有协作。

（1）信道

假设一个具有 *M* 根天线的天线阵列同时和 *K* 个独立的单天线终端进行通信，反向链

路信道矩阵 $\boldsymbol{H}$ 是一个 $M \times K$ 的小尺度衰落矩阵 $\boldsymbol{G}$ 和一个 $K \times K$ 的对角矩阵 $\boldsymbol{D}_{\beta}^{1/2}$ 的乘积，则 $\boldsymbol{H}=\boldsymbol{G}\boldsymbol{D}_{\beta}^{1/2}$，其中，$\boldsymbol{G}$ 的第 k 列表示终端 k 到基站的 M 根天线之间的小尺度衰落向量；β 表示由对角矩阵 $\boldsymbol{D}$ 的对角元素构成的 $K \times 1$ 的向量；$\boldsymbol{D}_{\beta}^{1/2}$ 的第 k 个对角元素表示终端 k 与基站之间的大尺度衰落系数。

假设基站天线阵列阵元之间的间距足够小，天线阵列的尺寸远远小于终端到天线的距离，则可以认为终端到基站各天线之间的大尺度衰落系数相同。对大尺度衰落系数进行归一化，使得小尺度衰落的幅值为 1。

在采用大规模天线阵列的多用户 MIMO 系统中，基站天线数量远大于终端数量。在理想的传播条件下，信道矩阵的列向量是渐近正交的，即：

$$\left(\frac{\boldsymbol{H}^{\mathrm{H}}\boldsymbol{H}}{M}\right)_{M \gg K} = \boldsymbol{D}_{\beta}^{1/2}\left(\frac{\boldsymbol{G}^{\mathrm{H}}\boldsymbol{G}}{M}\right)_{M \gg K}\boldsymbol{D}_{\beta}^{1/2} \approx \boldsymbol{D}_{\beta}$$

（2）上行链路

在上行链路中，K 个终端各自传输的符号共同构成一个 $K \times 1$ 的符号向量 q_r，假设基站天线阵列接收到的信号为一个 $M \times 1$ 的向量 x_r，即 $x_r=\sqrt{\rho}\,\boldsymbol{H}q_r+z_r$，这里 z_r 是 $M \times 1$ 的高斯随机噪声矢量，ρ_r 和信号功率与噪声方差之比成正比。

在上行链路中，假设基站已知信道状态信息。如果终端之间可以相互协作，则多用户 MIMO 系统上行链路总的吞吐量不少于 $C_{sum\_r}=\mathrm{lb}\det\left(\boldsymbol{I}_K+\rho_r\boldsymbol{H}^{\mathrm{H}}\boldsymbol{H}\right)$。

终端之间能否协作只影响信道编解码的难易程度，并不影响系统和速率。在理想的传播条件下，如果基站天线数远多于终端数，则系统和速率的表达式如下。

$$C_{sum\_r\_M \gg K} \approx \mathrm{lb}\det\left(\boldsymbol{I}_K+M\rho_r\boldsymbol{D}_{\beta}\right)=\sum_{k=i}^{K}\mathrm{lb}\left(1+M\rho_r\beta_k\right)$$

此时，基站通过简单的匹配滤波（Matched Filter，MF）对接收信号进行处理，在理想的传播条件下，MF 接收方法能够很好地区分来自不同终端的信号。

（3）下行链路

在下行链路中，假设基站的 M 根天线发射一个 $M \times 1$ 的信号 x_f，K 个终端接收到的信号构成一个 $K \times 1$ 的信号矢量 y_f，则 $y_f=\sqrt{\rho_f}\,H^{\mathrm{T}}x_f+z_f$，其中，$\boldsymbol{H}^{\mathrm{T}}$ 表示上行链路信道矩阵 $\boldsymbol{H}$ 的转置，z_f 是接收机噪声矢量，ρ_f 与噪声方差成正比，基站的总发射功率与其配备的天线数量无关。

假设信道状态信息已知，令 $\boldsymbol{D}_r$ 为对角阵，其对角元素组成一个 $K \times 1$ 的矢量 γ，则系统总容量可以表示如下。

$$C_{sum\_f}=\max_{\{\gamma_k\}}\mathrm{lb}\det\left(\boldsymbol{I}_M+\rho_f\boldsymbol{H}\boldsymbol{D}_{\gamma}\boldsymbol{H}^{\mathrm{H}}\right)$$
$$s.t.\sum_{k=1}^{k}\gamma_k=1,\ \gamma_k \geqslant 0,\ k=1,\ 2,\ \cdots,\ K$$

在理想的传播条件下，当基站天线数量很多时，系统容量可以简化为以下渐近形式。

$$
\begin{aligned}
C_{sum\_f\_M \gg K} &= \max_{\{\gamma_k\}} \mathrm{lb}\det\left(\boldsymbol{I}_k + \rho_f \boldsymbol{D}_\gamma^{1/2}\boldsymbol{H}^{\mathrm{H}}\boldsymbol{H}\boldsymbol{D}_\gamma^{1/2}\right) \\
&\approx \max_{\{\gamma_k\}} \mathrm{lb}\det\left(\boldsymbol{I}_k + M\rho_f \boldsymbol{D}_\gamma \boldsymbol{D}_\beta\right) \\
&\approx \max_{\{\gamma_k\}} \sum_{k=1}^{K} \mathrm{lb}\left(1 + M\rho_f \gamma_k \beta_k\right)
\end{aligned}
$$

在大规模 MIMO 的范畴下，随着基站天线数量的增加，信道的渐近正交性越来越明显。在信道满足渐近正交性的条件下，发射机采用简单的 MF 线性预编码，系统就可以达到逼近下行链路容量的性能。

6.3.4 现实中的限制因素

1. 信道非互易性

与 FDD 方式的大规模 MIMO 系统相比，TDD 方式的大规模 MIMO 系统仅需要在上行发射导频便可以获得上行和下行的信道状态信息，极大地减少了导频开销。然而这个特性依赖于 TDD 方式的大规模 MIMO 系统中上 / 下行信道的互易性。但是，实际通信过程的等效信道除了包含互易的电磁传播信道外，还包括基站的射频链路以及终端的收发机等，这些硬件对信号的影响在上 / 下行方向上往往是非对称的，即非互易的。同时，这些硬件对信号的影响往往随着时间或者温度等物理条件的变化而漂移，因此需要校准包括基站射频链路和终端收发机在内的对信道互易性产生影响的器件。

终端收发机的非互易性导致的失配对来自基站各天线的信号都是一致的，终端收发机的非互易性并不影响大规模 MIMO 系统的波束赋形增益。只要对基站的收发链路进行校准，基站的天线阵列就会通过发射相干波束来抵消终端收发机非互易性带来的影响。

2. 导频污染

在理想的传播条件下，在大规模 MIMO 系统中，应当给每一个用户分配一个正交的上行导频序列。然而，系统的最大正交导频数受限于信道的相干时间与信道时延扩展之比。在实际场景的多小区系统中，经常出现用户数多于最大正交导频数的情况，上行导频资源必须在不同用户间复用。

导频的复用会导致无线信道的估计不准确，进一步影响基于信道状态信息的预编码或者多用户检测，这就是多小区 MIMO 系统中的导频污染。具体来说，当基站将接收到的信号与某个特定终端的导频做相关，所得到的信道估计实际上是目标用户的信道与使用相同导频的其他用户的信道的线性组合。导频的复用会给信道估计带来干扰，进而生成具有指向性的干

扰波束，导致用户通信性能下降。同样，将所得的信道用在上行多用户检测中，也会产生类似的干扰。随着天线数量的增加，这种干扰也会逐渐增强，且干扰强度的增加与有用信号强度的增加相一致，因而在部分场景中，导频污染会带来非常严重的影响，即便采用部分正交的导频序列也不能完全消除导频污染。

导频污染不是大规模 MIMO 系统特有的现象，不过它对大规模 MIMO 系统的影响要比常规 MIMO 系统大得多。当基站天线规模趋于无穷大时，导频污染将是影响系统性能提升的一个根本因素。特别是依赖导频进行信道估计的接收机，导频污染将带来更加严重的干扰。

（1）优化导频分配方案

在大规模 MIMO 系统中使用更大的导频复用因子。导频复用因子越大，相互污染的小区就会相隔越远。也可以在全网用户中进行自适应或者协作导频的分配方案，从而有效减少导频污染。

（2）改进信道估计算法

使用不需要导频的方法进行信道估计，例如，对信道和数据进行联合估计的盲信道估计算法，以此尽可能地减少导频污染的影响。

（3）考虑导频污染的预编码

在预编码之前将导频污染考虑进去，通过多个小区进行协作导频传输，以消除或者至少部分消除导频污染带来的指向性干扰。与多小区协作波束赋形不同，考虑导频污染的预编码仅需要终端与天线阵列之间的慢衰落系数，而不需要真实的信道估计。随着大规模 MIMO 技术发展及落地应用，导频污染的预编码技术将越来越得到重视。

3. 非理想的传播条件

大规模天线系统在很大程度上依赖于理想的传播条件。所谓理想的传播条件是指不同终端到基站天线阵列之间的信道冲激响应的差别足够大。为了研究大规模 MIMO 系统的性能，我们有必要对实际的大规模天线阵列进行信道测量。这是因为大规模天线阵列的信道特征与传统的 MIMO 信道特征有所不同：一方面，由于大规模天线阵列的尺寸可能比较大，不同基站天线到用户的大尺度衰落可能不一致；另一方面，大规模天线阵列中不同天线的小尺度统计特征也不一样。可以用信道矩阵的奇异值扩展（最大奇异值与最小奇异值之差）来衡量不同终端到基站天线阵列之间信道的差异大小。

实际场景中的传播条件往往是非理想的，当基站天线数较多且远超用户数时（例如，基站天线达到用户数的 10 倍以上），大规模 MIMO 系统可以在非理想的传播条件下取得接近理论边界的通信性能。

6.4　大规模天线系统传输方案

理论上，随着基站天线数量的增多，大规模 MIMO 系统在数据速率、可靠性、能效及干扰抑制方面的性能均会得到提高。但天线数量的增多意味着导频开支的增多，特别是上/下行信道工作在不同频率的 FDD 系统，当天线数量很多时，基站需要提供数量巨大的导频以保证不同发射天线的导频的正交性，同时 UE 待估计信道数目急剧增加，导致 UE 反馈量过大及信息传输效率降低。因此，现有的解决思路是采用 TDD 系统，利用上行链路和下行链路的信道互易性大幅度降低导频的使用，然而这需要高精度的信道校准使基站收发通道达到很好的一致性，而实际硬件系统并不能完全满足。此外，考虑到大规模 MIMO 系统中上行链路的信号检测和上/下行链路信道估计均涉及高维矩阵求逆运算，系统的计算复杂度高，增加了大规模 MIMO 系统的部署成本和难度。

大规模 MIMO 系统下的联合空分复用（Joint Spatial Division and Multiplexing，JSDM）传输方案和大规模多波束空分多址（Massive Beam-Spatial Division Multiple Access，MB-SDMA）传输方案，利用信道二阶统计信息对用户进行分组并将信号转换到波束域中进行空分多址方式传输，在匹配大规模 MIMO 系统信道特性的同时，解决由大规模天线阵列引入的导频瓶颈问题。

1. 联合空分复用传输方案

简单来说，联合空分复用传输方案是利用在相邻或者相近位置的用户往往具有相同信道相关阵的事实，依据各用户信道相关阵的相似性，采用固定量化或传统聚类的方法对用户进行合理的分组，使在同一分组中的用户终端具有相似的信道相关阵，即地理位置邻近，而不同分组中的用户在到达角（Angle of Arrival，AOA）维度上充分间隔开，然后在组内采用适当的用户调度算法有效地挑选出调度的用户集合进行数据传输，在充分挖掘空间纬度的同时降低每组用户有效信道的维数。JSDM 传输方案示意如图 6-17 所示。

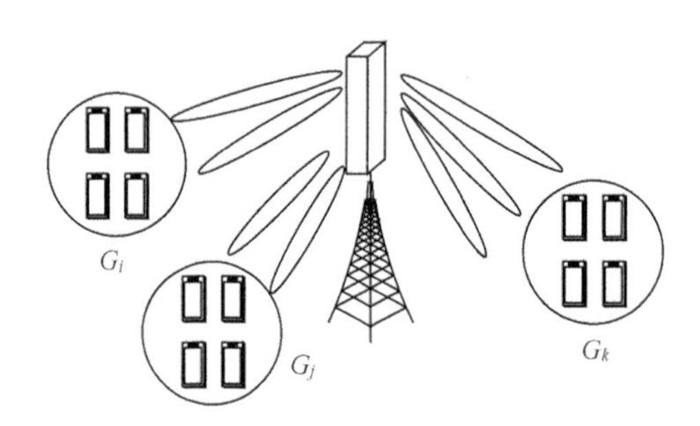

图6-17　JSDM传输方案示意

联合空分复用传输方案根据是否需要对整个系统进行有效的信道估计与整体反馈，分为联合小组处理（Joint Group Processing，JGP）方案和独立分组处理（Per-Group Processing，PGP）方案。

2. 大规模多波束空分多址传输方案

大规模多波束空分多址传输方案的核心思想是通过将信号转换到波束域，利用用户波束域信道的稀疏性，采取相应的用户调度方法，使占用不同波束集合的用户与基站同时进行通信，每个波束集合只接收或者发送单个用户的信号，从而化繁为简，将多用户 MIMO 传输链路分解为若干个单用户 MIMO 信道链路，在降低计算复杂度的同时减少用户间的干扰。基站依据得到的波束域信道统计信息，利用相应的用户调度算法调度出 3 个用户，并为每个用户分配不同的波束集合，使多个用户可以在同一时频资源上进行数据传输。MB-SDMA 传输方案示意如图 6-18 所示。

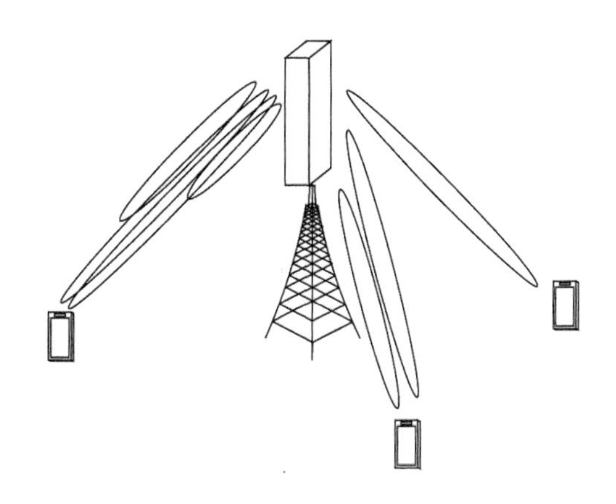

图6-18　MB-SDMA传输方案示意

整个传输过程可以分为以下几个阶段。

（1）获得新的统计信息

各个用户分别发送各自的上行探测信号，基站通过接收到的探测信号估计各个用户波束域的信道统计信息。

（2）用户调度

采用相应的用户调度准则调度各个用户和波束，在不同用户使用不同波束集合的原则上，根据不同的系统目标采取最大和速率准则或比例公平准则。

（3）分解为单用户 MIMO 链路

通过用户调度，不同用户与基站不同的波束集合进行通信，从而实现将多用户 MIMO 链路分解为多个单用户 MIMO 链路。

（4）上 / 下行链路传输

在上行链路中，基站估计瞬时信道信息以及干扰的相关阵，对接收信号进行相干检测。在下行链路中，用户估计瞬时信道信息以及干扰的相关阵，对接收信号进行相干检测。

6.5 大规模天线技术的应用场景

根据5G使用频段的范围，5G无线通信的场景可以分为6GHz以下的低频频段场景和6GHz以上的高频频段场景。6GHz以下的频段因其较好的空间传播能力，将用于5G的主力覆盖场景。6GHz以上的频段被称为毫米波频段，信号主要以直射方式在空中传播，优点在于可用传输带宽大，通信容量大；波束窄，具有良好的方向性；天线阵元小，易安装；可实现更高的波束赋形，获得更好的性能增益。其缺点主要在于空间传播能力较弱，例如，传输衰减大，容易受粉尘、雨水、云雾、氧气等的吸收作用的影响等。

5G部署前期的无线网络是一个复杂且多种制式共存的混合网络。大多数场景面临无线环境复杂、建筑物密集、高低分布不均匀、频率资源紧张、用户数量高、流量需求大等问题，这给5G基站的规划和建设带来了严峻的考验。大规模天线技术的提出为这一难题提供了有效的解决方法。大规模天线技术的应用场景见表6-1。

表6-1 大规模天线技术的应用场景

主要场景	特点	频段范围	潜在问题
宏覆盖	5G组网覆盖的主要手段，覆盖面积较大，用户数量多	以6GHz以下的低频频段为主	因场景物的复杂性，可能存在覆盖盲点
高层覆盖	用户分布在楼宇较高的位置，且二维/三维混合分布，需要基站具有良好的垂直覆盖能力	以6GHz以下的低频频段为主，部分高层场景可能用到6GHz以上的高频频段	容易发生越区覆盖，产生邻小区干扰，控制信道、导频信号覆盖性能与数据信道不平衡
微覆盖	分散分布且面积较小，但用户密度高	以6GHz以上的高频频段为主	散射丰富，用户配对复杂度高
郊区农村覆盖	覆盖范围大，用户密度低，信道环境简单，噪声受限	以6GHz以下的低频频段为主	控制信道、导频信号覆盖性能与数据信道不平衡

因郊区农村的用户密度低，对容量需求不迫切且信道环境简单，应用优先级较低，接下来介绍大规模天线系统在其他3种覆盖场景中的应用。

1. 宏覆盖

宏覆盖是5G组网的重要覆盖场景，一般使用6GHz以下的低频频段，利用低频频段较好的空间传播能力，能快速建立5G网络。当大规模天线系统用于室外宏覆盖时，尤其在密集城区需要大幅度提高系统容量时，可以通过波束赋形提供更多的流数并行传输，提高系统的总容量。但由于室外宏覆盖采用中低频段，所使用的大规模天线存在尺寸较大、重量较大、硬件成本较高和施工难度较大的问题，因此在室外宏覆盖场景需要重点研究天线的小型化问题。

宏覆盖场景可以用城市宏小区（Urban Microcell，UMa）模型描述。UMa模型是3GPP

中定义的一种适合于中高频的传播模型，适用于频率在 0.8GHz ～ 100GHz、小区半径在 10m ～5000m 的宏蜂窝系统。UMa 也是移动通信的主要以及最重要的应用场景之一。UMa 场景如图 6-19 所示。

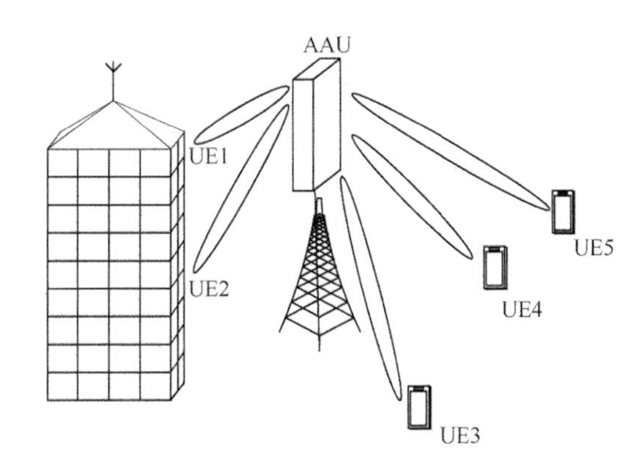

图6-19　UMa场景

UMa 在众多的应用场景中占有较大的比例。首先，UMa 场景中的用户分布较为密集，随着移动通信业务的发展，UMa 场景的频谱效率需求越来越高；其次，UMa 场景往往提供大范围的服务，在水平和垂直范围，基站都需要提供优质的网络覆盖能力以保证边缘用户的网络体验。

大规模天线技术的高频谱利用率特点可以很好地满足 UMa 场景用户的频谱效率需求，由于大规模天线能够提供更精确的信号波束，因此能够增强小区的覆盖范围，减少能量损耗，有利于干扰波束间协调，最终有效提高 UMa 场景的用户体验。

在一般情况下，UMa 场景的基站具有较大的尺寸和发射功率，天线高度一般高于楼层高度。因此，UMa 场景能够为大规模天线技术的应用提供丰富的资源。

从 UMa 场景的需求和大规模天线技术的特征等方面来看，UMa 场景是大规模天线的一个典型应用场景。

2. 高层覆盖

大多数城市有高层建筑被多数低层建筑包围的场景，传统 3G、4G 基站主要解决周边大多数低层建筑的覆盖问题，针对高层建筑的覆盖问题一般会通过室分方案解决，而无法部署室分方案的高层建筑将面临无信号覆盖的困难局面。大规模天线系统的出现为这种场景提供了有效的解决方法，即通过大规模天线技术垂直维度的波束赋形，为高层建筑提供网络覆盖，大规模天线用于高层覆盖如图 6-20 所示。

高层覆盖可以根据具体的场景特点来确定是选用 6GHz 以下的低频频段还是选用 6GHz

以上的高频频段：当高层用户较为密集，且建筑物墙体的穿损较小时可以选用 6GHz 以上的高频频段，利用高频频段丰富的频谱资源可以大幅度提升系统的容量；当高层用户较少或者建筑物墙体的穿损较大时，选用 6GHz 以下的低频频段，利用低频良好的空间传播能力为用户提供基本的网络覆盖。

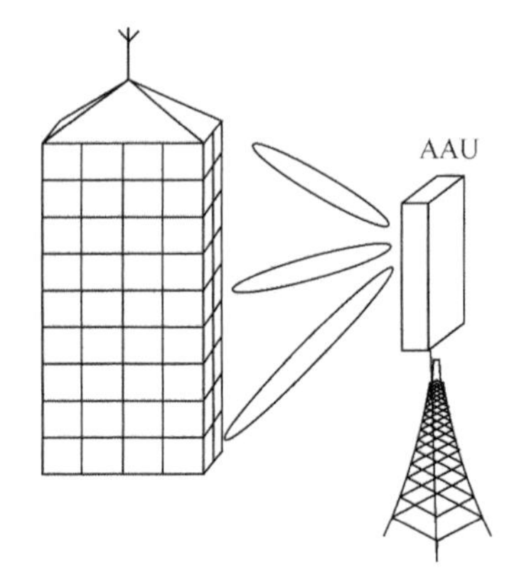

图6-20 大规模天线用于高层覆盖

在一些山地区域，可以利用大规模天线系统在垂直方向的覆盖能力优势，通过大规模天线技术为高地提供信号覆盖。

3. 微覆盖

由于天线的尺寸与电磁波的频率成反比，因此毫米波频段更适合做小型化大规模天线（例如，微基站），因此微覆盖主要应用于 6GHz 以上的高频频段场景。根据不同部署的场景，微覆盖还可以分为室外微覆盖和室内微覆盖。

（1）室外微覆盖

室外微覆盖主要用于一些业务热点区域的容量均衡，以及网络弱覆盖区域的深度补盲。在业务热点区域（例如，体育场、火车站等），用户密集，业务量大，可以通过大规模天线系统进行扩容。

城市微小区（Urban Microcell，UMi）是另一个移动通信应用的主要场景，一般为城市的繁华区域，建筑物和用户分布相对密集，对通信系统的频谱效率要求比较高。UMi 场景如图 6-21 所示。

由于 UMi 场景的信号传输环境相对复杂，传输损耗大，需要一种有效的信号发送和接收方式来降低损耗。此外，UMi 场景中小区之间的距离相对较小，小区间干扰较大，边缘用户受干扰影响比较明显，还需要有效的干扰协调和避免技术。

大规模天线技术可以很好地解决上述问题。首先，大规模天线能够实现大量用户的多用户配对，提高频谱资源的多用户复用能力，大幅度提升频谱的效率。其次，大规模天线技术能够生成指向特定用户的精准信号波束，保障信号的覆盖和用户体验。最后，大规模天线技术可以充分利用空间的水平纬度和垂直纬度进行信号传输，使小区间干扰协调变得更加灵活。

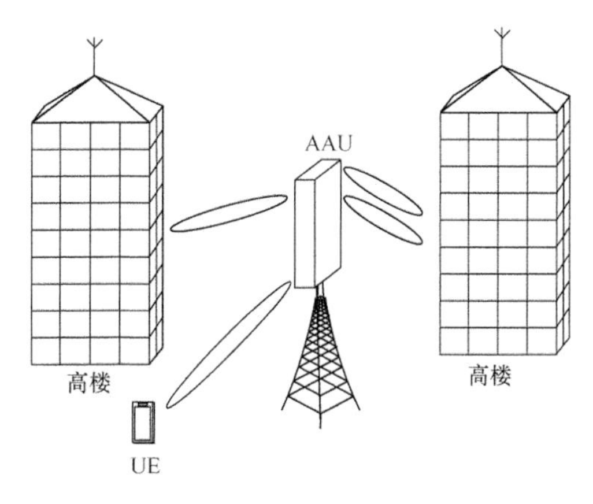

图6-21　UMi场景

一般情况下，UMi 场景中的基站高度低于周边建筑物的高度，传统的通信系统无法对高层用户形成有效的覆盖，而大规模天线技术可以利用其垂直自由度的波束对高层用户进行信号覆盖。

与 UMa 场景相比，UMi 场景基站的尺寸和发射功率都比较小，但是仍然可以为大规模天线提供足够的安装空间。因此，UMi 场景也是大规模天线的一个典型应用场景。

（2）室内微覆盖

室内覆盖是移动通信需要重点考虑的应用场景。据统计，未来 80% 的业务发生在室内，因此，室内场景将来面临的主要问题是如何提升系统的容量，以满足人们越来越高的通信需求。我们可以在室内场景使用基于大规模天线技术的微站，以大幅度有效提供系统的容量。同时，借助大规模天线技术的波束赋形功能，可以降低室内高频信号的衰减。

室内微覆盖场景有多种类型，主要可以分为以下 4 种。

- 居民住宅：微站可以部署在走廊，形成有效的覆盖。
- 校园或工业园区：用户较为集中，网络流量有明显的潮汐现象，微站可以部署在走廊或园区内部，有效分担宏站的流量压力。
- 大型商场等休闲娱乐场所：用户较为密集，宏站难以有效覆盖室内各个区域，针对弱覆盖区域部署微站，快速解决网络盲点。
- 大型场馆：大型会议场馆、大型体育场馆等场景用户高度集中，微站可以分区部署，也可以部署在场馆的天花板上。

5G

第 7 章

5G 核心网规划设计

3GPP定义了非独立（Non-Standalone，NSA）组网和独立（Standalone，SA）组网两大类部署模式，并将5G协议冻结分成两个阶段。在第一阶段中先行冻结了NSA标准，通过升级EPC来支持移动eMBB超宽带业务，满足运营商尽早商用5G网络的需求；第二阶段冻结SA标准，实现5G全新定义的服务化架构核心网，通过服务拆解和引入服务化框架全面支持5G新特性和新功能。

NSA部署模式下的5G NSA核心网是由现网4G核心网升级而成的，其组网方案与4G核心网一致，这里不再论述。

5G SA核心网引入了服务化架构、网络切片和多接入边缘计算等新特性，组网方案与4G核心网有较大的差异。同时在实际部署的过程中，还必须协同考虑4G/5G核心网的漫游切换、数据迁移、信令寻址等问题，需要确定网络建设原则，基于现网情况和发展策略进行技术方案选择，并结合各种具体的模型参数，分步展开VNF层规划和NFVI规划。

本章主要讨论5G SA核心网部署场景下的建设和规划要点，同时给出了由NSA向SA演进的简要过渡方案。

7.1 5G SA核心网建设要点

7.1.1 5G SA核心网建设原则

采用Option 3/3a/3x的NSA组网方案，仅需要将现有的4G核心网升级为“EPC+”即可接入5G基站，为公众快速提供5G eMBB业务，无须等待5G SA核心网的规范完善和终端与设备产品的成熟。但“EPC+”不支持服务化架构和网络切片，行业应用和能力开放的支持度差。未来mMTC和uRLLC应用在国际标准上要求必须采用5G SA核心网，因此5G SA核心网建设方案是各运营商的关注重点，一般来说，建设原则如下所述。

- **5G业务能力原则**：引入5G SA核心网，目标是Option2 SA架构，全面支持服务化架构、网络切片和MEC功能，为行业用户提供更优的解决方案；考虑到标准的成熟程度，可选择初期先行支持eMBB业务，未来随着标准成熟，可以平滑扩展支持mMTC和uRLLC业务。
- **融合网元原则**：5G SA核心网网元均可融合4G对应网元的功能，通过部署融合网元，可简化网络架构，减少网元数量，并优化4G/5G互操作流程。
- **4G/5G统筹部署原则**：根据现有4G核心网组网和设备情况，综合考虑网络调整的难度和风险、投资经济效益，统筹4G/5G部署方案（例如，AMF与MME组网、用户数据迁移、信令网部署方案等)。

- **DC 分级原则**：5G SA 核心网控制与转发彻底分离，使网元设置更灵活，一般来说，数据域网元（UDM、PCF、UDR 等）部署在骨干 DC 或省级 DC，控制层网元（AMF、SMF 等）部署在省级 DC，转发层网元（UPF）部署在省级 DC，并可灵活下沉至地市 DC 甚至边缘 DC，MEC 部署在尽量接近业务发起区域的边缘 DC。
- **基础设施弹性原则**：NFVI 应根据所部署的 NF 特点分别具备高计算、高存储、高转发的能力。MANO支持对 NFVI 层的管理与调度。
- **多层次容灾原则**：上层核心网应用容灾与下层 NFVI 容灾相结合，提升网络整体的可靠性，对重点保障设备可考虑 DC 容灾方案。

7.1.2　5G SA 核心网整体组网架构

5G SA 核心网采用服务化架构，所有控制面网元之间均采用服务化接口通信。

在 SA 组网架构下，为了减少 4G / 5G 互操作时的网元间交互，减小切换时延，提高用户体验，可以将部分 4G 与 5G 网元进行合设。在融合网元部署的场景中，基于参考点的支持 5G 与 4G 互操作的网络架构如图 7-1 所示。

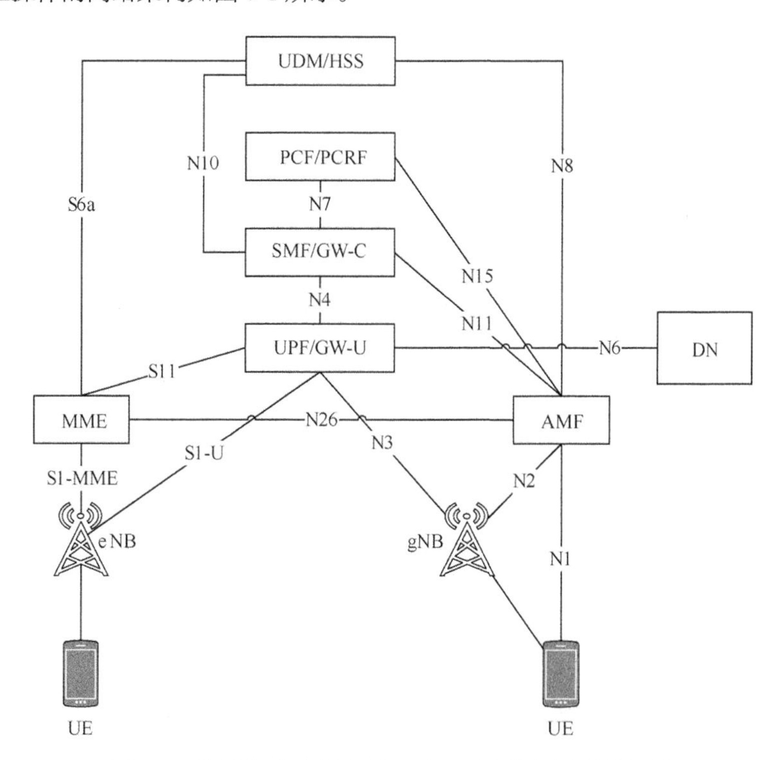

图7-1　基于参考点的支持5G与4G互操作的网络架构

其中，UDM和HSS融合部署，保证互操作过程用户数据的一致性；PCF和PCRF融合部署，保证互操作过程策略的一致性、连续性；SMF和GW-C（包括SGW-C和PGW-C）融合部署，控制面锚点不变，保证互操作过程IP会话的连续性；UPF和GW-U（包括SGW-U和PGW-U）融合部署，用户面锚点不变，保证互操作过程IP会话的连续性。

3GPP标准中仅建议SMF与PGW-C合设，未明确建议同时与SGW-C合设；同样的3GPP标准中仅建议UPF与PGW-U合设，未明确建议同时与SGW-U合设。考虑到SMF和SGW-C，UPF和SGW-U不合设的话，随着4G/5G业务的发展，SGW仍须不断扩容，从投资和网络运营角度看都不是最优选项，所以实际部署时还是优选SMF和GW-C（包括SGW-C和PGW-C）融合部署以及UPF和GW-U（包括SGW-U和PGW-U）融合部署的选项。

7.1.3 5G SA核心网的网络组织

5G SA核心网的控制面可以选择大区部署或者分省部属两种方式，控制面大区部署的主要优点是符合集约化运营趋势，提高资源利用率；而分省部属则与各运营商目前4G网络的部署方式一致，有利于各省沿用运营模式和灵活开展业务，从业务体验角度来看，分省部署也能降低控制信令时延，提高业务（尤其是切换业务）的成功率。大区部署与分省部署的优点和缺点对比见表7-1。

表7-1 大区部署与分省部署的优点和缺点对比

	控制面全国/大区集中	控制面分省集中
优势	1. 集约化，统一管理，符合运营趋势 2. 可集中进行虚拟化网络运营，减轻风险 3. 有利于全国性业务统一发放 4. 资源利用率相对较高	1. 可继承现有的网络经营模式 2. 可以匹配4G核心网的业务区设置（Pool、服务区等） 3. 各省可以灵活发展业务
劣势	1. 大区设备的运维界面与现有运营模式不同，影响较大 2. 造成控制面网元离无线网较远，控制面时延变大，降低业务体验，可能无法满足低时延业务、高速移动场景的需求，甚至导致切换失败率提升 3. 容灾压力大，方案复杂 4. 大区5GC与各省EPC关联比较复杂，增加了现网调整的难度 5. 大区5GC与各省无线之间的协同复杂 6. 增加跨省传输资源的消耗 7. 需要把各省用户数据全部迁移至大区数据库，工程量大	1. 不利于统一控制与集约化运营 2. 资源利用率相对较低 3. 需要各省尽快具备虚拟化网络的运营能力

运营商可以根据各自业务运营的特点，选择大区部署或者分省部属 5GC 控制面，从对 5G 新业务的支持角度看，分省部署的用户业务体验更佳，因此本书主要从分省部署的角度对 5G SA 核心网的部署进行论述。

在分省部署的方式下，核心网的网络组织分为骨干层、省份层、地市层。5G 核心网分省部署架构如图 7-2 所示。

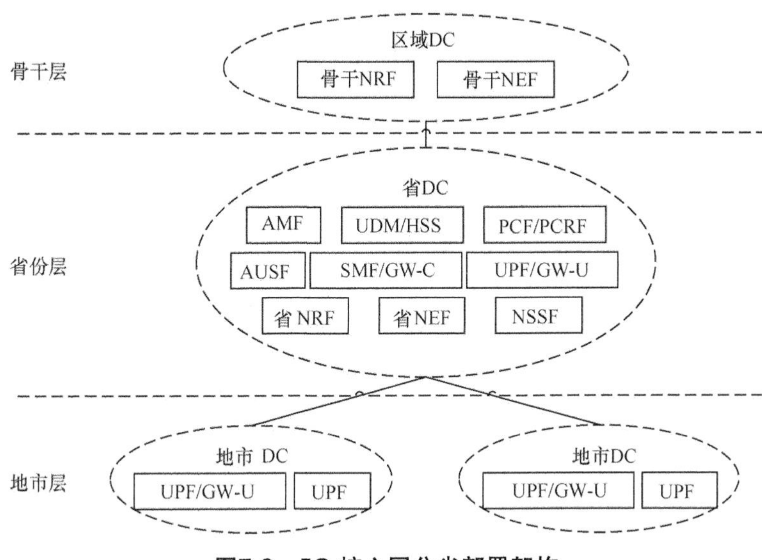

图7-2　5G 核心网分省部署架构

（1）骨干层的网络组织

骨干层的网元主要包括骨干 NRF 与骨干 NEF。

骨干 NRF 连接各省 NRF，主要负责转接跨省的 NF 查询与应答消息，一般采用“1+1”主备的方式进行容灾备份。

骨干 NEF 连接各省 NEF，主要负责全国性开放业务的管理，负责调用省级 NEF 上开放的能力和转发省级 NEF 间的业务调用请求，一般采用“1+1”主备的方式进行容灾备份。

（2）省份层的网络组织

省份层的网元主要包括 AMF、SMF、AUSF、UDM、NSSF、PCF、UPF、BSF、省 NRF、省 NEF 等。

AMF 一般采用 AMF Pool 组网，Pool 内所有 AMF 等容量规划设置在不同的 DC 内，采用“N+1”冗余备份。连续覆盖的无线区域建议划分在同一个 Pool 内。

SMF 一般采用 SMF Pool 组网，Pool 内的 SMF 采用“N+1”冗余备份，设置在不同的 DC 内。SMF Pool 区域与 AMF Pool 区域可以采用“一对一”或“一对多”模式，一般以省为单位设置服务区（Serving Area），连续覆盖的无线区域宜划分在同一个 SMF Pool 内。

UDM一般采用“N+1”负荷分担模式进行冗余备份，设置于不同的DC内。

AUSF一般与UDM融合设置，容灾备份方式同UDM。

PCF一般采用“N+1”负荷分担模式进行冗余备份，设置于不同的DC内。

省NRF负责省内NF的注册、发现与授权，一般采用“1+1”主备的方式进行容灾备份，主备NRF分别部署在不同DC，省NRF需要与骨干NRF对接。

省NEF负责省内的能力开放，开放的能力可以被骨干NEF或其他省NEF调用，一般采用“1+1”主备的方式进行容灾备份，主备NEF分别部署在不同DC，省NEF需要与骨干NEF对接。

UDR作为UDM、PCF和NEF的统一后端，存储用户签约，用户策略和能力开放等数据，一般采用“1+1”主备的方式进行容灾备份，主备UDR分别部署在不同DC。UDM、PCF和NEF可以使用不同的UDR存储数据或使用统一的UDR存储数据。

NSSF负责切片选择，一般按省配置一对，采用“1+1”主备的方式进行容灾备份，主备网元分别部署在不同DC。

BSF负责PCF的会话绑定，需要支持Diameter接口，一般采用“1+1”主备方式进行容灾备份，主备网元分别部署在不同DC。

省UPF以多个UPF负荷分担方式容灾，服务于同一个区域的UPF建议平均分布在相互容灾的DC中，某一UPF发生故障时，SMF重选其他的UPF。

（3）地市层NF的设置原则

地市层按需设置分布式UPF，主要满足低时延、大带宽和大计算业务的需要，主要根据MEC业务的需求而定。

7.1.4 AMF组网方案

5G AMF与4G MME的配合组网有两套可选方案，具体论述如下所述。

（1）新建AMF独立组Pool

组网方案：AMF单独组AMF Pool，仅与5G NR对接，5G用户在5G基站区域接入时由AMF Pool提供服务。5G用户在4G基站区域接入时由MME Pool提供服务。5G用户在4G/5G之间漫游切换时，MME和AMF通过N26接口实现互操作。新建AMF独立组Pool如图7-3所示。

（2）新建AMF/MME融合网元并与现网MME混合组Pool

组网方案：新建AMF/MME融合网元，与现网MME混合组Pool，对接相应区域的4G和5G基站。5G用户在5G基站区域接入时选择AMF/MME，4G/5G用户在4G基站区域接入时按权重选择AMF/MME或者MME。AMF/MME也会为4G用户提供服务。5G用户由4G向5G漫游切换时，MME和AMF通过N26接口实现互操作，切换完成后，后续将锚定在AMF/MME。新建

AMF/MME 融合网元并与现网 MME 混合组 Pool 如图 7-4 所示。

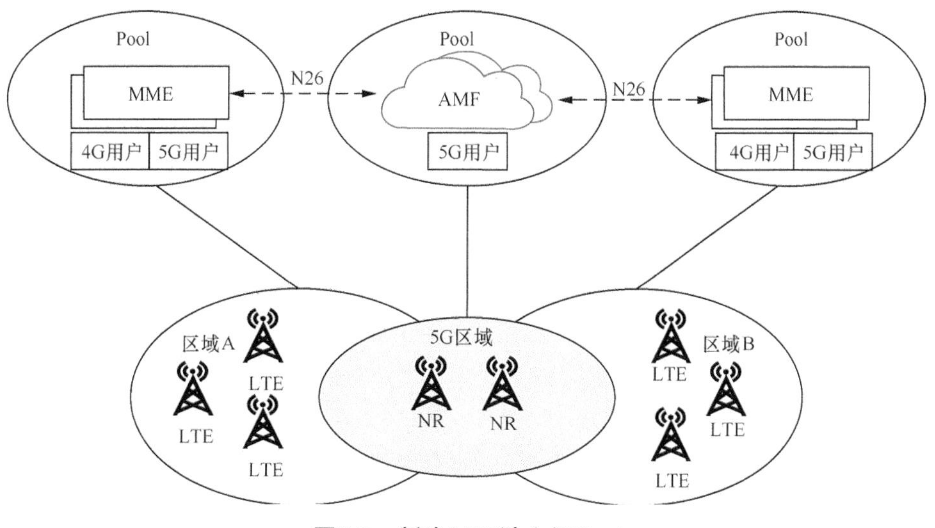

图7-3　新建AMF独立组Pool

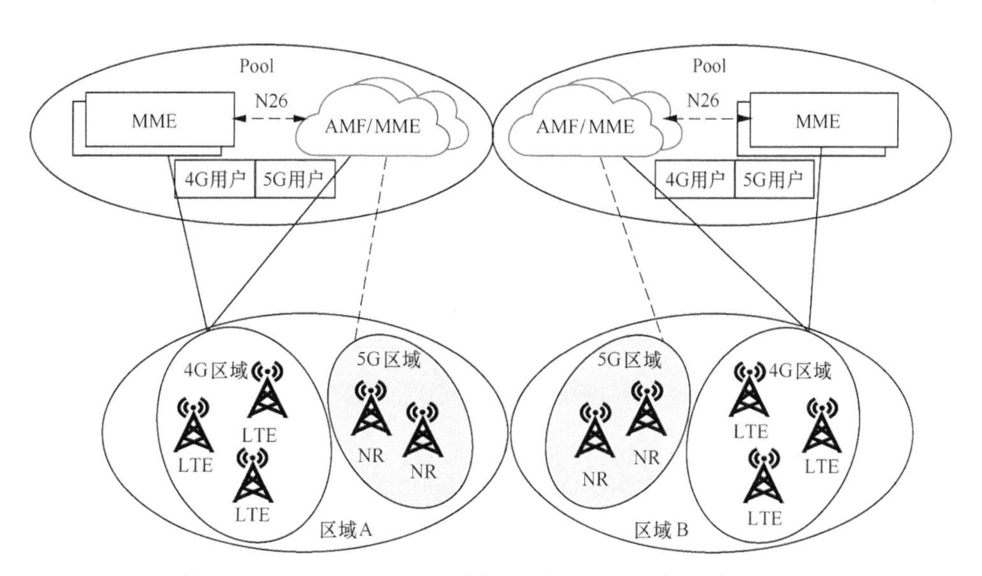

图7-4　新建AMF/MME融合网元并与现网MME混合组Pool

AMF 两套部署方案比较见表 7-2。

表7-2　AMF两套部署方案比较

	方案一	方案二
互操作	每次4G/5G互操作都需要AMF和MME交互，初期切换频繁	锚定到AMF/MME后，4G/5G互操作不再需要在AMF和MME间切换
初期建设	初期可以建设一个Pool（两套AMF），只对接5G基站，后续随业务增长，按需分裂	每个现有MME Pool中都需要建设至少两套AMF/MME网元，对接5G基站和现有的全量4G基站
设备互通	AMF和现网MME可以是异厂商	AMF和现网MME必须为相同厂商

方案二的优势由于并不明显，给网络规划、运营维护带来一定的复杂度，同时会增加初期网络投资，因此，一般选择方案一——新建AMF独立组Pool进行AMF的部署。

7.1.5　UDM组网方案

基于不换卡不换号原则，用户签约5G时，需要将用户数据从4G HSS迁移到5G UDM，考虑到需要迁移的用户数据将离散分布在现有各MSISDN和IMSI号段。UDM部署及用户数据迁移可选的3套方案如图7-5所示。

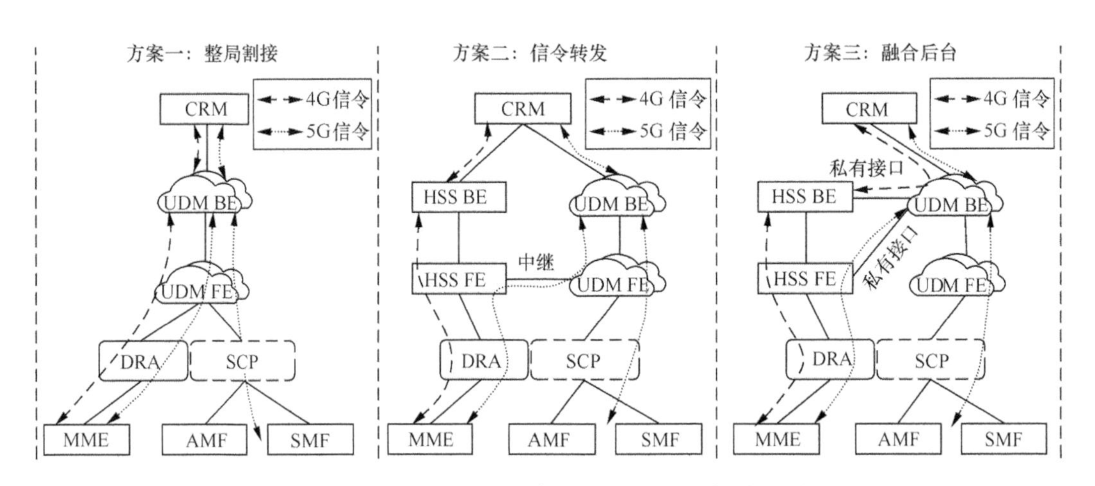

图7-5　UDM部署及用户数据迁移可选的3套方案

方案一：整局割接，即HSS数据整局割接到UDM

由于签约5G的用户将离散分布在现有各MSISDN和IMSI号段，而信令基于号段路由，无法识别单个用户是应该路由到HSS FE还是UDM FE查找用户数据，因此可以考虑将现网HSS用户数据整局割接到UDM，割接后UDM包括4G和5G全部的用户数据，信令统一路由到UDM FE，IT CRM系统则统一路由到UDM BE。

方案二：信令转发，即HSS FE信令转发到UDM FE

不采用整号段割接，用户签约 5G 时进行用户数据迁移。在信令流程上，5G 用户由 AMF 接入时按 5G 信令流程路由到 UDM FE。4G 信令网不做调整，当 5G 用户回落 4G 由 MME 接入时，按原号段路由到 HSS FE。如果 HSS FE 查找 HSS BE 无法得到用户数据，判断该用户是否已经迁移到 5G，触发信令转发流程（该流程不是 3GPP 标准流程，需要运营商制定企业标准后推动厂商遵循），把消息通过企业自定义的信令转发流程转发到 UDM FE。IT CRM 系统需要升级支持区分用户 4G/5G 属性，分别对接 HSS BE 和 UDM BE。

方案三：融合后台（本方案的前提是 HSS 和 UDM 为同厂商）

不采用整号段割接，用户签约 5G 时进行用户数据迁移。5G 用户由 AMF 接入时按 5G 信令流程路由到 UDM FE。4G 信令网无须调整，5G 用户回落 4G 由 MME 接入时，按原号段路由到 HSS FE。如果 HSS FE 查找 HSS BE 无法得到用户数据，判断该用户是否已经迁移到 5G，触发向 UDM BE 查找用户数据流程，通过内部私有接口直接访问 UDM BE。IT CRM 系统只需要对接 UDM BE，4G 用户 CRM 操作由 UDM BE 转发到 HSS BE。因为本方案内 HSS FE 与 UDM BE 之间的接口和 HSS BE 和 UDM BE 之间的接口都依赖于厂家内部开发，故本方案只能在 HSS 和 UDM 为相同厂家时采用。

UDM 部署及用户数据迁移的 3 套方案比较见表 7-3。

表7-3 UDM部署及用户数据迁移的3套方案比较

	方案一	方案二	方案三
设备要求	无	HSS FE 和 UDM FE 间需要增加信令转发接口，此接口需要企业定制	需要增加 HSS FS 和 UDM BE 之间、HSS BE 和 UDM BE 之间的厂家内部接口
4G 信令网	整体调整指向 UDM	无须调整	无须调整
用户数据割接	整局割接，工作量和风险较大	无须割接，CRM 按需在 UDM 新放号并删除 HSS 数据	无须割接，CRM 按需在 UDM 新放号并删除 HSS 数据
CRM 要求	4G/5G 用户全部对接 UDM BE	需要区分用户 4G/5G 属性，分别对接 HSS BE 和 UDM BE	4G/5G 用户全部对接 UDM BE
设备互通	UDM 和现网 HSS 可异厂商	UDM 和现网 HSS 可异厂商	UDM 和现网 HSS 需要相同厂商

PCF 部署和数据迁移方案与 UDM 相近，当 PCF 和 PCRF 是同一厂家时，考虑 4G 核心网的平滑演进和减少 CRM 调整，可采用后台数据融合方案；当 PCF 和 PCRF 是异厂家时，可采用前台中继方案或考虑整局割接方案。

7.1.6 SMF/GW-C 组网方案

在 3GPP R15 标准中，一个 UPF 只可以连接到一个 SMF，这种方式的组网虽然对 UPF 与 SMF 的实现要求较低，但缺点也很明显。首先采用此方式后，SMF 无法使用较灵活、资源较节省的 Pool 负荷分担备份方式，此外，其组网方案也严重受限，部分场景实际上无法实现本地分流。SMF 和 UPF 按“1∶*M*”组网时容灾部署方案如图 7-6 所示。

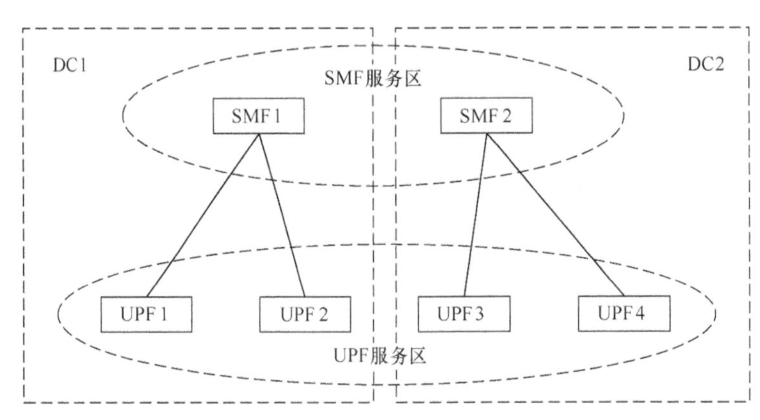

图7-6 SMF和UPF 按“1∶*M*”组网时容灾部署方案

这种方案具体的部署要点如下所述。

- 同一服务区的 SMF 平均部署到互相容灾的 DC 中。
- 服务于同一个服务区的 UPF 平均分布在相互容灾的 DC 中。
- SMF 和 UPF 间存在强关联关系，如果 SMF 出现故障，其对接的 UPF 全部无法工作，规划时需要考虑 SMF 故障影响。

为完善 SMF 与 UPF 连接组网，3GPP 已设定 ETSUN 课题，并将在 R16 阶段支持 C/U Full Mesh 的连接方式，SMF 与 UPF 支持“*M*∶*N*”的连接，实现同一服务区域内的 SMF 与 UPF 全连接。采用这种方式组网，方案可以很灵活，并且 SMF 可以采用 Pool 负荷分担备份，同时可以支持所有的业务应用场景。但这种方式对 SMF 与 UPF 的实现要求较高，尤其是需要应对资源受限时资源请求冲突。SMF 和 UPF 按“*N*∶*M*”组网时容灾部署方案如图 7-7 所示。

这种方案具体的部署要点如下所述。

- 同一服务区的 SMF 平均部署到互相容灾的 DC 中。
- 服务于同一个服务区的 UPF 平均分布在相互容灾的 DC 中。
- 从组网及业务体验考虑，优选方式二部署，建网初期如果厂商的产品尚未能支持方式二，可先按方式一部署。

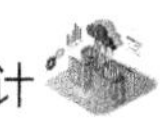

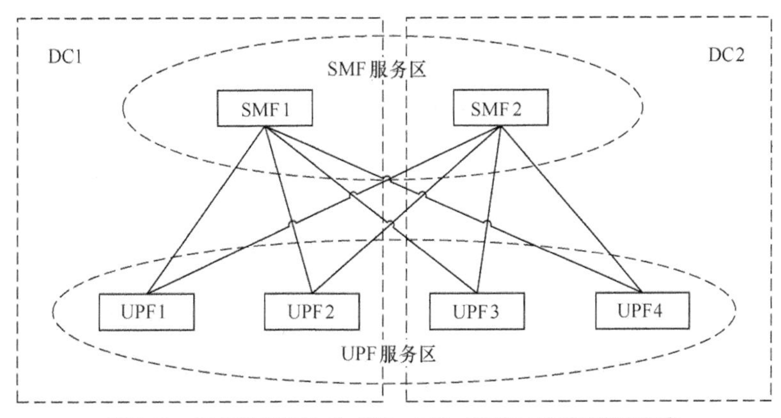

图7-7　SMF和UPF 按“N：M”组网时容灾部署方案

关于终端 IP 地址分配方式，当用户建立 PDU 会话时，可以有两种分配方式，由 SMF 直接分配 IP 地址和由 UPF 分配 IP 地址。

SMF 分配 IP 地址方式在 3GPP 的 R15 标准中已经定义，实现方式也比较简单。但这种地址分配方式的 IP 地址利用率低，特别是一个 UPF 同时受多个 SMF 控制时，需要把该 UPF 的 IP 地址池预先分为多个部分，然后在各个 SMF 中分别进行配置，管理维护比较复杂。SMF 分配 IP 地址方式如图 7-8 所示。

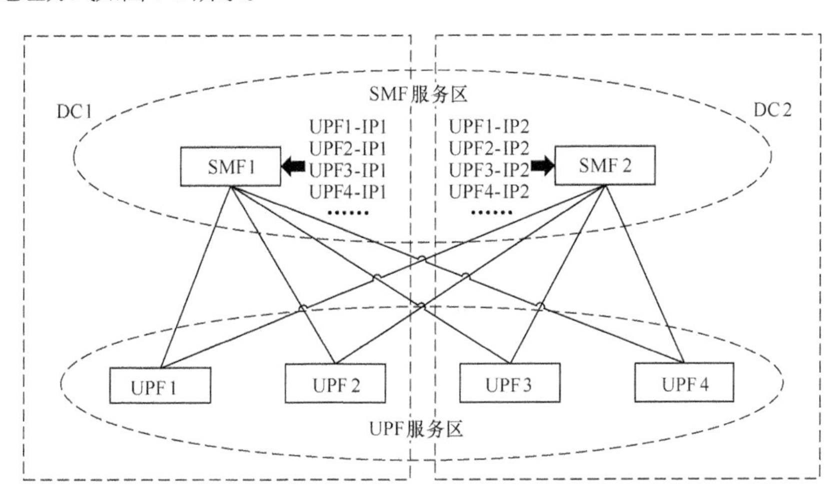

图7-8　SMF分配IP地址方式

在 3GPP R16 阶段提出了由 UPF 分配 IP 地址的方案，目前标准尚不成熟。这种方案的好处是 IP 地址利用率较高，特别在一个 UPF 同时受多个 SMF 控制时，降低了地址池的维护管理难度。UPF 分配 IP 地址方式如图 7-9 所示。

初期 R16 规范与产品尚不成熟时，可以选择采用 SMF 分配 IP 地址方案，但随着网络规模扩大，考虑到 IP 地址利用率与管理维护难度，优选 UPF 分配 IP 地址方案，并推动该方案的标准与产品成熟。

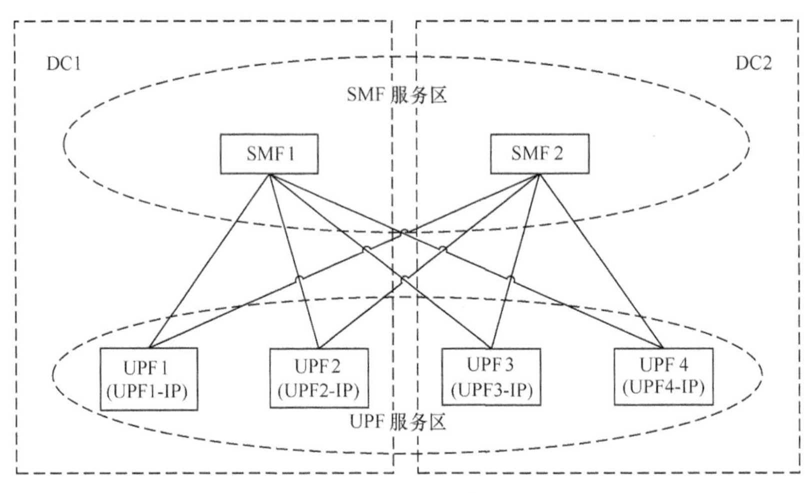

图7-9　UPF分配IP地址方式

关于 SMF 选择 UPF 的方式，目前可选的方式有两种：一种是在 SMF 本地配置 UPF 信息；另一种是 SMF 利用 NRF 发现 UPF。

SMF 本地配置 UPF 信息的方式是标准定义的必选功能，这种方式实现起来比较简单，但是需要在各个 SMF 上手工进行数据配置，尤其在服务区内 SMF 与 UPF 全连接的情况下配置量很大，而且组网不灵活。

SMF 利用 NRF 发现 UPF 的方式是标准定义的可选功能，这种方式要求 UPF 启动后自动向 NRF 进行注册、登记 IP 地址等信息，在 SMF 向 NRF 查询 UPF 时，NRF会把符合要求的 UPF 实例列表返回 SMF，SMF 在其中选择一个 UPF 实例为用户提供服务。在这种方式下，UPF 由 NRF 统一进行自动化配置管理，维护管理简单，同时通过 NRF 集中管理，UPF 的负载可以更均衡，但这种方式对 UPF 与 SMF 的要求较高，由于增加了 UPF 的 NRF 注册过程及 SMF 向 NRF 查询 UPF 的过程，会带来额外的信令负荷。

当初期 5G网络的规模较小时，可选择采用 SMF 本地配置 UPF 方式，但随着 5G 网络规模扩大，考虑到操作维护的难度，优先利用 NRF 发现 UPF 的方式。

7.1.7　UPF/GW-U 组网方案

UPF 作为 5G 的转发面网元，其功能主要是进行数据转发，同时必须具备 DPI 及 QoS 处理等能力。由于 5G 实现了控制和承载的彻底分离，UPF 便可以根据业务需求灵活地部署在省级 DC、城域核心 DC 或城域边缘 DC 等不同层面。

UPF 的部署一般遵循以下原则。

（1）UPF 的部署需要综合考虑业务需求、SMF 部署方式、冗余设置、设备门限、地域和位置、DNN、S-NSSAI、接入方式和其他的部署策略。

（2）在业务流程中，SMF 根据策略和配置选择 UPF，因此 UPF 的部署受 SMF 部署方式的影响，其服务区域应小于或等于 SMF 的服务区域。

（3）UPF可按需下沉，前提是要遵循满足业务需求的原则，下沉时主要满足低时延、大带宽和大计算业务的需求，根据 MEC 业务需求实施分布式部署到本地网 DC 或网络边缘 DC。

具体到 UPF 的组网，主要考虑以下 3 个方面的因素。

（1）考虑到 4G/5G 互操作和融合组网的原则，UPF 和 GW-U（包括 SGW-U 和 PGW-U）优选融合设置方式。面向互操作的 UPF/PGW-U 融合网关，一般集中设置在省级 DC；针对具有一定规模互联网业务本地服务器的产业中心或发达城市，可以将 UPF 下沉到城域核心 DC，以便于就近访问。

（2）针对 eMBB 场景，UPF 可以考虑下沉到城域核心 DC；针对 5G 新业务，特别是 MEC 业务等对时延敏感或接入传输消耗较大的部分业务，可选择部署 UPF 在城域边缘 DC。为了满足 MEC 需求而下沉 UPF 不需要考虑互操作，可以部署独立的 UPF 而不是 UPF/PGW-U。

（3）为实现各种不同业务的分流，SMF 可以动态地在 UPF 中插入上行链路分类器（Uplink Classifier，ULCL）功能或者分支点（Branching Point，BP）功能进行流量导向，形成层次化部署的 UPF 组网，以便更灵活地支持 MEC 业务。用户面组网的层次关系如图 7-10 所示。

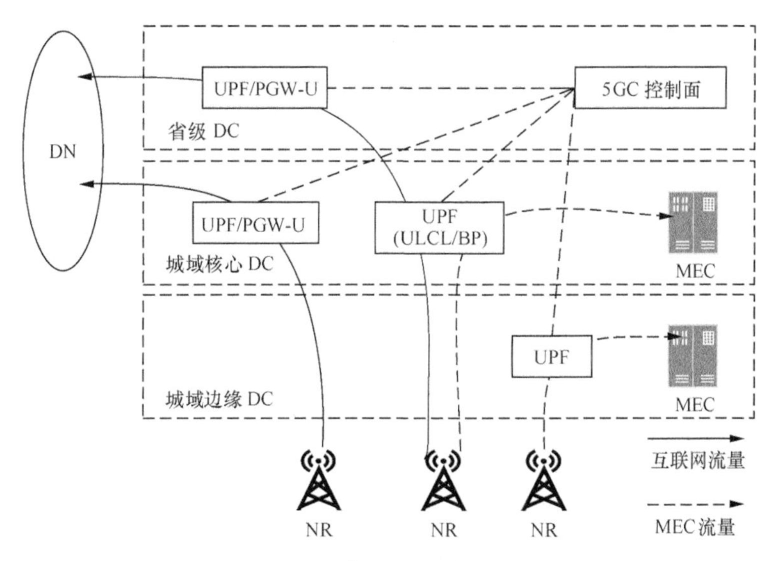

图7-10　用户面组网的层次关系

UPF 按照服务区维度考虑冗余备份，有以下 3 种可选方式。

方式 1：服务区域内冗余，故障 UPF/PGW-U 由本服务区域内其他 UPF/PGW-U 接替。

方式 2：中心冗余，当 UPF 出现故障时，由中心 UPF/PGW-U 接替。

方式 3：相邻服务区域间冗余，当 UPF 出现故障时，由邻近服务区域的 UPF/PGW-U 接替。

一般情况下，优选方式 1 进行容灾冗余。某些情况下，例如，UPF 的服务区域小，同区域内的 UPF 个数较少（只有一两个），而且承载非低时延场景业务时，可考虑采用方式 2 或方式 3 进行容灾冗余。

7.1.8 信令组网方案

5GC 的服务化架构引入了 NRF，由 NRF 负责全网控制面网元的注册和发现。控制面网元通过 NRF 找到目标网元后，便可根据目标网元的 IP 地址直接与其通信。但是这种 NF 间直接相互通信的 Full Mesh（所有节点之间直接连接的形式）组网可能导致运营商网络内通信链路数量大为增加，增加了网络运维的难度，带来尤其是类似国内存在跨省漫游场景的大运营商场景。Full Mesh 组网下跨省漫游相关网元链路如图 7-11 所示。

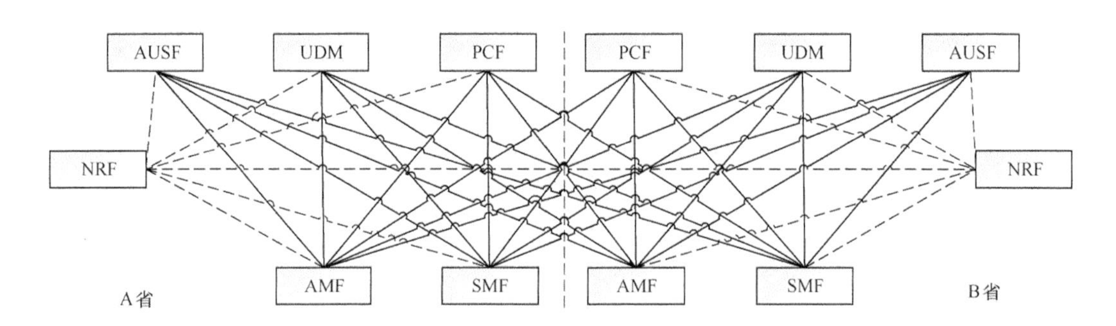

图7-11 Full Mesh组网下跨省漫游相关网元链路

为完善 SBA 架构下 NF 间的通信方式，更精确地进行负荷分担和过载控制，3GPP 在 R16 阶段提出了eSBA 架构，并引入了新的网络功能服务通信代理（Service Communication Proxy，SCP），SCP 的功能主要包括以下内容。

- 支持 NF 间的间接通信。
- 代理服务发现。
- 转发和路由消息到目标 NF/NF 服务。
- 保证通信安全，负载平衡，监控，过载控制等。

引入 SCP 后，5G SBA 架构下的 NF 通信的可选模型如图 7-12 所示。

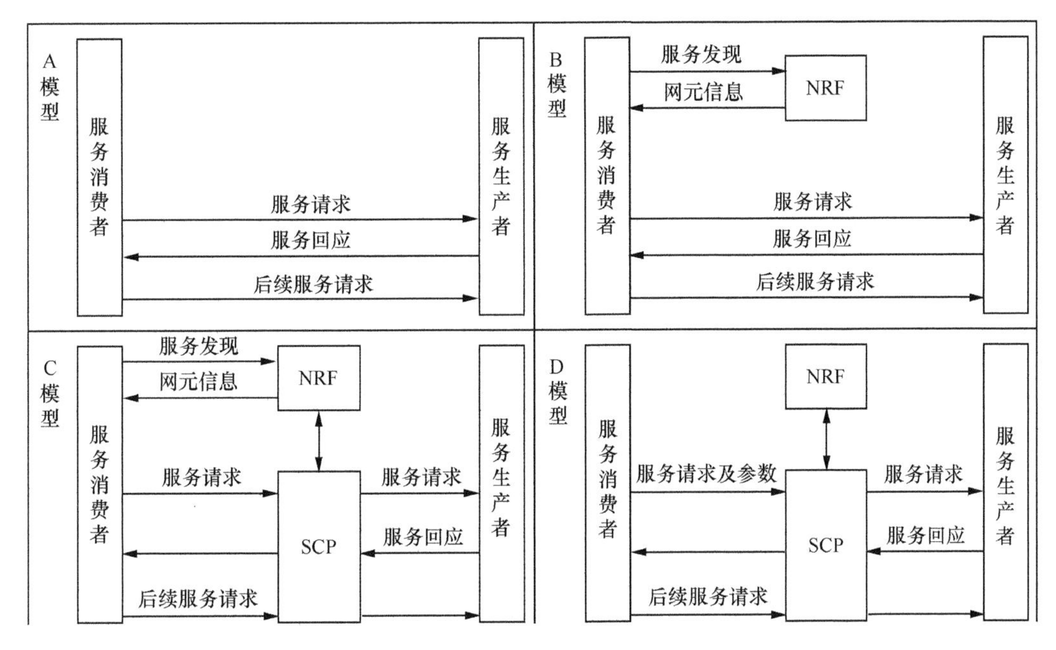

图7-12　引入SCP后，5G SBA架构下的NF通信的可选模型

由图 7-12 可知，NF 通信的可选模型有 4 种，各模型下 NF 的通信方式具体如下所述。

① 模型 A。无 NRF 交互的直接通信：既不使用 NRF，也不使用 SCP。服务消费者配置了服务生产者的“NF 配置文件”，自主选择服务生产者进行通信。

② 模型 B。有 NRF 交互的直接通信：服务消费者通过查询 NRF 进行服务发现。根据发现结果，服务消费者进行选择并将请求发送给选定的服务生产者。

③ 模型 C。无代理发现的间接通信：服务消费者通过查询 NRF 进行服务发现。基于发现结果，服务消费者选择 NF 组或 NF 实例组中的特定 NF 实例，向 SCP 发送请求，该请求包含指向服务生产者的单个或一组 NF 服务实例的地址。SCP 可以与 NRF 交互以获得诸如位置、容量等选择参数并将请求路由接到所选择的 NF 服务生产者实例。

④ 模型 D。有代理发现的间接通信：服务消费者不做任何发现或选择，而是将带有发现和选择所需服务生产者的必要参数的服务请求发给 SCP，SCP 与 NRF 交互执行发现并获取发现结果，并基于服务请求地址以及服务请求消息中的发现和选择参数将服务请求发送给合适的服务生产者。

5G 建设中可以根据自身需求决定是否部署 SCP 以及采用何种通信模型。

7.1.9　BSF 组网方案

5GC 由功能实体绑定支持功能（Binding Support Function，BSF）进行会话绑定，

BSF存储用户身份、DNN、UE IP地址、DN信息（例如，S-NSSAI）等信息以及服务于特定PDU会话的PCF地址。PCF使用Nbsf接口的服务管理操作来注册、更新和删除BSF内的绑定信息。每次分配或取消分配给PDU会话的IP时，PCF都需要更新BSF内的绑定信息。

其他NF（例如，NEF或AF）需要从BSF内提取绑定信息时，通过Nbsf接口，使用用户信息（例如，UE地址、DNN、S-NSSAI、SUPI、GPSI）来检索绑定的PCF地址。

NF可以通过NRF或基于本地配置发现BSF。在通过NRF发现的情况下，BSF在NRF中登记NF配置文件，包括BSF支持的UE IPv4和IPv6前缀的范围。

BSF可以单独部署，也可以与其他网络功能（例如，PCF、UDR、NRF、SMF）融合部署。在具体部署时，可用多种不同的方案。目前，业界主流的3种BSF组网方案如下所述。

方案一：BSF独立部署方案

独立部署BSF网元，完全按照标准流程，该方案带来的信令消耗较大，每个PDU会话建立后都需要进行会话绑定的流程；同时当PDU会话异常终结时，无法及时清除失效的绑定信息，而需要等待BSF自行定期清理垃圾数据（失效的绑定信息）。

在这种方式下，绑定信息可以集中进行维护，同时BSF可以直接支持Diameter接口，现网DRA无须进行改造升级。

方案二：SMF/BSF合设方案

当SMF与BSF合设时，由于SMF天然具有PDU会话信息，所以无须再专门进行会话绑定，同时SMF维护着最新的会话信息，也无须清理垃圾数据。

但这种方案需要在NEF上预先配置SMF与UE IP地址池的对应关系，以便根据终端IP地址找到合适的SMF/BSF，因此这种组网方案只适用于由SMF分配终端IP地址的场景。

在由UPF分配终端IP地址的场景下，由于终端IP地址与SMF无固定对应关系，此时NEF根据终端IP地址根本无法找到当前为用户服务的SMF，而关于终端IP地址的分配，前文已经论述并建议由UPF负责，因此此处不建议采用本方案。

方案三：DRA/BSF合设方案

此方案需要升级现网DRA，由DRA来承担BSF功能，由于DRA与BSF合设，因此可以减少DRA与BSF间的信令交互，会话绑定信息集中在DRA中进行管理；但本方案需要升级现网DRA支持BSF功能和服务化接口，同时还需要增加垃圾数据的处理机制。

考虑到在5G部署过程中尽量减少对现网的影响，优选采用方案一（即单独部署支持Diameter接口的BSF），减少对现网DRA的依赖，以便后续独立演进。

7.2　5G SA 核心网规划设计流程和算法

7.2.1　5G SA 核心网规划流程

在网络规划层面，因为传统核心网使用的是厂商专用硬件，所以一般只需要规划到网络拓扑和网元数量及容量，具体硬件配置由厂商人员完成；而 IT 云资源池规划，一般仅考虑下层通用硬件和虚拟化层软件，较少考虑上层应用需求。而 5G SA 核心网规划遵循 NFV 项目流程，需要打通上层应用（VNF 层）和下层基础设施（NFVI 层），把上层容量需求的规划结果转换为下层云计算所能理解的虚机（计算、内存、存储）的关键指标，还必须考虑 NFV 特有的 MANO 的部署方式及资源需求。5G SA 核心网规划流程如图 7-13 所示。

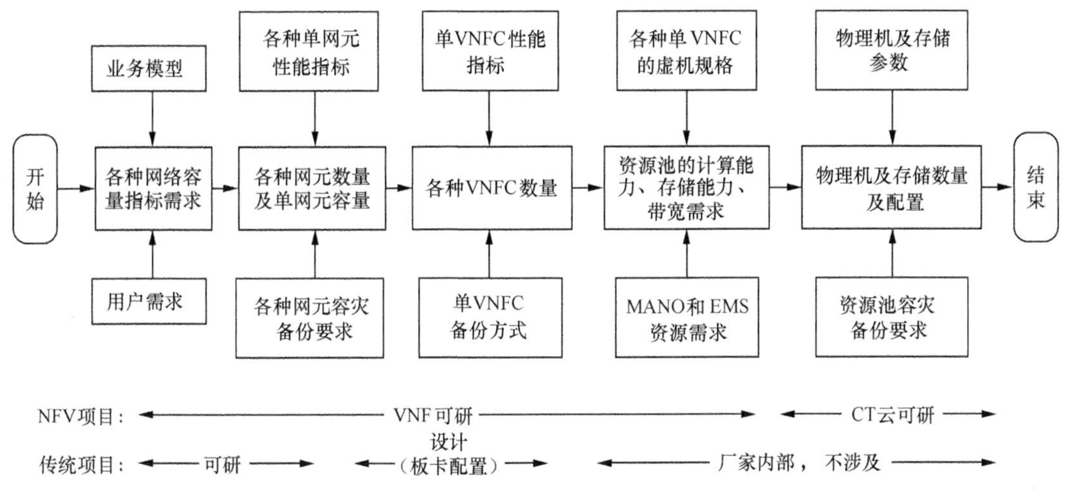

图7-13　5G SA核心网规划流程

① 根据用户预测和业务模型计算全网各种容量指标的总需求。

② 结合各种网元容量门限和容灾备份方式计算各种网元套数及每套网元的主备用容量。

③ 依据各厂家 VNFC 设置原则、备份方式及性能指标，计算出各种 VNFC 数量。

④ 每种 VNFC 有相应的虚机规格（计算能力、存储空间、存储读写速度），综合上述 VNFC 数量及相对固定的 MANO 和 EMS 资源需求，可以得到资源池总的计算能力和存储能力的需求。

⑤ 根据物理机配置参数和存储设备配置参数、资源池容量备份要求（物理机冗余、亲合 / 反亲合性等），得到资源池具体配置的物理机和存储数量。

7.2.2　VNF层规划算法

VNF 层规划算法与传统 4G 网元规划相近，主要是基于用户需求和业务模型，计算各个

VNF 的容量需求。

1. 用户容量

5G 附着用户容量=5G 出账用户数 × 开机率 × 附着用户容量系数 ×（1 − 4G 回落比）

4G 附着用户容量=5G 出账用户数 × 开机率 × 附着用户容量系数 × 4G 回落比

5G 静态用户容量 = 5G 出账用户数 × 静态用户容量系数

VoLTE 注册用户容量 = 5G 附着用户容量 + 4G 附着用户容量

VoLTE 静态用户容量 = 5G 静态用户容量

2. 网络总容量需求计算

网络总容量需求计算原理如图 7-14 所示。

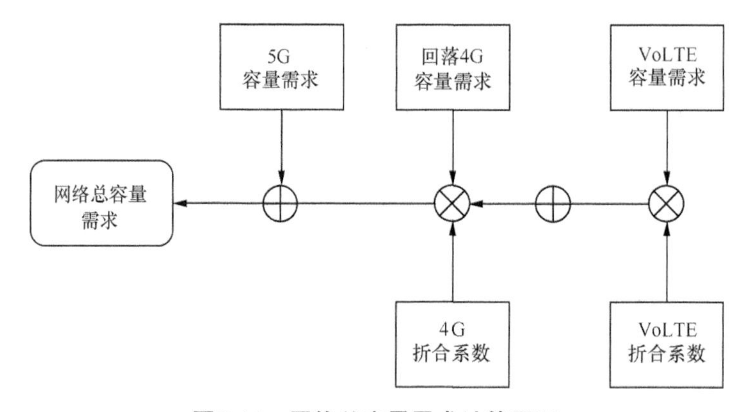

图7-14　网络总容量需求计算原理

网络容量需求 = 5G 容量需求 + 回落 4G 容量需求 ×4G 折合系数 + VoLTE 容量需求 ×VoLTE 折合系数

分解到各种网元的容量计算方法如下所述。

AMF 附着用户容量需求 = 5G 附着用户容量 +VoLTE 注册用户容量 ×VoLTE 折合系数

5G 附着承载数 = 5G 附着用户容量 × 每 5G 附着用户承载数

4G 附着承载数 = 4G 附着用户容量 × 每 4G 附着用户承载数

VoLTE 附着承载数 = VoLTE 注册用户容量 × 每 VoLTE 注册用户承载数

SMF/GW-C 承载容量需求 = 5G 附着承载数 + 4G 附着承载数 × 4G 折合系数 + VoLTE 附着承载数 × VoLTE 折合系数

UDM/HSS-FE 附着用户容量需求 = 5G 附着用户容量 + 4G 附着用户容量 × 4G 折合系数 + VoLTE 注册用户容量 ×VoLTE 折合系数

UDM/HSS-BE 静态用户容量需求 = 5G 静态用户容量 + VoLTE 静态用户容量 ×VoLTE 折合系数

PCF/PCRF-FE 附着用户容量需求 = 5G 附着用户容量 + 4G 附着用户容量 ×4G 折合系数 +VoLTE 注册用户容量 ×VoLTE 折合系数

PCF/PCRF-BE 静态用户容量需求 = 5G 静态用户容量

UPF/GW-U 承载容量需求 = SMF/GW-C 承载容量

UPF/GW-U 吞吐量需求 = 5G 附着承载数 × 每 5G 承载吞吐量 + 4G 附着承载数 × 每 4G 承载吞吐量 + VoLTE 注册用户容量 × 每 VoLTE 注册用户吞吐量 ×VoLTE 折合系数

NRF 处理能力 = 5G 附着用户容量 × 每 5G 附着用户忙时查询次数 + 4G 附着用户容量 × 每 4G 附着用户忙时查询

NSSF 处理能力 = 5G 附着用户容量 × 每 5G 附着用户忙时查询次数

BSF会话绑定容量 = VoLTE 注册用户容量

3. 网元套数及容量计算

（1）AMF、SMF/GW-C、UDM-FE、HSS-FE、PCF/PCRF-FE 网元

网元主用套数 = roundup(网元总容量需求 / 网元容量门限)

网元备用套数 = roundup(网元主用套数 /4)（假设每 4 套主用对应 1 套备用）

网元套数 = 网元主用套数 + 网元备用套数

单套网元主用容量（软件容量）= 网元总容量需求 / 网元套数

单套网元主备容量（硬件容量）= 网元总容量需求 / 网元主用套数

（2）UDM/HSS-BE、PCF/PCRF-BE、NRF、NSSF、BSF 网元

网元套数 = roundup(网元总容量需求 / 网元容量门限)×2

单套网元主用容量（软件容量）= 网元总容量需求 / 网元套数

单套网元主备容量（硬件容量）= 网元总容量需求 / 网元套数 ×2

（3）UPF/GW-U 网元

网元主用套数 =roundup[max(承载容量需求 / 网元承载门限，吞吐量需求 / 网元吞吐量门限)]

网元备用套数 = roundup(网元主用套数 /4)（假设每 4 套主用对应 1 套备用）

网元套数 = 网元主用套数 + 网元备用套数

单套网元主用容量 = 网元总容量需求 / 网元套数

单套网元主备容量 = 网元总容量需求 / 网元主用套数

4. NFVI 层规划算法

假设 DC 内部署了 i 种 NF，每种 NF 分别有 j 套，第 i 种网元第 j 套用 NF_{ij} 表示。

单套 NF_{ij} 虚机数量 =roundup(NF_{ij} 容量 /NF_i 单虚机容量处理能力)

NF_i 虚机总数量 = $\sum_j$(单套 NF_{ij} 虚机数量)

NF_i 计算能力总需求 =NF_i 虚机总数量 ×NF_i 单虚机 vCPU 数量规格

NF_i 存储空间总需求 = NF_i 虚机总数量 ×NF_i 单虚机存储空间数量规格

DC 计算能力总需求 = $\sum_i$(NF_i 计算能力总需求)

DC 存储空间总需求 = $\sum_i$(NF_i 存储空间总需求)

DC 物理机台数 = roundup(DC 计算能力总需求 / 单台物理机提供 vCPU 能力 + MANO 物理服务器台数)× 物理机容灾调度系数

磁阵或分布式存储存储空间 = DC 存储空间总需求 ×(1+ 副本份数)

根据 DC 所部署的 NF 对计算、转发、存储的要求，配置不同规格的物理机及相应台数。

7.3 NSA 过渡方案

为了通过升级现网 EPC 来支持 5G 的移动 eMBB 超宽带业务，满足运营商尽早商用 5G 网络的需求，3GPP 标准定义了 NSA 组网并在发布 SA 协议之前先行发布了 NSA 协议版本，虽然只有 SA 架构的 5G 网络才能支持 5G 的所有新特性和新功能，SA 架构也是 5G 演进的最终目标架构，但是 NSA 组网的协议和产业链的成熟度都领先于 SA 组网，运营商可以利用 NSA 组网来采取更加积极的发展策略，尽早为客户提供 5G 商用服务，因此很多运营商考虑将 NSA 组网作为 SA 组网的过渡方案。

7.3.1 NSA 网络架构（Option3x）

3GPP 定义了 Option3/3a/3x、Option4/4a、Option7/7a/7x 等 NSA 部署选项，其中，Option3x 是最热门的选项，因为 Option3x 对现网改动小，而且将 NR 作为用户面锚点，可以降低 LTE 基站用户面转发要求和改造成本。Option3x 网络架构如图 7-15 所示。

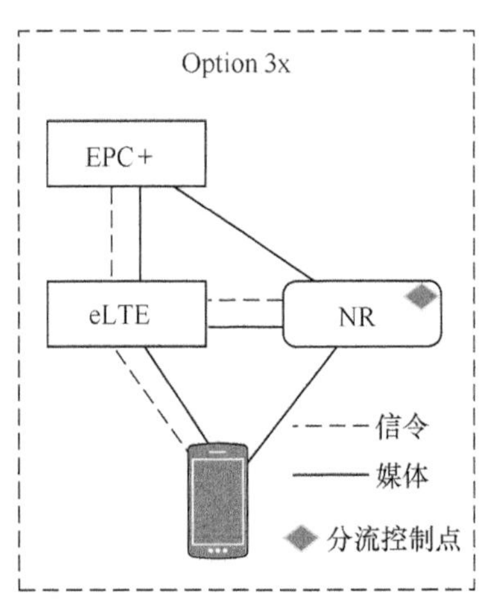

图7-15 Option3x网络架构

NSA 架构支持 LTE 和 5G NR 双连接，在 Option3x 场景下，升级后的 EPC 同时对接升级后的 LTE 基站和新建的 5G NR。其中，LTE 是主站（Master Node，MN），提供连续覆盖；NR 作为从站（Secondary Node，SN）在热点区域部署。LTE 作为控制面锚点，处理和转发 UE 与核心网间的控制面消息；NR 作为用户面分流控制点，进行媒体转发。

7.3.2　NSA 架构 4G 网络升级方案

运营商在进行 NSA 部署时，可以有选择性地分阶段部署，一般来说，可以分为最小升级方案和完整升级方案两种方案。

1. 最小升级方案

为最大限度地缩短现网升级时间，满足建网初期 NSA 快速部署的要求，同时尽量减少对现网 EPC 的影响，可以考虑采用不区分 4G 和 5G 流量的现网最小升级方案。最小升级方案对现网的升级 / 配置需求如图 7-16 所示。

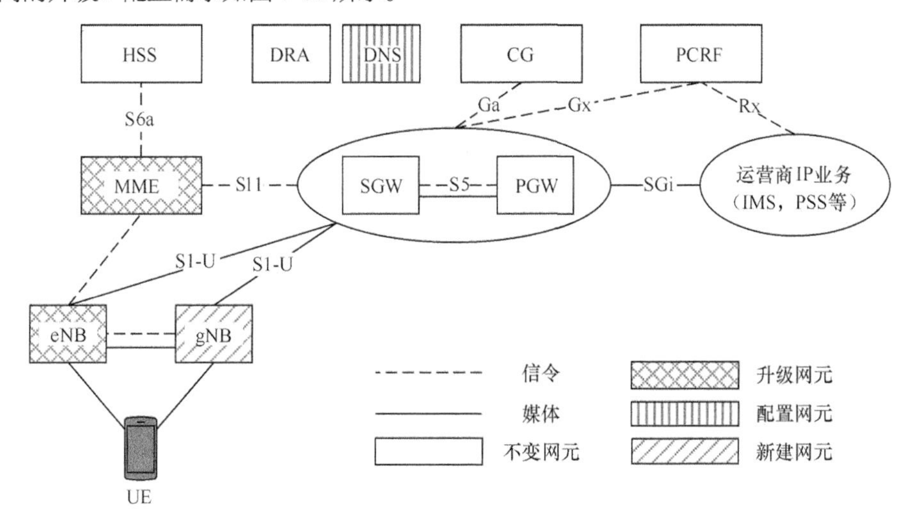

图7-16　最小升级方案对现网的升级/配置需求

在最小升级方案中，新建 gNB（5G NR），现网 EPC 需要升级的网元只有 MME 和 eNB，同时如果网络中的 SAE-GW 并不全部支持 NSA，则需要在 DNS 中进行区分配置，以便 MME 为 5G 用户选择支持 NSA 的 SAE-GW。

在该方案中，所有用户都默认允许接入 NSA，用户只要更换 NSA 终端即可接入 5G 网络，计费无法区分 4G/5G 流量，也不支持对用户设置 NR 接入限制。

2. 完整升级方案

为了更好地对 5G 网络和业务进行运营，可以选择采用完整升级方案，扩大 EPC 现网网元升级的范围，以便加强对 NSA 用户的接入控制和计费。完整升级方案对现网的升级 / 配置需求如图 7-17 所示。

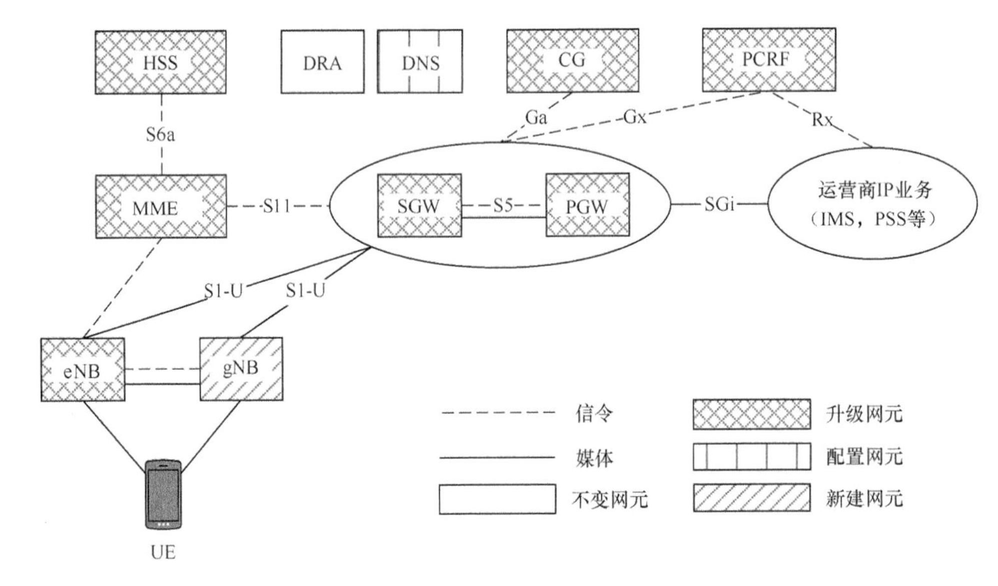

图7-17　完整升级方案对现网的升级/配置需求

在完整升级方案中，除了升级 MME 和 eNB 外，还需要同时升级 HSS、PCRF、CG、SGW 和 PGW。虽然 DNS 不需要升级，但是如果网络中的 SAE-GW 并不全部支持 NSA，则需要在 DNS 中进行区分配置，以便 MME 为 5G 用户选择支持 NSA 的 SAE-GW。

完整升级方案支持用户级的 5G 签约管理和接入限制，可以通过接入限制功能来限制用户的 NR 接入，同时可以区分 4G/5G 流量，支持分别统计 4G 和 5G 流量以实现不同计费。

7.3.3　NSA 架构下 4G 网元的增强功能

在 3GPP 的 NSA 标准中，eNB、MME、SGW、PGW、HSS、PCRF、CG 等网元在软件升级后，可以支持 NSA 相关新功能。当采用最小方案时，只需要对 eNB 和 MME 进行升级以支持 NSA 部署。如果希望通过完整升级方案达到更好地对 5G 网络和业务进行运营的目的，则可以对上述全部网元进行升级。

下面是 EPC 网元升级后支持的 NSA 增强功能。

1. MME 增加的 NSA 相关功能

- 支持 DCNR 接入。
- 支持 eNB 和 gNB 上的承载建立，以及 eNB 和 gNB 的承载迁移。
- 支持 5G 安全机制。
- 支持 5G 扩展的 QoS 参数。

- 支持根据终端的 DCNR 能力选择特定的网关。
- 支持 5G 流量报告，可以区分 4G/5G 流量统计。
- 支持 ARD 限制接入。

2. SGW 增加的 NSA 相关功能

- 支持 5G 扩展的 QoS 参数。
- 支持 5G 用量报告，可以区分 4G/5G 流量统计。
- 支持 4G/5G 区分计费。

3. PGW 增加的 NSA 相关功能

- 支持 5G 扩展的 QoS 参数。
- 支持 5G 用量报告，可以区分 4G/5G 流量统计。
- 支持 4G/5G 区分计费。

4. PCRF 增加的 NSA 相关功能

- 支持 5G 扩展的 QoS 参数。

5. HSS 增加的 NSA 相关功能

- 支持 5G 扩展的 QoS 参数。
- 支持 ARD 限制接入。

6. CG 增加的 NSA 相关功能

- 支持 4G/5G 区分计费。

7. DNS 内，针对支持 NSA 的 SAE-GW，需要增加的相应配置

- 在支持 NR 的 SAE-GW 的名字中增加“nc-nr”。

8. NSA 架构下，4G eNB 增加的相关功能

- 支持 NSA 架构下的无线控制面管理功能，包括广播信息的调度和发送，寻呼消息发送，测量与用于移动和调度的测量报告配置，公共预警消息的调度和发送。
- 支持 MCG 承载功能，包括 LTE 数据面承载功能，并支持与 5G 的双连接管理功能。

9. 5G NSA gNB 的主要功能

- 支持 NSA 架构下的 SCG split 承载功能，包括用户数据的 IP 头压缩和加密等。
- 支持在 eNB 控制下的接入功能，包括 NR 的 MIB 消息广播发送，NR 空口资源管理，用户面数据到核心网的路由等。
- 基站支持 NSA/SA 双模，同时支持 NSA 终端和 NSA/SA 双模终端接入。

7.3.4　NSA 向 SA 的演进

NSA 架构虽然能够满足运营商快速商用 5G 的需求，但是由于只有 SA 架构才能完全支持5G的所有新功能和新特性，所以NSA架构必定要向SA架构演进，本节将针对采用Option3x部署选项的演进路线进行详细论述。

Option3部署选项组网如图7-18所示。其中，4G终端业务流程不变，5G NSA终端的eMBB业务NR和LTE基站共同承载。NSA的跟踪区设置保持与LTE一致。

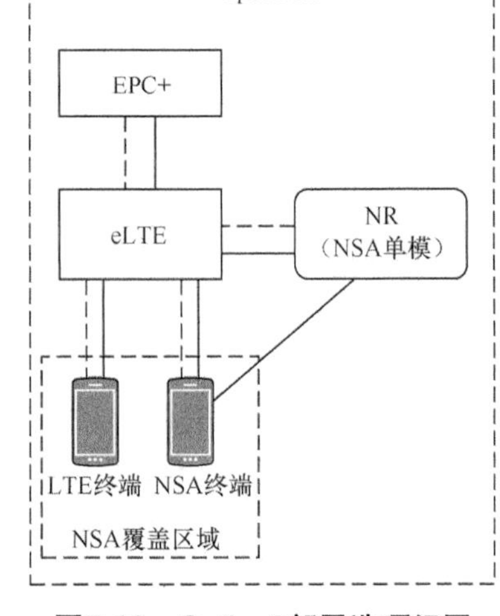

图7-18 Option3部署选项组网

由于NSA目前只支持同厂商双连接，所以NSA的NR基站需要与LTE基站同厂商共站址部署，覆盖区域与LTE基站保持一致。LTE基站作为控制面锚点，处理和转发UE与核心网间的控制面消息，NR作为用户面分流控制点进行媒体转发。

新建5G SA核心网和SA NR后，现网MME需要升级支持SA相关新功能，具体包括以下内容。

- 支持5G UE在EPS初始附着。
- 支持根据UE的5GC NAS和EPC NAS能力选择到融合的SMF/GW-C。
- 支持5G UE在5GC和EPS之间的移动性管理。
- 支持语音业务的EPS Fallback和紧急呼叫，支持IMS承载和Emergency承载的建立。

无线侧此时需要对NSA基站的演进路线进行选择，可选方案有两个。

方案一：NR基站升级为SA单模基站

NR基站升级为SA单模基站如图7-19所示。虽然将已经部署的NSA基站升级为SA单模基站，新建基站也同样为SA基站，核心网侧的NSA功能不再被用到，无线侧不再存在NSA覆盖，后续向Option2最终架构的演进同SA路线演进，路线简洁直接，但是该方案会造成NSA终端在原覆盖范围无法接入5G覆盖，只能使用4G LTE覆盖，可能会造成用户的投诉。

方案二：NR基站升级成NSA/SA双模基站，支持SA和NSA接入

NR基站升级为NSA/SA双模如图7-20所示。在将已经部署的NSA基站升级为NSA/SA双模基站同时连接到NSA EPC+和SA 5GC；新建基站则为SA单模基站，连接到SA 5GC。

NSA终端可以在双模基站覆盖范围内继续使用5G业务，核心网业务流程由EPC+控制；SA终端可以在双模基站覆盖范围内和新建的SA单模基站覆盖范围内使用5G业务，核心网业务流程则由SA 5GC控制。

虽然方案二能保证NSA终端在原NSA覆盖范围的接入，但是因为厂商双模基站价格较高，会带来更高的投资，同时也使无线侧的组网变得复杂。在演进策略的选择上，因为该方案下 NSA 的覆盖并不影响 SA 终端的接入，运营商可以选择 NSA 和 SA 长期共存，也可以在 NSA 终端基本退网时将双模基站的 NSA 模下线，演变为纯 SA 网络。

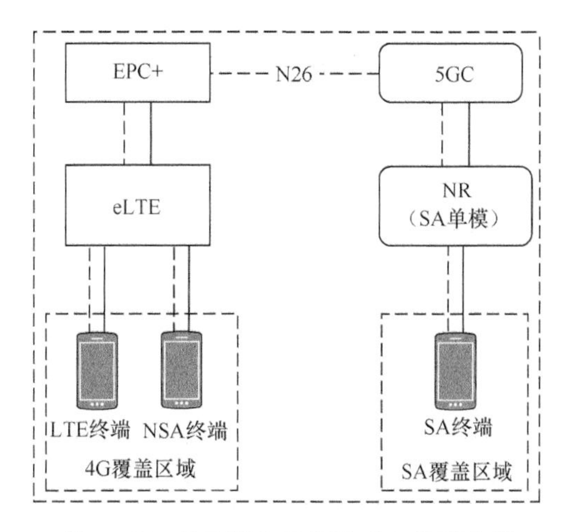

图 7–19　NR 基站升级为 SA 单模方案

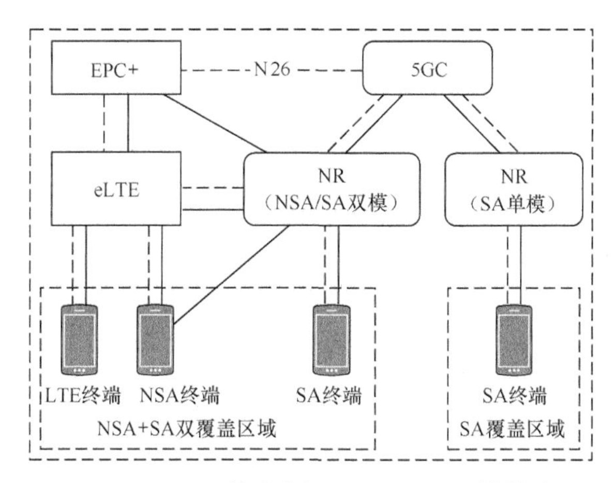

图7-20　NR基站升级为NSA/SA双模基站

5G

第 8 章

5G 无线网规划设计

8.1 5G 无线网络规划

8.1.1 5G 无线网络规划流程

无线网络规划是无线网络建设的关键环节，目标是以合理的成本满足业务发展的需求。保证基本覆盖是 5G 无线网络的基本需求，差异化需求是 5G 无线网络的特色。差异化的网络质量、体验需要在规划的源头，也就是需求分析上下功夫，把差异化需求具体落实到区域划分、指标要求等无线网络规划所需要的输入上。

不同于传统的移动网络，5G网络业务主要分为个人业务（ToC）和政企行业业务（ToB）两类。5G 网络应做好分类规划，针对不同业务覆盖和网络承载能力需求，合理制订网络建设策略，降低网络建设成本。

1. 个人业务（ToC）规划

个人业务（ToC）规划是 5G 规划的基础，大体上可以沿袭传统的无线网络规划方法，即根据用户体验需求制订网络覆盖和容量标准，推算满足要求的网络站间距，进而进行 5G 网络布站，按需提供 5G 网络的服务能力。5G 无线网络规划基本流程如图 8-1 所示。

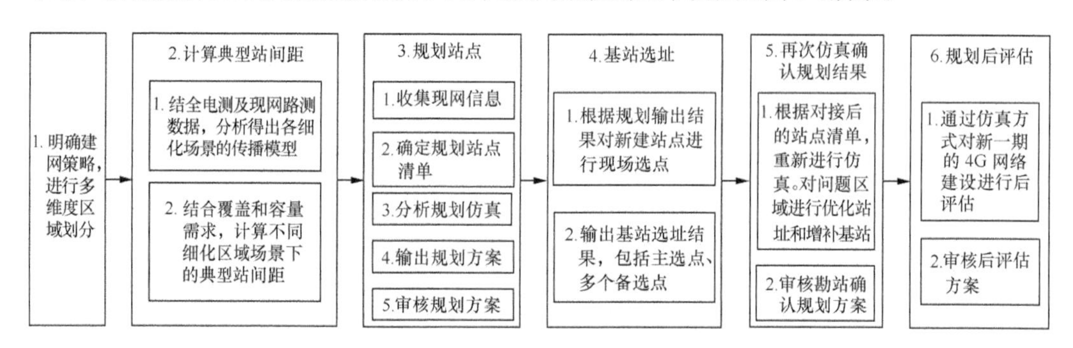

图8-1 5G 无线网络规划基本流程

（1）多维度区域划分

无线网络规划中的区域划分是指按一定的原则对目标覆盖区进行划分和归类，不同区域类型的覆盖区采用不同的建设原则和优先等级，通过最优的资源配置达到通信质量和建设成本的平衡。

5G 网络需求的多样性使单一维度的分类不再适应规划的要求，目标覆盖区应从多个维度描述。传统的无线传播环境可以作为场景划分的一个维度，同时，不同的行业应用需求也

可以作为一个维度，从而形成包括无线传播环境、不同行业应用、特定业务等在内的多维度体系。

5G 规划区域分类典型描述（示例）见表 8-1，表 8-1 说明一个具备 5G 基本覆盖情况，以及 5G 初期关注的 5G 示范、合作、推广等业务需求两个维度的区域分类体系。

表8-1　5G规划区域分类典型描述（示例）

序号	分类维度	分类名称	5G 基本覆盖情况维度描述	5G 初期业务需求维度描述
1	5G 初期业务需求	5G 业务示范区		适合市场宣传，并且品牌影响大的区域，例如，业务展示区、核心营业厅、城市商业广场、大型公共活动场所等
2	5G 初期业务需求	垂直行业合作培育区		垂直行业应用合作，例如，数字天空、智慧河长、智慧医疗等区域或潜力区域
3	5G 初期业务需求	高新技术开发区		高新企业聚集地、孵化地、“双创”园区等
4	5G 初期业务需求 / 基本覆盖	密集市区（4G 多载波区域）	区域内建筑物平均高度或平均密度明显高于城市内周围建筑物，中高层建筑可能较多	4G 流量大，有多个频点进行流量分担
5	基本覆盖	密集市区（4G 单载波区域）	区域内建筑物平均高度或平均密度明显高于城市内周围建筑物，中高层建筑可能较多	4G 流量一般，只有单个频点进行流量承载
6	基本覆盖	市区、县城	城市内具有建筑物平均高度和平均密度的区域，或经济较发达、有较多建筑物的城镇	
7	基本覆盖	郊区乡镇	城市边缘地区，建筑物较稀疏，以低层建筑为主；经济普通、有一定建筑物的小镇	

（2）计算典型站间距

针对不同场景的目标区域进行链路预算，同时考虑覆盖需求和容量需求，得出不同场景区域类型下的 5G 网络典型站间距，并结合现网路测和仿真进行验证。

在实际规划中，由于各个区域内地形、建筑物的多样性，区域实际所需的拓扑结构不是理想的蜂窝结构，所以上述计算得出的 5G 网络典型站间距主要作为参考值。

（3）规划站点

规划站点流程如图 8-2 所示。

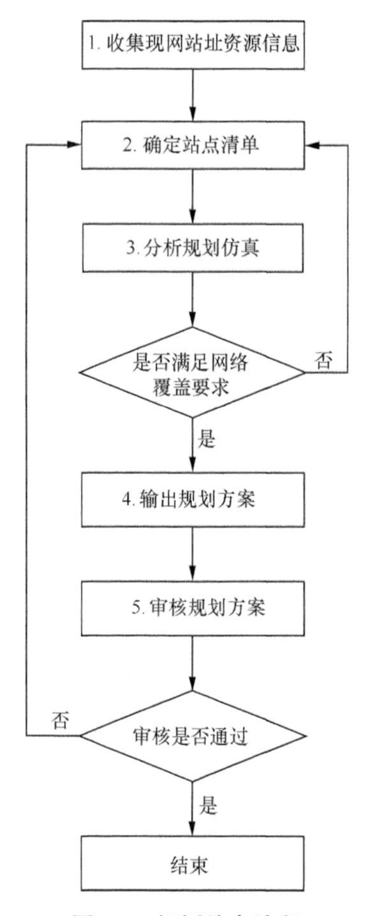

图8-2 规划站点流程

① 收集现网站址资源信息。该部分主要包括站址经纬度、天线挂高、站间距、配套情况、周边其他运营商站点情况。建设全新5G网络的运营商虽然没有现网站址，但也应努力收集可能获得的站点资源，包括现有运营商站点等。

② 确定站点清单。由于站址获取难度大，对运营商来说，站址资源非常宝贵，所以5G站点规划的总体原则是利旧现有站点，按需新增站址。若5G规划站间距大于现网站间距，则依据5G站间距，在满足合理5G拓扑结构的基础上，筛选合适的现网站址作为5G的规划站点。若5G规划站间距小于现网站间距，则根据5G链路预算及不同场景下的仿真验证结果，在合理选择现网站址的基础上，结合新建5G网络站点统筹规划整体网络布局，确保网络结构合理，符合后期网络发展需求。对建设全新5G网络的运营商来说，可以根据基站的覆盖能力确定不同无线传播环境下的站间距，然后和铁塔公司合作，从铁塔公司已有的站点中选取合适的站点进行网络布局。

③ 分析规划仿真。建议以簇为单位，利用规划站点清单进行仿真。分析仿真中输出的结果，评估规划方案能否满足规划目标。对不满足要求的区域返回第二步进行站址的调整优化，再进行仿真，直到满足要求。

④ 输出规划方案。规划完成后，输出规划站点清单和仿真报告、规划方案报告。

⑤ 审核规划方案。规划完成后，需要对规划方案进行联合审核。若审核不通过，则返回第二步进行站址调整。

（4）基站选址

对规划结果中的新增站点进行基站选址，在基站选址时尽量保证网络结构符合蜂窝结构，但在标准蜂窝位置不一定有合适的建筑物作为建设基站，此时站点位置将出现偏离。即使某站点出现偏离，通过调整该站点及周边站点的方向、下倾等，也可以实现对目标区域的有效网络覆盖。

在完成现场选点后，应输出基站主选站址和备选站址等信息，同时与建设部门进行对接，确保站点可以落地建设。

（5）再次仿真确认规划结果

每次方案调整后，都需要对调整后的方案重新进行仿真，确保仿真结果能达到预期的覆盖效果。

（6）规划后评估

规划后评估主要评估两个方面的内容：一是当期规划完成后，网络的覆盖情况；二是网络规划站点与实际落地站点的偏离程度。

网络规划应是一个闭环过程，从最初的规划到最后的建设落地，整个过程是否严格遵照流程操作，站点规划是否合理，实际建设过程中是否存在明显的站点偏离，需要评估体系进行评估，以此不断去改进规划建设流程。

2. 政企行业业务（ToB）规划

政企行业业务（ToB）规划是 5G 规划的重点，突出信息服务叠加 5G 元素的特征。5G 移动网络规划只是政企行业业务（ToB）规划的一部分，需要在 5G 无线网络规划基本流程之上，对行业用户需求、网络切片应用、边缘计算部署、云平台应用进行重点分析，具体步骤如下所述。

（1）分析行业需求

识别行业应用需求，分析行业应用特点，把行业应用特点翻译为客户对带宽、时延、连接数、可靠性等关键物理指标的要求，同时分析客户对边缘计算、网络切片、行业信息化应用的需求程度，为下一步网络架构分析奠定基础。

（2）制订网络架构

制订满足物理指标要求的，从终端接入到顶层应用的网络架构方案，重点集中在云业务应用、网络切片、边缘计算、移动网络。网络架构规划要点见表 8-2。

表8-2 网络架构规划要点

关键技术	规划要点
云业务应用	典型业务应用包括超高清视频、360°全景直播、AR/VR、视频监控、无人机、机器人实时控制等，业务应用根据和客户的实际沟通情况确定
网络切片	切片能将5G网络切出多张虚拟网络，从而支持多种业务。切片网络是企业可管、可控、按需分配的网络，是端到端并且相互间保持隔离的按需定制网络。切片颗粒度大小以适中为参考，具体大小可与客户协商确定
边缘计算	边缘计算将内容业务部署在网络边缘，以提升用户体验，节省带宽资源。主要针对本地化、低时延和高带宽要求的业务，例如，移动办公、车联网、4K/8K视频等。当时延或本地分流指标达到一定门限时，建议部署边缘计算，具体指标门限可与客户协商确定
移动网络	移动网络规划需要满足行业用户带宽、时延、连接数、可靠性的要求，具体涉及室外站间距规划、室分规划、站点设备类型选取等

（3）输出规划方案

该方案包括总体方案架构图和云应用业务方案、切片方案、边缘计算方案、基站方案等。

8.1.2 5G无线网络规划原则

5G无线网络建设将综合考虑业务需求、体验、技术方案的成熟性、终端产业链支持、建设成本及收益等因素，充分利用4G已有投资，在保证业务能力和用户体验的基础上，降低5G网络建设和运营成本。5G无线网络规划应遵循以下原则。

1. 业务引领原则

5G网络建设初期遵循基于业务需求的建网原则，重点关注密集市区、市区、县城等核心区域，尤其是垂直行业用户所在区域、品牌示范区域、高流量热区等，确保投资效益。

2. 服务差异化原则

差异化需求来自多个方面，主要是客户群，包括公众客户和行业客户。他们的差异性体现在客户的行为模式以及对网络性能的要求上，也体现在客户的地理空间分布上。而且在不同时期，差异化需求也会有所不同。在5G网络建设中宜采取多种模式、多种手段来满足差异化需求，实现精细化建设。

3. 4G与5G协同原则

以满足客户需求为目标，4G和5G网络形成有机整体，提供覆盖完善、用户体验较佳的网络服务。当4G/5G网络协同时，5G网络作为容量层叠加在4G网络上，语音业务回落4G网络由VoLTE（4G网络架构下的基本语音解决方案）承载。尤其是在采用NSA组网的情况下，5G基站需要设置相应的4G锚点才能完成信令的交互。对于建设全新5G网络的运营商而言，由于缺乏网络基础，无法进行4G/5G网络协同，5G频段应作为基础数据层提供数据服务，语

音业务后续可以考虑采用 VoNR(5G 网络架构下的语音解决方案)来承载。

4. 共建共享原则

中国电信和中国联通已经发布公告，要在全国范围内合作共建一张 5G 接入网络。5G 网络共建共享是指接入网共享，核心网由各家运营商自己建设，5G 频率资源共享。对建设全新 5G 网络的运营商而言，可根据频率资源情况寻求共建共享的可能，例如，在 4.9G 频段共建共享，降低网络的建设成本。

5G 基站在站址、杆塔、电源配套方面可以通过铁塔公司实现共建共享，从而降低建设成本。

8.1.3　5G 覆盖场景与规划目标

1. 5G 对个人业务覆盖

5G 覆盖场景可按区域类型进行划分，规划初期建议根据现有 4G 站点情况进行 5G 布局，例如，中国移动根据现有的 2.6GHz 的 TD-LTE 站点进行布局，中国电信和中国联通根据现有的1.8GHz 的 LTE FDD 站点进行布局，这样可以满足上行 H.265、480P 视频通话需求，下行 4K 高清视频需求。

根据测试情况，按照上述原则进行布局，室内外综合下行边缘速率可达 20Mbit/s ～ 50Mbit/s，上行边缘速率可达 1Mbit/s ～ 2Mbit/s。网络中后期可根据竞争需求和业务需求提高网络的上 / 下行边缘速率。

2. 5G 对政企业务覆盖

5G 覆盖场景按业务类型进行划分，其规划目标包括带宽、时延、连接数、可靠性等。政企行业业务覆盖场景与规划目标见表 8-3。

表8-3　政企行业业务覆盖场景与规划目标

5G 场景	业务分类	规划目标			
		带宽 / Mbit/s	时延 / ms	连接数 / 个	可靠性
eMBB	AR/VR（云 AR/VR）	100Mbit/s ～ 9400Mbit/s	＜ 5	局部 2 ～ 100	中
	家庭娱乐	＞ 100Mbit/s	＜ 10	局部 2 ～ 50	低
	全景直播	＞ 100Mbit/s	＜ 10	2 ～ 100	低
	工业相机	1Gbit/s ～ 10Gbit/s	＜ 100	2 ～ 100	低
uRLLC	无人机	＞ 200Mbit/s	毫秒级	2 ～ 100	中
	车联网（自动驾驶）	＞ 100Mbit/s	＜ 10	2 ～ 50	高
	智慧医疗	＞ 12Mbit/s	＜ 10	局部 10 ～ 10^3	高
	远程操控	kbit/s 级	5 ～ 100	局部 10^2 ～ 10^4	高
mMTC	智慧城市	＞ 50Mbit/s	＜ 20	10^6 ～ 10^7	中
	智慧农业	＞ 12Mbit/s	＜ 10	10^3 ～ 10^6	中

8.1.4 大规模天线技术对规划的影响

5G 引入了大规模天线技术（Massive MIMO），旨在增强上 / 下行覆盖和空间复用性能，可进一步提升系统容量，大规模天线技术是 5G 的一个重要特征。

大规模天线技术规划及配置对 5G 网络的覆盖和容量有重要影响。5G 大规模天线与 4G 网络部署的 2TR/4TR/8TR 天线相比，具有产品形态多样、覆盖技术灵活的特点，因此在网络部署中应当合理选择产品形态和参数配置，充分发挥大规模天线性能。本节将从与网络部署密切相关的设备选型、下倾角规划、广播 / 同步信号波束规划 3 个方面来阐述大规模天线技术对规划的影响。

1. 大规模天线技术设备选型

大规模天线技术主要通过多端口空时编码技术，形成多个波束赋形，引入空间维度，实现空间复用，降低邻区的干扰。在没有采用波束赋形技术时，基站只能采用天线主瓣覆盖相对固定的区域，而大规模天线可以在水平和垂直方向上选择适合波束追踪的用户，有效扩大无线基站的覆盖范围，有望解决无线基站塔下黑、高层信号弱和高层信号污染等问题。大规模天线可以实现多个不同的波束同时为不同的用户服务，提升系统容量；大规模天线产生的波束赋形波瓣更窄、能量更集中，能有效减少邻区干扰。

一般而言，大规模天线技术的增益主要由阵列增益、分集增益或者波束赋形增益组成，例如，192 振子的 64TR 的阵列增益为 10dBi，上行分集增益或者下行波束赋形增益为 14 dBi ～ 15dBi。当前主流的大规模天线技术有 64TR、32TR、16TR、8TR 等多种通道天线可选，其区别在于在垂直面上是支持 4 层、2 层还是 1 层波束，具备不同的三维大规模天线性能。相比以往的双极化天线，现在这种天线在垂直维度上有更好的覆盖增益。在落地实施中应根据不同的场景需求，考虑覆盖、容量、资本性支出、运营成本及施工条件五大因素进行天线选型。不同通道数的大规模天线性能对比见表 8-4。

表8-4 不同通道数的大规模天线性能对比

性能指标	8TR	16TR	32TR	64TR
倾角调整能力	上副瓣抑制 12dBi 条件下可调整范围为 0° ～ 11°	上副瓣抑制 12dBi 条件下可调整范围为 0° ～ 11°	上副瓣抑制 12dBi 条件下可调整范围为 0° ～ 11°	上副瓣抑制 12dBi 条件下可调整范围为 0° ～ 11°
水平波束扫描能力	3dBi 波瓣宽度下约为 ± 55°	3dBi 波瓣宽度下约为 ± 55°	3dBi 波瓣宽度下约为 ± 55°	3dBi 波瓣宽度下约为 ± 55°
垂直波束扫描能力	无	无	约为 ± 6°	约为 ± 12°
振子增益 A/dBi	18	15	12	10
波束赋形增益 B/dBi	3 ～ 4	6 ～ 8	10 ～ 12	14 ～ 15
天线增益（A+B）/dBi	20 ～ 22	22 ～ 23	23 ～ 24	24 ～ 25

根据人口分布、建筑分布以及业务需求，实际网络部署场景大致可分为密集市区、一般城区、郊区等，在网络部署中需要因地制宜，根据系统性能和产品实现进行方案选择。

现在我们以系统级仿真为例，综合评估密集市区、一般城区和郊区场景下射频通道数目和系统支持最大传输流数对系统性能的影响。

各个场景下小区平均吞吐量增益对比如图 8-3 所示。

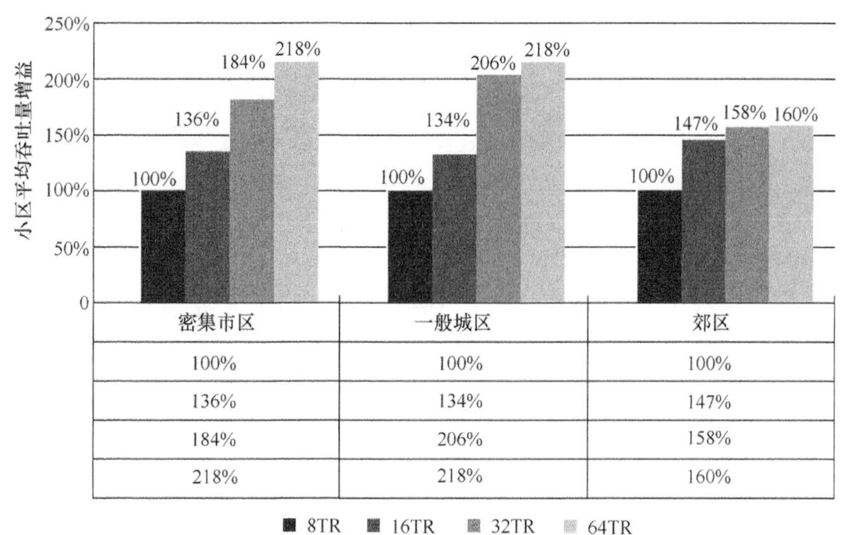

密集市区	一般城区	郊区
100%	100%	100%
136%	134%	147%
184%	206%	158%
218%	218%	160%

图8-3 各个场景下小区平均吞吐量增益对比

从上述对比结果可以看出，所有场景下 TxRx（收发通道）数目的增加均会带来系统性能的提升，但不同场景下的性能增益并不相同。

① 在密集市区场景下，64TR 较 32TR 的性能提升了18.5%，较 16TR 的性能提升了 60%，考虑到密集市区业务集中，业务量需求大，建议在密集市区部署 64TR 大规模天线。

② 在一般城区场景下，64TR 较 32TR 的性能仅提升了5.5%，而 32TR 较 16TR 的性能提升了 54%，考虑到一般城区场景的业务需求比密集市区小，建议在一般城区场景下部署 32TR。

③ 在郊区场景下，64TR 和 32TR 相较于 16TR 的性能增益并不大，分别是 8.8% 和 7%，考虑到郊区场景业务需求量小，建议在郊区部署 16TR 天线。

④ 在高铁轨道、高速公路、隧道等中高速线覆盖场景，波束赋形算法对信道状态反馈的实时性和质量要求较高，较高通道大规模天线的波束赋形增益无法实现，建议部署振子增益较大的 8TR 天线。

目前，从厂商的产品形态调研来看，密集市区的产品形态比较明确，一般部署 64TR的天线；而对于一般城区和郊区的产品形态选择还有待进一步系统验证。

2. 下倾角规划

基站下倾角是影响系统覆盖性能的关键因素，传统 LTE 基站的下倾角调整主要包括机械下倾角和电调下倾角的调整，且相关调整有比较明确的要求。而随着大规模天线技术的引入，5G 基站支持更加灵活的数字下倾角调整，相应降低了对电调下倾角的调整需求。

LTE 基站下倾角包括机械下倾角和电调下倾角；NR 基站下倾角包括机械下倾角、电调下倾角和数字下倾角。LTE 基站与 NR 基站对不同下倾角的支持情况见表 8-5。

表8-5 LTE基站与NR基站对不同下倾角的支持情况

	机械下倾角	电调下倾角	数字下倾角
描述	通过调整安装支架和天线面板，改变天线物理位置，从而实现物理倾角的改变	通过调整天线关键器件移相器，改变天线振子相位	通过权值控制波束数字下倾，实现天线波束调节的灵活性和精准性
LTE 基站	支持	支持	不支持
NR 基站	支持	对于垂直自由度为一的产品形态（例如，16TxRU）支持；对于 32/64TxRU 不支持	支持

机械下倾角调整角度过大（大于10°），会导致天线水平方向增益图畸变；与机械下倾角相比，随着电调下倾角角度的增加，天线水平波形畸变较小，易于控制覆盖范围，干扰规避能力较强。

从国内厂商的产品实现来看，各个厂商设备对下倾角调整的支持情况不同。

① 对于 64TR 产品，各个厂商设备支持机械下倾角的调整和数字下倾角的动态调整，但大部分厂商设备不支持电调下倾角的调整，这主要是考虑到数字下倾角可替代传统的电调下倾角，且支持电调下倾角调整的设备实现有一定的复杂度。

② 对于 16TR/8TR 产品，其垂直维度没有波束赋形，大部分厂商设备支持机械下倾角和电调下倾角的调整。

综上所述，下倾角的规划建议如下。

- 密集市区：机械下倾角调整（−10° ～10° ）+ 灵活的数字下倾角调整。
- 一般城区：机械下倾角调整（−10° ～10° ）+ 灵活的数字下倾角调整。
- 郊区：机械下倾角调整（−8° ～8° ）+ 电调下倾角调整（−8° ～8° ）。

同时，考虑到硬件设备的成本和实现复杂度，以及数字波束的引入，对于 32TR/64TR 产品，建议采用机械下倾角加数字下倾角调整的方式；对于 16TR/8TR 产品，建议采用机械下倾角加电调下倾角调整的方式。

3. 广播 / 同步信号波束规划

5G 大规模天线覆盖方式与 4G 不同，在广播 / 公共控制信道引入多波束扫描技术，可带来赋形增益。在建网初期网络负荷较低的情况下，波束规划会影响网络的覆盖质量。

根据 3GPP 标准，5G 系统的主广播消息包含在同步信号块（Synchronization Signal Block，SSB）中，SSB 由主同步信号（Primary Synchronization Signal，PSS）、辅同步信号（Secondary Synchronization Signal，SSS）和物理广播信道（Physical Broadcast Channel，PBCH）组成。在 SSB 的一个传输周期内，NR 在 FR1 频段（450MHz ～ 6000MHz）最多支持 8 个 SSB 传输，在 FR2 频段（24250MHz ～ 52600MHz）最多支持 64 个SSB 传输；每个 SSB 都可以采用不同的波束发送，它们携带相同的信息。以国内运营商未来网络的部署频段 n78（3300MHz ～ 3800MHz）为例，根据 3GPP 标准，系统在该频段范围最多能支持 8 个 SSB 的传输，SSB 子载波间隔为 30kHz，每个 SSB 在时域占用 4 个连续的 OFDM（正交频分复用）符号。以工业和信息化部 5G 技术试验的帧结构为例，2.5ms 双周期帧结构中 SSB 的时域位置如图 8-4 所示。

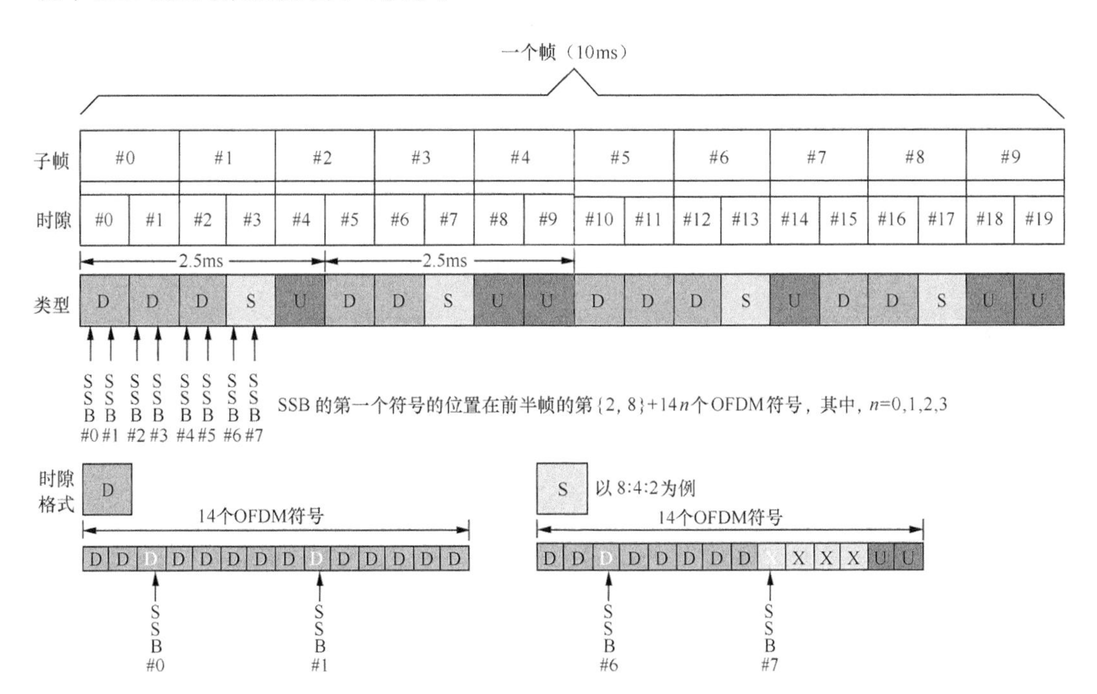

图8-4　2.5ms双周期帧结构中SSB的时域位置

传统的宽波束的指向性固定，容易在小区边缘处产生交叠覆盖，从而对处于交叠区的 UE 产生干扰。而多波束扫描技术采用动态的窄波束，使相邻小区在小区边缘处波束交叠的概率降低，从而降低小区边缘 UE 受到邻区干扰的概率。

在实际网络部署中，需要根据具体环境选择波束的宽窄：在覆盖受限环境、高楼场景以及热点区域时采用多波束扫描的方式以保证覆盖性能；在郊区、乡村场景采用宽波束方案，既保证覆盖又降低系统开销。

在引入多波束扫描技术的同时，我们需要针对不同的场景设计对应的波束图样（Beam Pattern），选择相应的配置参数，并且关注波束扫描带来的邻区干扰情况。对此我们将覆盖环境分为以下 3 种场景并提出相应的波束规划配置建议。SSB 分场景波束规划配置建议见表 8-6。

表8-6　SSB分场景波束规划配置建议

序号	水平扫描范围	垂直扫描范围	业务信道最大增益 / dBi	应用场景映射	场景举例	机械下倾角度	电下倾（含预置）角度	波束图样	支持天线类型
1	65°	7°	23 ～ 24	广域覆盖	楼宇密集且不高的场景，含城中村、高校等	0° ～ 3°	0° ～12°	宏站	64TR/16TR
2	20°	30°	24	高层覆盖	高层居民区	0°	0° ～ 6°	高层	64TR
3	65°	30°	18 ～ 21	高低层混合覆盖	中央商务区（CBD）	0°	0° ～ 6°	热点 / 高层	64TR

（1）广域覆盖场景

例如，楼宇密集且不高的场景，包括城中村、高校等。广域覆盖场景波束如图 8-5 所示。

（2）高层覆盖场景

例如，高层写字楼 / 居民楼。高层覆盖场景波束如图 8-6 所示。

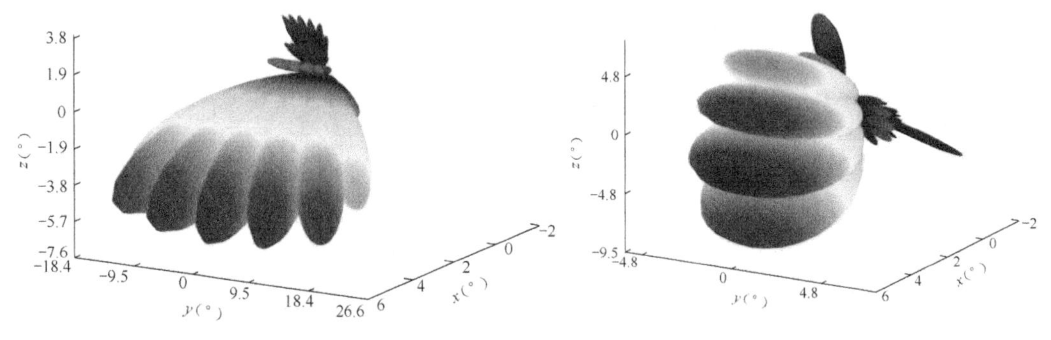

图8-5　广域覆盖场景波束　　　图8-6　高层覆盖场景波束

（3）高低层混合覆盖场景

高低层混合覆盖场景波束如图 8-7 所示。

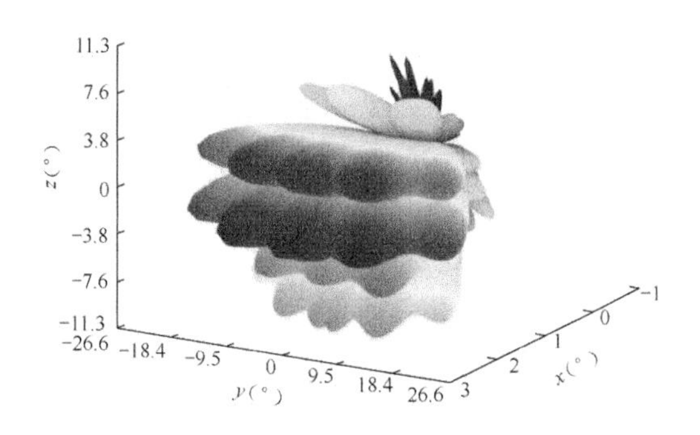

图 8–7　高低层混合覆盖场景波束

8.1.5　5G 无线网络覆盖规划

5G 网络的覆盖优先通过室外宏基站解决，并结合小基站进行适当的补盲或疏忙。大型建筑物的室内网络覆盖一般采用室内分布系统解决。

无线网络规划主要包括覆盖规划和容量规划，通过链路预算进行覆盖规划，输出初步站址密度和规模，同时对该站址规模方案进行容量评估，评判该站址是否达到建网的覆盖目标和容量目标。5G 无线网络覆盖规划需要进行链路预算，主要目的是根据给定的边缘速率，评估特定无线传播环境下室外宏基站的覆盖能力，从总体上估算网络覆盖目标区域所需要部署室外宏基站的规模。覆盖规划及容量规划总体流程如图 8-8 所示。

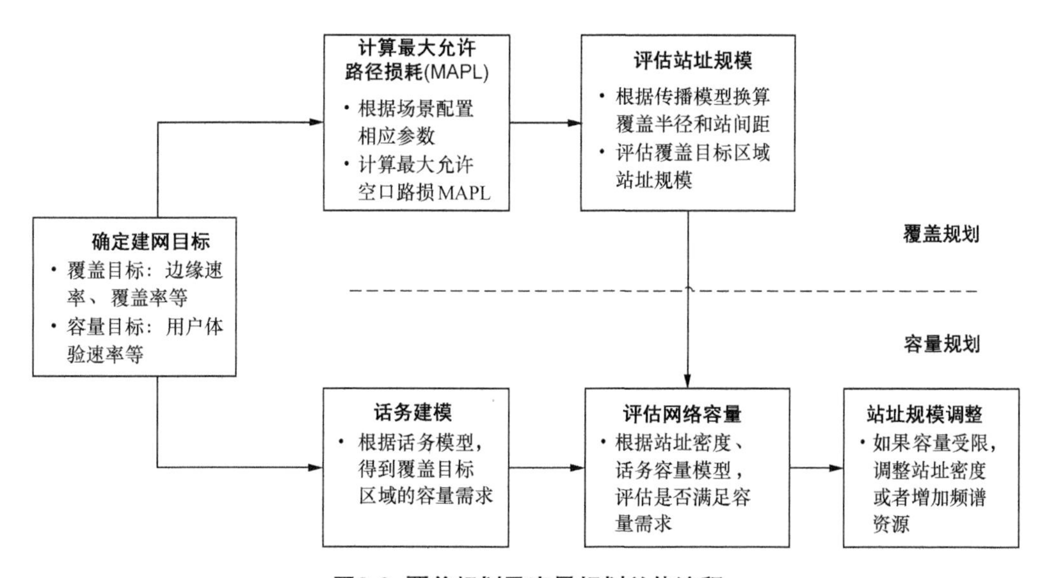

图8-8　覆盖规划及容量规划总体流程

与传统3G、4G的无线网络覆盖规划类似，5G链路预算可计算出最大允许路径损耗（Maximum Allowed Path Loss，MAPL），结合无线传播模型还可以计算出覆盖半径，通过“三叶草”的标准蜂窝网络拓扑结构可以计算出站间距，并利用拓扑结构对应单站覆盖面积公式换算出覆盖目标区域所需要的站址规模。

1. 典型覆盖场景

典型覆盖场景包括密集市区、普通市区、郊区乡镇和农村开阔地等。典型场景划分见表8-7，典型覆盖场景示例如图8-9所示。

表8-7　典型场景划分

序号	传播模型	典型区域	说明
1	密集市区	CBD商务区、密集居民楼/城中村等	1. 在大城市的中央商务区（CBD），周围建筑物平均高度大于30m（10层以上），平均楼距约为10～20m；在基站附近的建筑物较为密集，周围既有较多10层以上的建筑物，也有部分20层左右的建筑物，周边道路不算太宽 2. 类似居民楼宇的建筑物多为10层以上，平均高度大于30m，平均楼距为10～20m 3. 城中村的建筑物平均高度为15m以上，建筑物多为6～10层，楼间距为2～5m
2	普通市区	普通住宅、老城区、高校、县城等	1. 普通城市的住宅、老城区的建筑物平均高度为25m，周围建筑物多为5～9层，街道较窄，平均距离为10m 2. 大学城的建筑物多为5～9层，平均高度为25m，偶尔有10层以上的建筑物 3. 县城的建筑物多为5～9层，平均高度为25m，街道较窄，平均距离为10m
3	郊区乡镇	城乡结合区、工业区、乡镇	1. 在城市和乡镇的结合区域，建筑物沿主要道路两侧分布，建筑物高度不均，平均高度约为15m 2. 工业园的建筑物多为1～3层的厂房，平均高度为10m，道路较为规则 3. 乡镇的建筑物多为3～5层，平均高度在20m以下，道路较窄，道路宽度约为5～10m
4	农村	农村开阔地、风景区、道路沿线	1. 乡村的建筑物多为1～3层，较为稀疏，或者形成村落，周边一般为农田开阔地 2. 建筑物稀少，多为开阔地或山区 3. 高铁、轻轨、铁路等沿线开阔的区域，周边建筑物距离道路较远

（a）密集市区 （b）普通市区

（c）郊区乡镇 （d）农村开阔地

图8-9 典型覆盖场景示例

2. 链路预算

路径损耗 = UE 发射功率 + UE 天线增益 + 其他增益 – 阴影衰落余量 – 干扰余量 – 人体损耗 – 穿透损耗 + BTS 天线增益 – BTS 损耗 – BTS 接收机灵敏度。典型上行链路预算模型如图 8-10 所示。

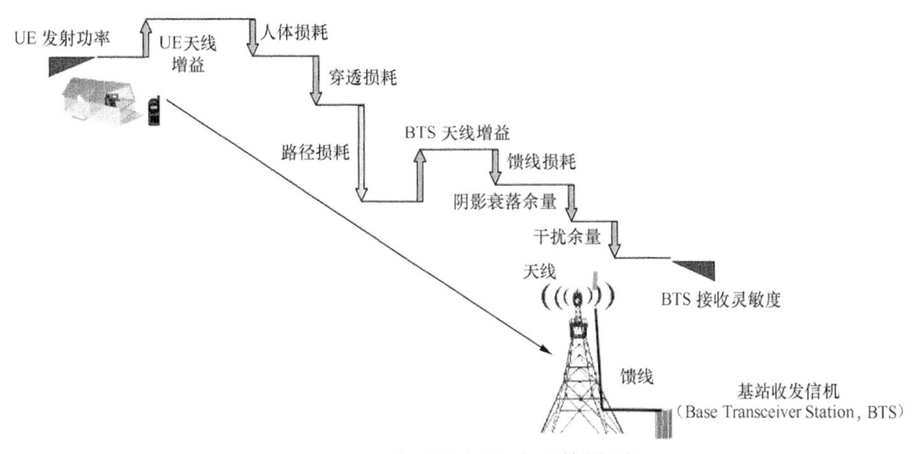

图8-10 典型上行链路预算模型

3.5GHz 频段 5G NR 链路预算演示见表 8-8。

表8-8　3.5GHz频段5G NR链路预算演示

<table>
<tr><th colspan="4">密集市区3.5GHz频段5G NR 链路</th></tr>
<tr><th colspan="2" rowspan="2"></th><th colspan="2">S111宏站</th></tr>
<tr><th>上行</th><th>下行</th></tr>
<tr><td colspan="2">频段</td><td>3.5GHz 5G NR</td><td>3.5GHz 5G NR</td></tr>
<tr><td colspan="2">系统带宽 / MHz</td><td>100</td><td>100</td></tr>
<tr><td colspan="2">总资源块（Resource Block，RB）数 / 载波数</td><td>272</td><td>272</td></tr>
<tr><td colspan="2">RB 带宽 / 载波带宽 / kHz</td><td>360</td><td>360</td></tr>
<tr><td colspan="2">上行与下行配比</td><td>3.3</td><td>6.7</td></tr>
<tr><td colspan="2">基站天线增益</td><td>10</td><td>10</td></tr>
<tr><td rowspan="2">天线配置</td><td>发射天线数 / 个</td><td>2</td><td>64</td></tr>
<tr><td>接收天线数 / 个</td><td>64</td><td>4</td></tr>
<tr><td colspan="2">边缘速率 / Mbit/s</td><td>1</td><td>20</td></tr>
<tr><td rowspan="3">发射机</td><td>最大发射功率 / dBm</td><td>26</td><td>53</td></tr>
<tr><td>发射天线增益 / dBi</td><td>0</td><td>10</td></tr>
<tr><td>等效全向辐射功率（Equivalent Isotropically Radiated Power，EIRP）/ dBm</td><td>26</td><td>63</td></tr>
<tr><td colspan="2">单用户分配 RB 数 / 载波数</td><td>36</td><td>272</td></tr>
<tr><td rowspan="5">接收机</td><td>接收机噪声系数 / dB</td><td>3.5</td><td>7</td></tr>
<tr><td>热噪声 / dBm</td><td>–102.9</td><td>–94.1</td></tr>
<tr><td>接收基底噪声 / dBm</td><td>–99.4</td><td>–87.1</td></tr>
<tr><td>信号与干扰加噪声比（SINR）/ dB</td><td>–3</td><td>–5</td></tr>
<tr><td>接收机灵敏度 / dBm</td><td>–102.7</td><td>–92.1</td></tr>
<tr><td rowspan="9">增益余量损耗</td><td>接收天线增益 / dBi</td><td>10</td><td>0</td></tr>
<tr><td>干扰余量 / dB</td><td>3</td><td>5</td></tr>
<tr><td>馈线损耗 / dB</td><td>0</td><td>0</td></tr>
<tr><td>塔放增益 / dB</td><td>0</td><td>0</td></tr>
<tr><td>阴影衰落 / dB</td><td>11.6</td><td>11.6</td></tr>
<tr><td>穿透损耗 / dB</td><td>25</td><td>25</td></tr>
<tr><td>人体损耗 / dB</td><td>0</td><td>0</td></tr>
<tr><td>分集增益 / 波束赋形增益 / dB</td><td>14</td><td>14</td></tr>
<tr><td>切换增益 / dB</td><td>0</td><td>0</td></tr>
<tr><td>最大路径损耗</td><td>上 / 下行最大路径损耗 / dB</td><td>113.0</td><td>127.4</td></tr>
</table>

不同类型的无线传播场景对覆盖规划的影响主要体现在链路预算的参数选取（包括穿透损耗、阴影衰落余量、干扰余量等）和传播模型的选取上。

阴影衰落余量设置参考见表 8-9。

表8-9　阴影衰落余量设置参考

	阴影衰落标准差 / dB	阴影衰落裕量 / dB	边缘覆盖概率 / %	区域覆盖概率 / %
密集市区	10	11.6	87.7	95.0
普通市区	8	8.65	86.0	95.0
郊区	7	7.25	85.0	95.0
农村	6	5.85	83.5	95.0

穿透损耗设置参考见表 8-10。

表8-10　穿透损耗设置参考

	频率	密集市区 / dB	普通市区 / dB	郊区 / dB	农村 / dB
穿透损耗	800MHz	19	17	15	12
	1.8GHz	20	18	16	15
	2.6GHz	22	20	18	16
	3.5GHz	25	22	20	18

3. 标准蜂窝网络拓扑结构及计算公式

定向三扇区的室外宏基站可以组成蜂窝网络，每个小区覆盖区域建模为正六边形，覆盖半径为 R。标准蜂窝结构组网如图 8-11 所示。

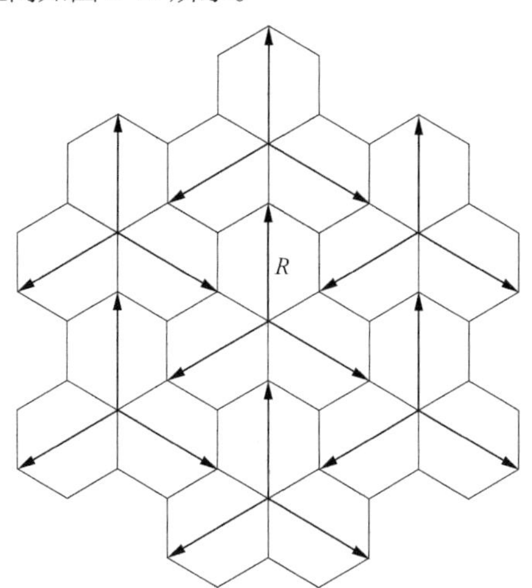

图8-11　标准蜂窝结构组网

单位个站的覆盖面 $S=6\times\frac{1}{2}\times\frac{1}{2}R\times\frac{\sqrt{3}}{4}R=\frac{\sqrt{3}}{8}=\frac{3\sqrt{3}}{8}R^2$，三扇区的单站覆盖面积为 $S=3\times\frac{3\sqrt{3}}{8}R^2\approx\frac{9\sqrt{3}}{8}R^2\approx 0.62R^2$，站间距为 D=1.5R。

4. 无线传播模型

链路预算采用经验传播模型，例如，Okumura-Hata、COST231-Hata 传播模型等，这些模型都有频率范围限制，3GPP 扩展了 5G 的传播模型频率范围，标准模型包括 TR36.873 与 TR39.801，两种模型均能满足在 6GHz 以下的频段使用，TR36.873 的可调参数相对较多，能够较好地体现不同场景的差异；TR39.801 相对通用，参数都是默认值，无法体现不同场景的差异性。3GPP TR36.873 传播模型场景参数设置参考见表 8-11。

表8-11　3GPP TR36. 873传播模型场景参数设置参考

	密集市区	普通市区	郊区	农村
街道宽度 /m	10	20	20	20
楼宇高度 /m	30	25	20	5

5. 对链路预算的影响

一般情况下，上行业务信道受限的主要原因是手机终端上行发射功率受限。在给定上行最大发射功率的前提下，上行分配带宽会影响功率频谱密度，导致基站接收信号的 SINR 不同，从而获得不同等级的调制与编码策略（Modulation and Coding Scheme，MCS），相应的频谱效率也不同。不同厂家的 MCS 选择策略不同，有的厂家在小区边缘为获得稳定可靠的传输，降低了 MCS 等级，为达到边缘速率占用更多的带宽资源；有的厂家为了平衡系统资源的使用效率，分配较少的带宽资源，而需要获取更高的 MCS 等级。上行链路预算一般需要结合厂家设备选择相应的 MCS 等级、解调门限、分配 RB 数等。MCS 与频率效率参考见表 8-12。

表8-12　MCS与频谱效率参考

支持 256QAM 调制方式				不支持 256QAM 调制方式			
MCS 索引值	调制阶数	目标码率 × 1024	频谱效率	MCS 索引值	调制阶数	目标码率 × 1024	频谱效率
0	2	120	0.2344	0	2	120	0.2344
1	2	193	0.377	1	2	157	0.3066
……							
4	2	602	1.1758	4	2	308	0.6016
27	8	948	7.4063	27	6	910	5.332
28	2	保留		28	6	948	5.5547
……							
31	8	保留		31	6	保留	

根据上述的链路预算和各种场景的传播模型，以 3.5GHz 和 2.6GHz 为例计算 5G 基站的站间距。不同场景下基站站间距参考值见表 8-13。

表8-13 不同场景下基站站间距参考值

场景	5G（3.5GHz频段）站间距 / m	5G（2.6GHz频段）站间距 / m	天线端口数 / 个
密集市区	200 ～ 300	350 ～ 450	64
普通市区	350 ～ 450	500 ～ 600	64
郊区乡镇	500 ～ 600	600 ～ 700	32
农村开阔地	600 ～ 800	800 ～ 1200	16

工作频段越高，无线信号的绕射传播能力越弱，会逐渐趋于视距传输，尤其是在密集市区的环境下，当无法保障站址高于平均楼宇高度时，信号容易受到建筑物的阻挡影响，覆盖半径会低于估算值。因此，传统链路预算估算的覆盖半径、站间距仅作为规划参考，链路要达到业务边缘速率要求，需要根据实际的建设情况，进行网络协同优化。

6. 基于现网运营大数据的 5G 无线网络覆盖预测与分析

在网络发展初期，我们可以基于现有基站部署 5G 网络，利用现网的测量报告（Measurement Report，MR）数据、路测数据等评估 5G 网络的覆盖效果。基于 MR 数据的 5G 覆盖预测流程如图 8-12 所示。

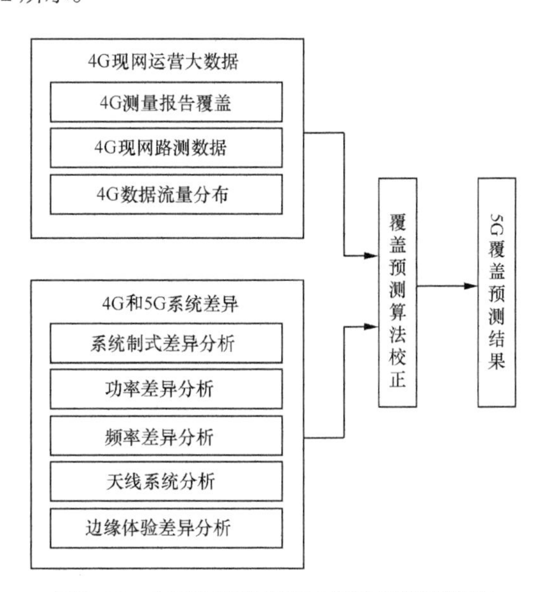

图8-12 基于MR数据的5G覆盖预测流程

在 4G 现网运营等大数据的基础上，我们结合 4G 和 5G 的系统差异进行一定的预测算法校正，可以预估出共站部署 5G 网络的覆盖情况。该算法通过对比相同类型区域的 5G 外场测试数据和 4G 运营数据，调整评估参数。基于MR数据的5G覆盖分析见表 8-14。

表8-14　基于MR数据的5G覆盖分析

	数值	备注	计算
L1.8G RS EPRE/dBm	15.2		*a*
NR 3.5G RS EPRE/dBm	16.9		*b*
3.5G与1.8G室内路损差异 / dB	14.8	3.5GHz 和 1.8GHz 频率差异导致自由空间损耗差为 6dB，衍射差为 2dB，穿损差为 5.8dB	*L*
NR 与 L1.8G 天线增益差异 / dB	8.5	NR 天线增益为 24dBi，无馈线损耗 L1.8G天线增益为 17dBi，馈线损耗为 1.5dB	*G*
耦合损耗差异 / dB	6.3	NR 耦合损耗 – LTE 耦合损耗 = 路径损耗差 – 天线增益差	*c=L–G*
最大 NR 耦合损耗（考虑组网干扰余量和时隙折算）/ dB	124.7	外场测试单站拉远 RSRP：*R*=–110dBm 考虑干扰余量：*i*=3dB 上行时隙折算比例因子：*t*=0.8dB	*d=b–R–*（*i+t*）
L1.8G RS EPRE/ dBm	–103.2	*c*=NR 耦合损耗 –LTE 耦合损耗 =*d*–（*a–e*）	*e=a+*（*c–d*）

以某城市的市区为例，选取 3 天全量 4G 服务小区 MR 原始数据统计，4G *RSRP* > –103dBm 的比例为 70% 以上，即与 4G 室外站共站部署 5G 基站，5G 覆盖率约为 70%。MR 数据中的 *RSRP* 分布如图 8-13 所示。

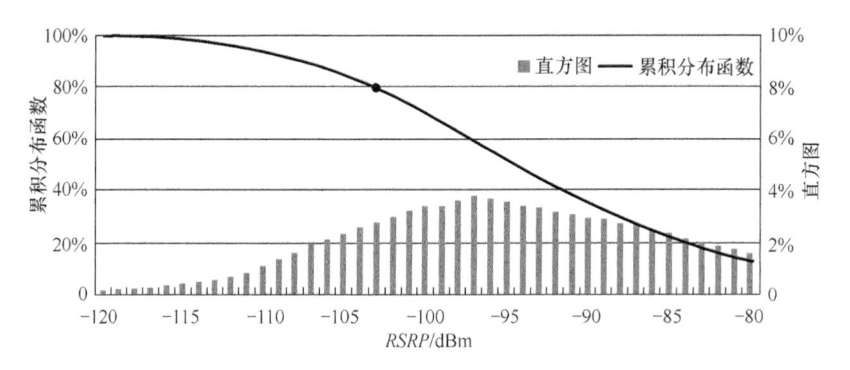

图8-13　MR数据中的*RSRP*分布

这种算法简化了 5G 和 4G 网络覆盖的传播性能差异，实际上，5G 采用了大规模天线技术，小区控制信道 SSB 和业务信道均采用了多波束的设计。4G 的天线方向图一般是固定的，而 5G 的方向图与用户所在的位置相关，且 64TR 的设备在垂直方向上有 4 个波瓣，因此在有些区域，尤其是在高层建筑，部分区域 5G 的覆盖要好于 4G 网络。

8.1.6　5G 无线网络容量规划

5G 无线网络容量相较于 4G 无线网络有了较大的提升，主要得益于高带宽、大规模天线、新型信道编码等技术的综合使用。5G 无线网络提升了系统容量，单小区容量约为 4G 的 10 倍，

能够满足 eMBB 业务场景的高容量需求。

1. 单用户的吞吐量能力

在 SA 模式下，对于 2T4R 的终端，上行支持 2 流 64QAM，下行支持 4 流 256QAM，单流峰值频谱效率为 5bit·s^{-1}·Hz^{-1}，4 流峰值频谱效率约为 20bit·s^{-1}·Hz^{-1}，下行峰值速率约为 1.26Gbit/s；上行单流峰值频谱效率为 3.75bit·s^{-1}·Hz^{-1}，2 流峰值频谱效率为 7.5bit·s^{-1}·Hz^{-1}，上行峰值速率为 246Mbit/s。在 NSA 模式下，采用 5G 单发，因此上行的速率减半，约为 170Mbit/s。

2. 单小区的容量

5G 单小区下行支持 8 流 64QAM，单流的频谱效率约为 3.75bit·s^{-1}·Hz^{-1}，8 流相对独立，可达到的峰值频谱效率约为 30bit·s^{-1}·Hz^{-1}，小区下行峰值速率约为 1.93Gbit/s；小区下行单流频谱效率约为 1.125bit·s^{-1}·Hz^{-1}，8 流平均频谱效率约为 9bit·s^{-1}·Hz^{-1}，下行均值速率约为 600Mbit/s。

5G 单小区上行为 2 流 64QAM，峰值频谱效率约为 7.5bit·s^{-1}·Hz^{-1}，上行小区峰值速率约为 246Mbit·s^{-1}·Hz^{-1}；上行平均频谱效率约为 2.25bit·s^{-1}·Hz^{-1}，上行均值速率约为 78Mbit/s。

对于 3 扇区的基站 S111，基站峰值取一个小区峰值速率、两个小区均值速率，下行速率约为 3.1Gbit/s，上行速率约为 400Mbit/s；基站均值取 3 个小区均值速率，下行速率约为 1.82Gbit/s，上行速率约为 230Mbit/s。

由于无线网络利用了统计复用方法，所以每个用户并不是同时传输数据，而只有在数据传输时网络才会分配无线资源，会存在各个用户抢占资源的情况，它会影响用户的体验速率。我们可以通过计算用户体验速率，进行网络容量评估。

假设用户随机均匀分布在目标区域，给定区域内的人口密度为 ρ，运营商的用户渗透率为 θ，开机比例为 α，连接比例为 β，同时传输比例为 σ，那么单位面积内同时传输的用户数 A 计算如下。

$$A = \rho \times \theta \times \alpha \times \beta \times \sigma$$

单位面积内的小区数目 C 可以通过小区覆盖半径 R 计算得到。

$$C = \frac{3}{S} = \frac{3}{3 \times \frac{3\sqrt{3}}{8}} R^2 = \frac{8}{3\sqrt{3}} R^3$$

假设用户体验速率为 T，其中，E 为单小区均值速率，eff 为频谱效率，BW 为带宽，ε 为时隙比例，则用户体验速率可计算如下。

$$T = \frac{C \times E}{A} = \frac{C \times eff \times BW \times \varepsilon}{A}$$

在 5G 网络发展初期，运营商优先采用现网 4G 基站共站部署。用户分布和业务行为相对具有连续性，运营商需要按照一定的 5G 用户迁移率，在原有的 4G 业务流量模型基础上评估网络容量是否满足要求。假设 5G 用户迁移率为 γ，4G 用户与 5G 的用户体验速率的比值计算如下。

$$\frac{T_{5G}}{T_{4G}}=\frac{\gamma}{1-\gamma}\times\frac{eff_{5G}\times BW_{5G}\times\varepsilon_{5G}}{eff_{4G}\times BW_{4G}\times\varepsilon_{4G}}$$

若计算得到的用户体验速率无法满足给定业务要求，则需要考虑缩小站间距，增加站址密度，包括通过增加小站、增加灯杆站等方式进行局部吸热。

另外，除了要满足业务上/下行速率要求，还需要考虑小区的连接容量，即单位面积内的无线资源控制（Radio Resource Control，RRC）连接数是否满足要求，可根据实际配置的设备性能，结合业务模型中的连接比例β进行综合评估。

8.1.7 5G无线网络参数规划

5G无线网络系统配置主要参数包括频率、带宽、相关ID、跟踪区列表（Tracking Area List，TAL）、跟踪区编码（Tracking Area Code，TAC）、物理小区标识（Physical Cell Identifier，PCI）、物理随机接入信道（Physical Random Access Connection Request，PRACH），NR时隙配置和初始功率参数等，这里重点介绍PCI和PRACH规划。

1. PCI规划

NR支持1008个PCI，具体应用应遵循以下原则。

- 不冲突原则：相邻小区不能使用相同的PCI。
- 不混淆原则：同一个小区的两个邻区不能使用相同的PCI，否则，gNB不知道哪个为目标小区，就会导致切换失败。
- 复用原则：需要保证相同PCI小区具有足够的复用距离。
- 最优分配原则：要求相邻小区PCI的模30不同（与LTE相同）。
- 可扩展原则：在初始规划时，就需要为网络扩容做好准备，避免在后续规划过程中频繁调整前期规划。

注意：5G的部分算法特性需要基于PCI的输入。为保证算法增益，这些算法的输入都是基于PCI模3的。从不改动这些算法的输入角度来看，建议具有这些特性的小区按照PCI模3进行规划，并且相邻小区PCI的模3应当不同。

2. PRACH规划

NR系统中随机接入的作用是UE获取上行同步以及C-RNTI，包括竞争随机接入和非竞争随机接入两种情况。UE在RACH occasion上发送Preamble序列进行随机接入。

PRACH根序列采用ZC序列作为根序列（以下简称“ZC根序列”）。由于每个小区前导序列是由ZC根序列通过循环移位（*N*cs，cyclic shift即零相关区配置）生成，每个小区的前导序列为64个，UE使用的前导序列是随机选择或由gNB分配的，因此为了降低相邻小区之间的前导序列干扰，就需要正确规划ZC根序列索引。

PRACH 前导序列按照长度，可分为长序列和短序列两类。

（1）长序列

长序列沿用 LTE 设计方案，长度为 839。长序列格式见表 8-15。

表8-15　长序列格式

格式	序列长度	子载波间隔 / kHz	时域总长 / ms	占用带宽 / MHz	最大小区半径 / km	典型场景
0	839	1.25	1.0	1.08	14.5	低速 & 高速，常规半径
1	839	1.25	3.0	1.08	100.1	超远覆盖
2	839	1.25	3.5	1.08	21.9	弱覆盖
3	839	5.0	1.0	4.32	14.5	超高速

（2）短序列

短序列为 NR 新增格式，长度为 139，Sub-6G 支持 {15，30}kHz 子载波间隔，above-6G 支持 {60，120}kHz 子载波间隔。短序列格式见表 8-16。

表8-16　短序列格式

格式	序列长度	子载波间隔	时域总长 / ms	占用带宽 / MHz	最大小区半径 / km	典型场景
A1	139	$15\times2^{\mu}$	$0.14/2^{\mu}$	$2.16\times2^{\mu}$	$0.937/2^{\mu}$	微小区
A2	139	$15\times2^{\mu}$	$0.29/2^{\mu}$	$2.16\times2^{\mu}$	$2.109/2^{\mu}$	正常小区
A3	139	$15\times2^{\mu}$	$0.43/2^{\mu}$	$2.16\times2^{\mu}$	$3.515/2^{\mu}$	正常小区
B1	139	$15\times2^{\mu}$	$0.14/2^{\mu}$	$2.16\times2^{\mu}$	$0.585/2^{\mu}$	微小区
B2	139	$15\times2^{\mu}$	$0.29/2^{\mu}$	$2.16\times2^{\mu}$	$1.054/2^{\mu}$	正常小区
B3	139	$15\times2^{\mu}$	$0.43/2^{\mu}$	$2.16\times2^{\mu}$	$1.757/2^{\mu}$	正常小区
B4	139	$15\times2^{\mu}$	$0.86/2^{\mu}$	$2.16\times2^{\mu}$	$3.867/2^{\mu}$	正常小区
C0	139	$15\times2^{\mu}$	$0.14/2^{\mu}$	$2.16\times2^{\mu}$	$5.351/2^{\mu}$	正常小区
C2	139	$15\times2^{\mu}$	$0.43/2^{\mu}$	$2.16\times2^{\mu}$	$9.297/2^{\mu}$	正常小区

注：μ=0/1/2/3。

PRACH 规划方法（以长序列格式为例，初始常规宏覆盖小区规划可参考）。

① 根据小区覆盖半径取定 N_{CS} 值，例如，小区接入半径为 6km，N_{CS} 的取值为 46。

② 计算前导序列数＝839/N_{CS}，向下取整计算根序列索引数。例如，839/46 向下取整为 18，则每个索引可产生 18 个前导序列，64 个前导序列需要 64/18 向上取整为 4 个根序列索引。

③ 计算可用根序列索引。例如，4 个根序列索引，对应 0，4，8，…，828，共 839/4 取整为 209 个可用根序列索引。

④ 根据可用根序列索引组，在所有小区之间进行分配，类似 PCI 参数的规划，满足复用距离最大化。

网络优化类主要参数包括重选和切换相关参数。下面以 NSA 网络为例进行介绍，NSA 网络空闲态终端在 LTE 网络，其重选与 LTE 一致。NSA 网络的切换可以分为 LTE 侧切换和 NR 侧切换，二者可以独立。

（1）LTE 侧切换

锚点的切换与 LTE 网络切换一致。LTE 切换后，NR Leg 先“去腿”再按新接入小区所定义的规则进行“加腿”。

（2）NR 切换

可以采用 A3 事件触发。A3 事件表示邻区信号质量开始比服务小区信号质量高出一定的门限值。5G NSA某试验网参数规划见表 8-17。

表8-17 5G NSA某试验网参数规划

类别	分类	参数项	当前配置	配置建议
系统配置类相关参数	频率	带宽	100MHz	
		子载波间隔	30kHz	
	小区参数规划	gNB ID	当前与 LTE采用配置一致	建议按规范进行配置
		Cell ID	0 ～ 16383	
		PCI	0 ～ 1008	基于最优原则进行规划
		TAL/TAC	当前与 LTE 采用配置一致	建议当前 NSA 网络与 LTE 采用一致的配置
		PACH（ZC根序列索引规划）	0 ～ 838	基于最优原则进行规划
	TDD 制式相关	NR 时隙结构配置	双周期	
		特殊子帧配比	10 ： 2 ： 2	
网络优化类	切换	同频切换	A3 事件	基于邻区优于服务小区迟滞进行切换
		异系统切换	B1 事件	

8.1.8 NSA 锚点规划

在规模商用场景下，建议锚点站中5G与4G基站数量采用1∶N配置，充分利用5G网络，确保有 NR 覆盖的地方均可以使用 5G。NSA 锚点设置如图 8-14 所示。

在进行锚点规划时，应遵循以下选站原则。

1. 基于站址选择

对于 5G 与 4G 共站址的情况，可以选择该 4G 站点作为锚点；对于 5G 与 4G 不共站址的情况，可选择距离在 100m 以内的 4G 基站作为锚点。

2. 基于地理位置选择

以该 5G 站点为基准，选择该点外的 2 ～ 3 层 4G 站点作为锚点站点。

3. 基于切换关系选择

对于与 4G 站点共址的 5G 站点，可以根据网管统计 4G 站点的两两切换关系，将与发生切换的小区对应站点作为锚点站点。

4. 基于 4G MR 覆盖选择

对于与 4G 站点共址的 5G 站点，可以将该 4G 站点的 NR 覆盖范围作为 5G 站点的锚点范围，将锚点范围内的 4G 站点作为锚点站点。

5. 基于频段选择

在进行锚点频段选择时，建议选择覆盖较好的频段，例如，中国移动的1.9GHz 频段，中国电信和中国联通的 1.8GHz 频段等；在 4G 多频区域，可以将多频点同时配置为锚点。

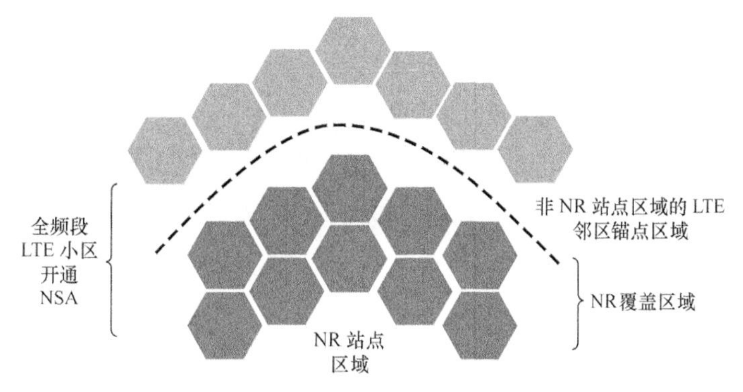

图8-14　NSA锚点设置

8.2　5G 无线网仿真

8.2.1　仿真工具

1. 仿真软件

在4G时代，各大厂家都有不同的仿真软件平台用于实现4G制式的网络指标预测，例如，Forsk 公司的 Atoll、原 Aircom 公司的 ASSET、华为公司的 UNET、Inforista 公司的 Planet、中国移动通信集团设计院自行研发的 ANPOP 等。2018 年年底，Forsk 公司推出了 5G 仿真模块 Atoll，基于仿真性能以及操作界面友好等因素，Atoll 的应用较为广泛，且通过实际应用验证，仿真效果具有良好的参考性。本书将以 Atoll 软件为例，介绍 5G 仿真的具体方法和流程。

2. 传播模型

CrossWave 模型是 Atoll 版本的射线追踪传播模型，由 Orange Labs 开发，由 Forsk 公司发布和支持，作为 Atoll 的一个可选功能使用。该模型支持所有的无线技术，支持所有的传播环境，还可以利用连续波（Continuous Wave，CW）测量数据进行自动模型校正，属于确定性模型。其原理是根据传播路径上的地物、建筑物的几何信息，以电波的绕射、反射特性作为理论，利用地理信息、到达角信息及射线的数次反射和 / 或绕射等，来预测静止环境中任何位置的电波传播情况。

在城市环境下，从发射机到接收机的主要电波包括直射波、建筑物垂直面上的反射波、建筑物垂直棱上的绕射波、建筑物水平棱上的绕射波以及高阶的反射 / 绕射波。因此建筑物的特征和分布对信号传播起着关键作用，对接收信号强度有着重要的影响。

对 5G 仿真来说，建议采用 CrossWave 传播模型，尤其在城市核心区域，我们可以结合 5m 的高精度地图，通过建筑矢量（Building Vector）图层生成 Graph 文件（一种图像文件），此方法主要适用于城市微蜂窝环境，可以满足 5G 仿真需求。

8.2.2 仿真关键流程

使用 Atoll 进行无线网络仿真的一般流程如图 8-15 所示。

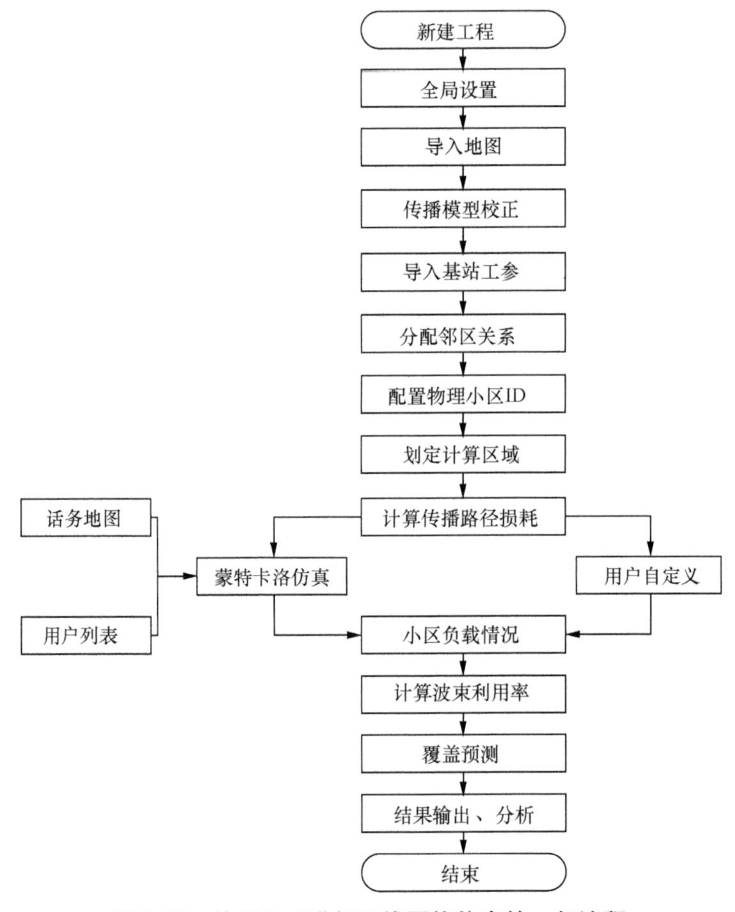

图8-15 使用Atoll进行无线网络仿真的一般流程

5G NR 大量采用 Massive MIMO 天线，进行 Massive MIMO 天线建模，并结合 Atoll 软件中 Beam Usage（波束使用功能）的计算结果对小区干扰情况进行分析，因此这是 5G NR 无线网络仿真与以往 4G LTE 无线网络仿真最大的区别。

在进行小区参数配置时，我们可以手动配置或采用蒙特卡洛（Monte Carlo）仿真对小区负载情况进行计算。

1. 传播模型校正

CW 测试是传播模型校正的重要步骤，CW测试数据结合数字地图可以对传播模型进行校正。

由于无线信号传播受地形结构与人为环境影响，经典的传播理论分析与实际传播情况不可避免地存在误差，所以需要对传播模型进行修正，使传播模型更符合仿真区域的真实传播特性，增加无线覆盖仿真预测的准确性。

传播模型可以通过仿真软件附加的测量模块进行模型校正，通过对密集区域、一般区域、开阔区域分别进行 CW 测试，获取多组 CW 数据，将 CW 数据导入测量模块进行传播模型校正。

为保证性能预测的准确性、统计性和确定性，传播模型在被使用前均需要经过模型校正。

2. Massive MIMO 天线建模

无线网络仿真主要评估网络规划方案的信号覆盖强度和信号质量。与 4G 不同，5G 不再发送小区级参考信号，但仍然有广播信号和业务的信道解调参考信号等。5G网络仿真需要针对Massive MIMO 建模，包括对广播信道、业务信道进行天线建模。

对于 64TR 天线配置，广播信道采用若干固定的传播波束（一般为 7 ～ 8 个波束）轮询发送，需要对每个波束进行建模，导入方向图。业务信道的波束赋形与用户所在的环境相关，理论上，基站会根据反馈的信息进行波束赋形，而在仿真中则是模拟业务信道在不同方位上的波束，导入相应的方向图。波束赋形后的方向示意（三维视图）如图 8-16 所示。

Massive MIMO 天线可以在垂直方向上赋形，更好地解决高层覆盖弱、高层污染等问题。目前，仿真话务地图暂时还无法反映垂直方向上不同的话务强度差异，无法体现 Massive MIMO 天线在垂直方向上的波束使用比例差异，这会导致某些垂直方向上的波束使用比例过少，与实际情况存在差异。

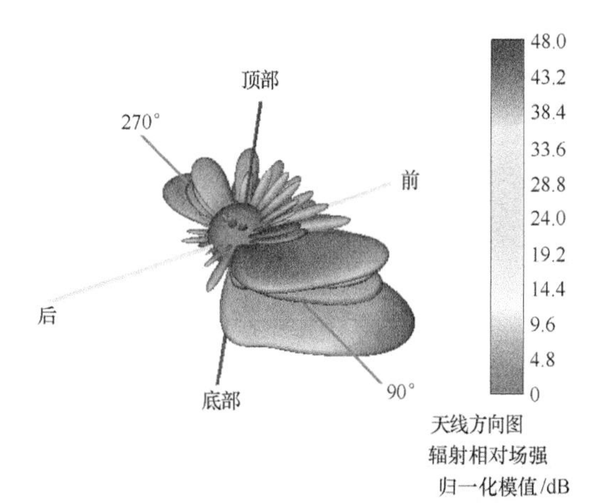

图8-16 波束赋形后的方向示意（三维视图）

3. Beam Usage 计算

5G NR 网络中波束赋形技术被广泛使用，因此在实际运行中，小区会根据用户所在位置提供不同的波束以服务用户。而在预测计算时并没有波束实际干扰用户位置，因此无法确定小区应该使用哪些波束来产生干扰。

Atoll 采用 Beam Usage 对波束在小区覆盖范围内的使用率进行统计计算，计算每个波束在覆盖方向上的使用比例，从而为每个波束分配相应比例的功率，并计算每个小区对相邻小区的干扰强度。波束使用率计算可以基于覆盖面积，也可以基于话务地图和固定用户列表。Beam Usage 描述了本小区在作为干扰小区时不同波束的使用概率，配合下行负载可以计算本小区对相邻小区的干扰。

Atoll 提供的覆盖预测中除了少部分基于电平的预测，其余的预测需要考虑干扰小区的负载和波束使用率。

4. 蒙特卡洛仿真

蒙特卡洛仿真是对网络进行系统级性能仿真后，利用统计学方法对仿真结果进行整理，从而获得网络性能指标的方法。

在蒙特卡洛仿真过程中，最关键的是获取合适的话务地图，Atoll 支持小区话务、用户列表等多种类型的话务地图。在早期 5G 网络规划的仿真中，由于没有现网用户数据及话务数据，所以从 4G 迁移到 5G 用户仍保持着与原来相似的空间分布和行为特性。5G 话务地图根据现有 4G 的话务分布，按一定规则修正后制作。

8.2.3 仿真关键参数设置

在使用 Atoll 进行仿真之前，需要对仿真工程的网络参数以及基站工参进行配置，配置的方式不尽相同。本书以典型设置为例，介绍 Atoll 仿真工程中的关键参数配置。

1. 网络参数全局配置

网络参数全局配置是对 Atoll 仿真环境基础的设置，主要涉及广播调制方式、终端参数配置、天线波瓣方向等。网络参数全局配置见表 8-18。

表8-18　网络参数全局配置

关键参数	参数配置
调制解调方式	上行：64QAM；下行：256QAM
SA 终端类型	5 类终端，2 发 4 收，发射功率为 26dBm
NSA 终端类型	5 类终端，1 发 4 收，发射功率为 23dBm
3D 波束赋形	自动生成或导入

2. 天线列表关键参数配置

天线列表可以对传播模型、基站天线参数、计算半径和仿真精度等内容进行选择和设置。天线列表关键参数配置见表 8-19。

表8-19　天线列表关键参数配置

项目	设定值
天线高度 /m	从工参表中获取
天线方位角 /°	从工参表中获取
天线机械俯仰角 /°	从工参表中获取
噪声系数 /dB	3.5
主计算半径 /m	2000
主无线传播模型	射线传播（Crosswave）模型
主计算分辨率 /m	5
工作频段	N41/n78
等效发射天线数	2
等效接收天线数	2
波束赋形模型	相应的波束赋形模型

3. 小区关键参数配置

小区列表可以对小区 PCI、发射功率、载波频段、帧结构、小区负载等内容进行选择和设置。小区列表关键参数配置见表 8-20。

表8-20　小区列表关键参数配置

项目	设定值
载波	100MHz，NR-ARFCN（5G 频点号）623333
物理小区识别号	使用 AFP 模块自动分配 PCI
最大功率	按仿真需求配置
主同步信号、物理广播信道、物理下行控制信道、物理下行业务信道功率修正	物理下行业务信道为 -3dB，其他默认 0
最小参考信号接收功率	-140dB ～ -120dB
物理广播信道参数集	1（30kHz）
物理广播信道周期	20ms
物理广播信道 OFDM 符号	{4，8，16，20}+28*n* [L_{max}=4]
传播参数集	1（30kHz）
时分复用下行 OFDM 符号比例 /%	按照帧结构计算
接收设备	一般为默认设置
调度	一般为默认设置
下行分集接收、上行分集接收	一般为默认设置
MU-MIMO Capacity Gain	一般为默认设置
下行传输负载率、上行传输负载率	按仿真需求配置
上行底噪抬升	2dB
下行用户数、上行用户数	一般为默认设置
下行最大传输负载率 /%、上行最大传输负载率 /%	100

假设发射功率为 200W，*Max Power* 的计算公式如下。

$$10\times\log\left(\frac{200}{1000}\right)\approx 53\text{dBm}$$

SSS EPRE 的计算公式如下。

$$53-10\times\log(12\times 273)\approx 17.85\text{dBm}$$

时分复用下行 OFDM 符号比例取决于采用的无线帧结构类型，以 2.5ms 双周期帧结构为例，每 5ms 里面包括 5 个全下行时隙，3 个全上行时隙和 2 个特殊时隙，Slot3 和 Slot7 为特殊时隙，全下行时隙、全上行时隙和特殊时隙的典型配比为 10∶2∶2。因此 2.5ms 双周期帧结构中下行符号占比约为 64%。2.5ms 双周期帧结构如图 8-17 所示。

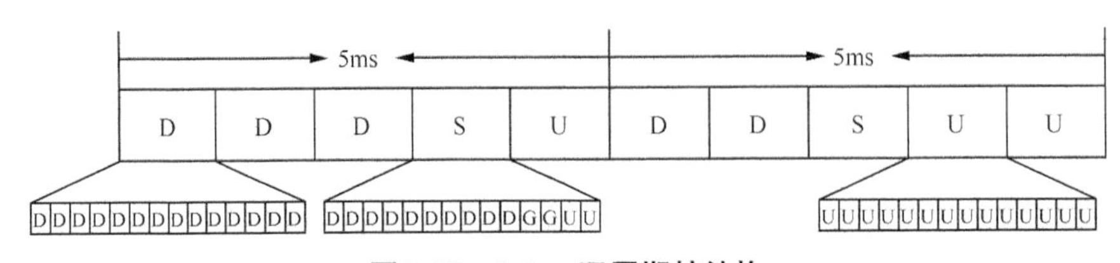

图8-17　2.5ms双周期帧结构

8.2.4　密集城区场景仿真分析案例

5G NR 已分配的频段较 4G LTE 更高，绕射能力较差，室外宏基站对室内场景覆盖能力较弱，室内场景中存在较多无覆盖区域。Atoll 的报告输出功能只能统计在有效覆盖情况下的区域面积或比例。

接下来我们以某密集城区场景为例，通过以下步骤分别统计室外、室内的网络覆盖情况。

步骤 1：利用 Clutter Class 控件的 Statistics（统计）功能输出计算区域的各个室内场景的占地面积，将其作为室内覆盖比例的分母。

步骤 2：利用 Generate Report 功能统计各个室内场景（在 5m 精度的地图中为高层建筑、普通规则建筑、平行规则建筑、不规则大型建筑、不规则建筑、郊区农村 6 个）覆盖面积，然后将其求和，作为室内覆盖比例的分子，除以步骤 3 的分母，得到室内覆盖比例。

步骤 3：利用报告中的 Zone Surface（区域面积）减去各个室内场景的占地面积总和，作为室外覆盖比例的分母。

各级图例的综合覆盖面积减去各级图例的室内覆盖面积和，作为室外覆盖比例的分子，除以步骤 3 的分母，得到室外覆盖比例。

经过统计，该密集城区场景室外 *SS RSRP* ≥ −110dBm 的比例为 99%，*SS SINR* ≥ −3dB 的比例为 92%，室内 *SS RSRP* ≥ −110dBm 的比例为 43%，*SS SINR* ≥ −3dB 的比例为 69%，室内外综合 *SS RSRP* ≥ −110dBm 的比例为 86%，*SS SINR* ≥ −3dB 的比例为 87%。*SS RSRP*

覆盖预测统计见表 8-21，*SS SINR* 覆盖预测统计见表 8-22，*SS RSRP* 覆盖预测如图 8-18 所示，*SS SINR* 覆盖预测如图 8-19 所示。

表8-21　*SS RSRP*覆盖预测统计

SS RSRP ≥	综合 / %	室内 / %	室外 / %
−80dBm	41	4	52
−90dBm	65	8	81
−100dBm	79	20	96
−110dBm	86	43	99

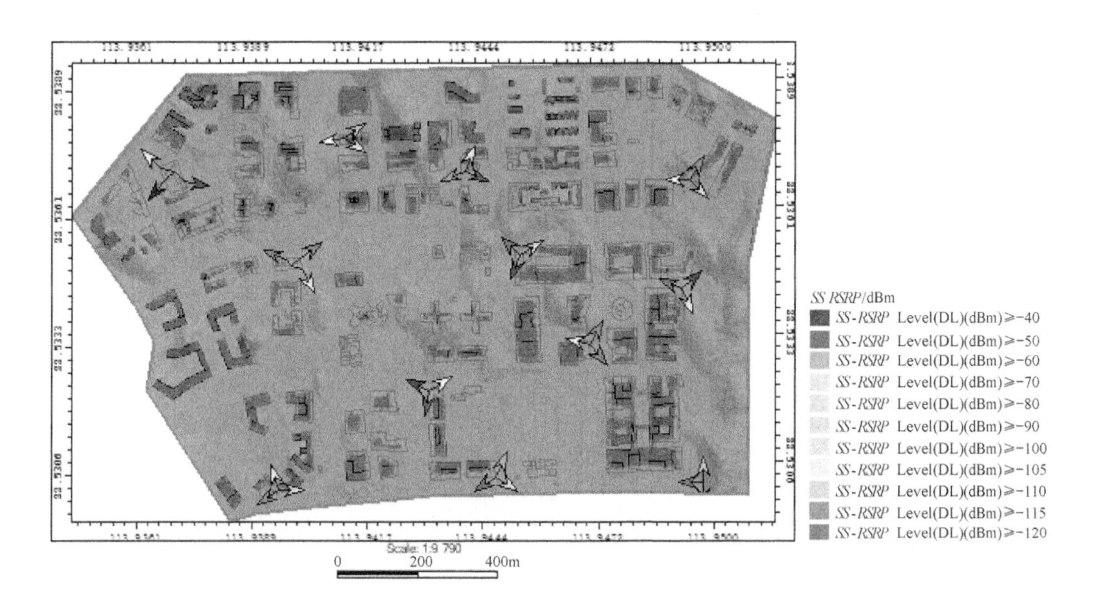

图8-18　*SS RSRP*覆盖预测

表8-24　*SS SINR*覆盖预测统计

SS SINR ≥	综合 / %	室内 / %	室外 / %
−3dB	87	69	92
0dB	68	52	73
5dB	41	29	44
10dB	22	13	25

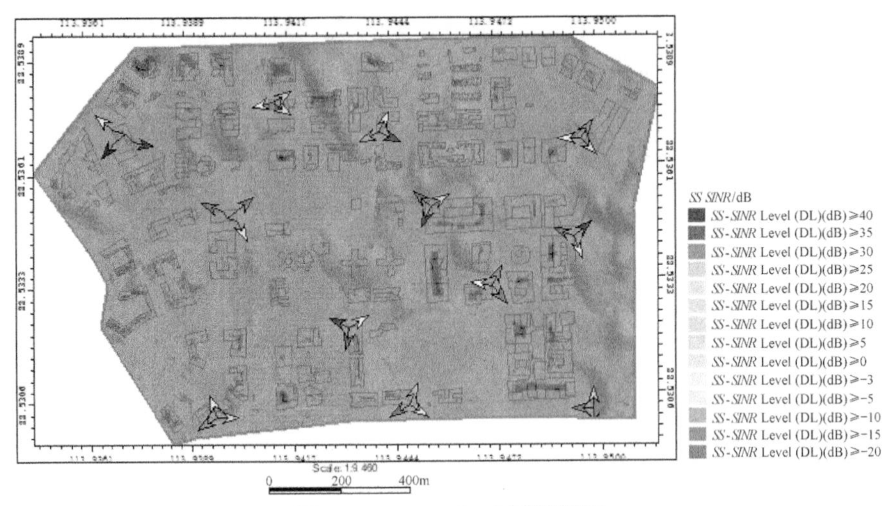

图8-19　*SS RSRP*覆盖预测

利用Atoll仿真预测对比功能，统计该密集城区场景室外*SS RSRP* ≥ −110dBm 且 *SS SINR* ≥ −3dB 的比例为90%，室内*SS RSRP* ≥ −110dBm 且 *SS SINR* ≥ −3dB 的比例为43%，室外*SS RSRP* ≥ −110dBm 且 *SS SINR* ≥ −3dB 的比例为80%。*SS RSRP* ≥ −110dBm 且 *SS SINR* ≥ −3dB 覆盖率预测统计见表8-23。

表8-23　*SS RSRP*≥-110dBm且 *SS SINR*≥-3dB覆盖率预测统计

区域	综合 / %	室内 / %	室外 / %
密集城区	80	43	90

Atoll点分析窗口可以对仿真的网络性能进行单点分析，单点分析提供传播路径剖面、接收性能、干扰分析、详细数据列表等信息。单点分析传播剖面如图8-20所示。该单点处接收机距离主服务小区Site2_2达580m，在传播路径上存在楼宇阻挡，*SS RSRP* 为 −101.3dBm。

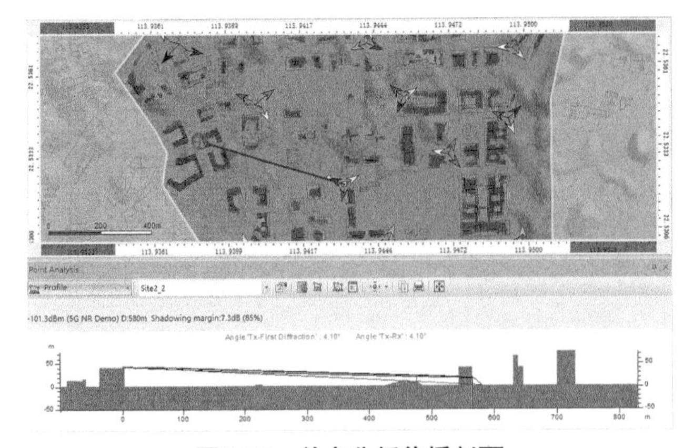

图8-20　单点分析传播剖面

Atoll 提供了自动小区计划（Automatic Cell Planning，ACP）功能模块，它可以根据 *SS RSRP*、*PDSCH C/(I+N)* 等单个或多个指标，对计算区域内的小区参数进行自动优化。以 *SS RSRP* 为例，ACP 目标设置为 *SS RSRP* ≥ – 90dBm 的比例提升至 70% 以上。

经过 ACP 自动优化，室外 *SS RSRP* ≥ – 90dBm 的比例为 91% ，提升了 10%，室内外综合 *SS RSRP* ≥ – 90dBm 的比例为 72%，提升了 7%，达到目标预期。ACP 优化后 *SS RSRP* 覆盖预测统计见表 8-24。

表8-24　ACP优化后*SS SINR*覆盖预测统计

SS RSRP ≥	综合 / %	室内 / %	室外 / %
–80dBm	43	4	55
–90dBm	72	8	91
–100dBm	80	20	98
–110dBm	87	40	100

经 ACP 自动优化后的 *SS RSRP* 覆盖预测如图 8-21 所示。

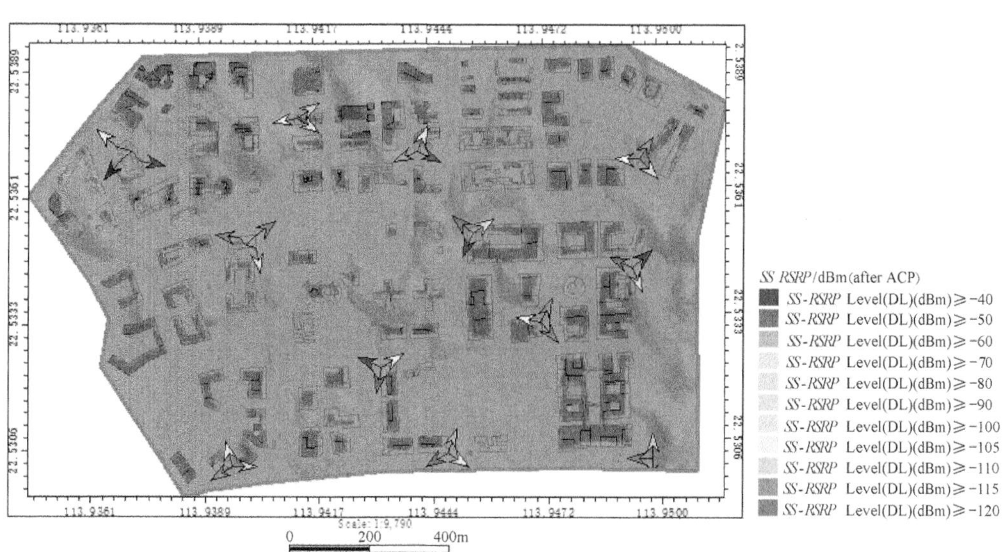

图8-21　经ACP自动优化后的*SS RSRP*覆盖预测

8.3　5G 无线网络部署方式

8.3.1　无线网络覆盖方式

5G 无线网络想要在室外实现基本覆盖可采用宏观和微观结合方式，以宏基站广域覆盖为主，微基站局部补盲和分流；在室内则可采用多种部署方式，可分场景解决。

5G 无线网络在逻辑上可以分为广域覆盖层、深度覆盖层和容量覆盖层。结合 5G 无线基站产品形态及相关的配套方案，5G 的覆盖建设方式相应地可分为 3 层，分别是宏基站覆盖层、微基站覆盖层及室内分布系统（室分）。

1. 广域覆盖层

该层通过宏基站等的建设实现，例如，宏 AAU + 桅杆塔或者宏 AAU + 灯杆等，其特点是设备功率大且天线挂高较高。

2. 深度覆盖层

该层通过微基站以及室分等的建设实现，例如，微 AAU + 灯杆或者数字化有源室分，其特点是设备功率小且天线挂高小于宏基站。

3. 容量覆盖层

该层通过微基站以及室分等的建设进行扇区分裂实现，例如，微 RRU + 灯杆或者数字化有源室分，其特点是设备功率小，天线挂高等设置需满足与周边宏基站相互干扰小、实现精准分流的需求。

5G 网络覆盖场景如图 8-22 所示。

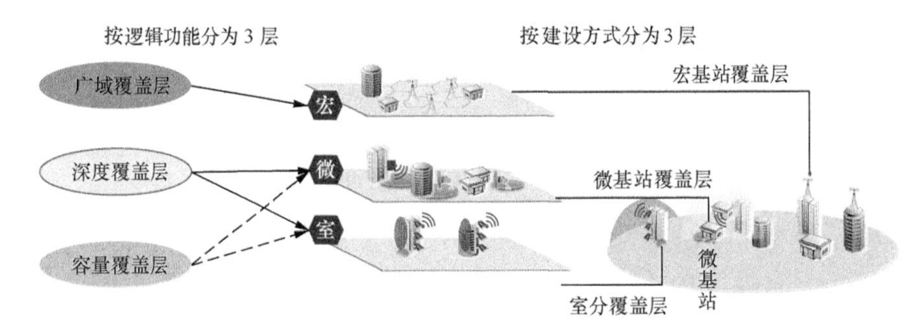

图8-22　5G网络覆盖场景

8.3.2　CU/DU 部署方式

CU/DU 的部署方式有 D-RAN、C-RAN、CU 云化部署 3 种。CU/DU 部署方式如图 8-23 所示。

考虑到产业成熟情况、减少网元数、降低网络规划和工程实施难度、减少时延（不需要中传），以及缩短建设周期，5G 网络发展初期一般采用 CU/DU 合设方式部署，后期随着商用程度及业务需求不断成熟，可向 CU/DU 分离的新架构演进。

在具备光缆资源和机房条件、保障无线网络可靠性的前提下，CU/DU 部署方式优先采用

与 4G 协同规划的 C-RAN 集中放置方式，以节省机房的租赁成本，实现基站快速部署，提高基站协同效率。

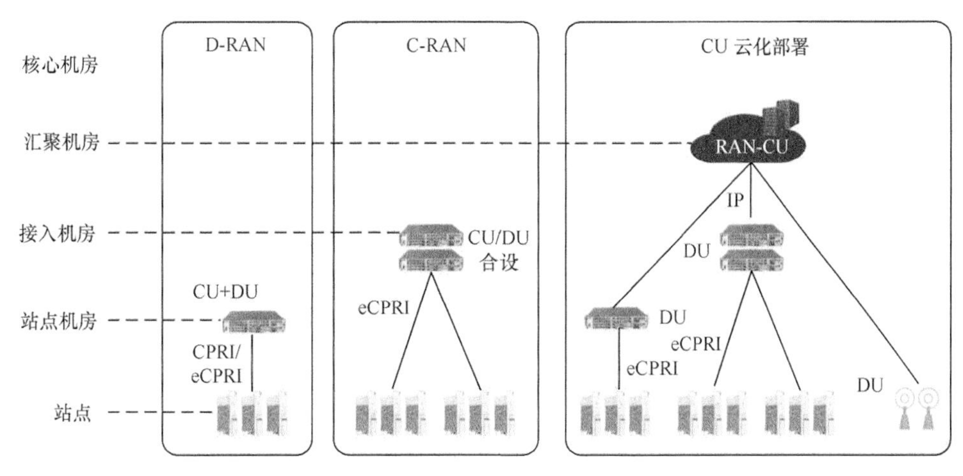

图8-23　　CU/DU部署方式

8.3.3　CU/DU 集中部署方案

5G 建网初期采用 CU/DU 合设集中部署，CU/DU 集中度的设置需要考虑业务特征、局址机房条件和传输条件以及网络安全性，根据无线规划、预测的 AAU 数量及分布，合理规划所需的集中机房数量及每个集中机房安装的 CU/DU 目标数量。

本地网在采用 C-RAN 大集中、C-RAN 小集中、D-RAN 模式进行 CU/DU 集中部署时，原则上每个 CU/DU 下挂的 AAU 数量可按 6 个预留，具体说明如下。

① 当采用 C-RAN 大集中模式时，CU/DU 可被集中部署在综合业务机房，建议可连接 10 ～ 60 个基站。

② 当采用 C-RAN 小集中模式时，CU/DU 可被集中部署在接入网机房，建议可连接 5 ～ 10 个基站。

③ 当采用 D-RAN 模式时，可将 CU/DU 部署在无线基站机房，建议可连接 1 ～ 3 个基站。

8.4　典型基站设备类型

当前，5G 基站的主设备形态以室外的 AAU+BBU（CU/DU合设）以及室分有源设备为主。5G 基站的产品形态如图 8-24 所示。

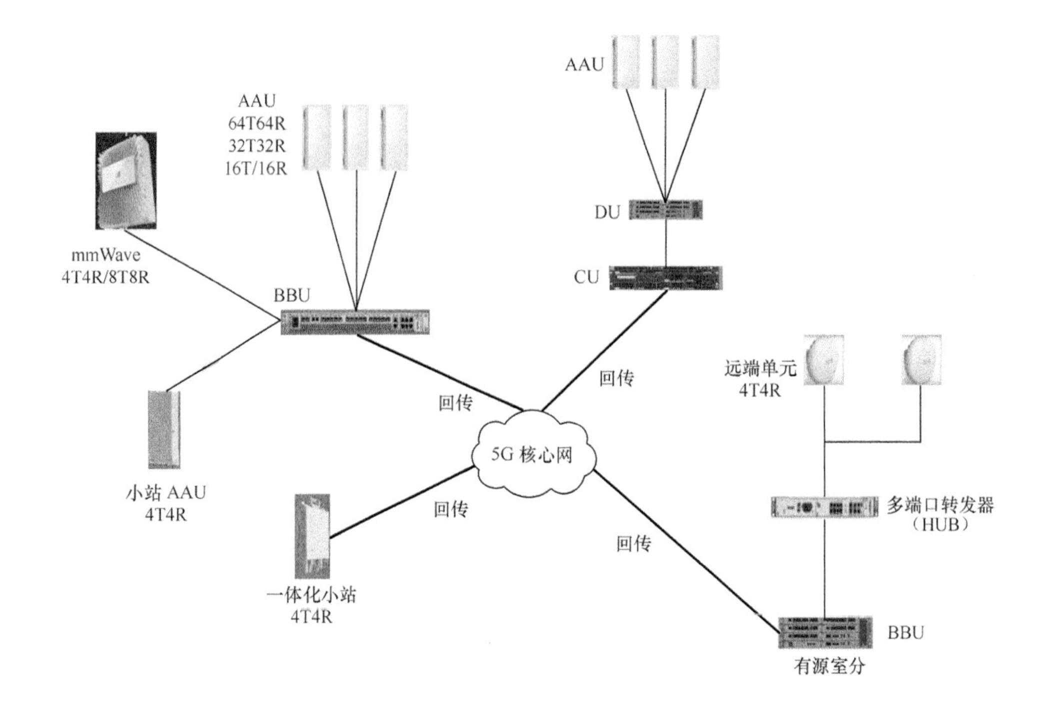

图8-24　5G基站的产品形态

8.4.1　BBU

为实现无线侧网络切片和减少对承载网的带宽需求，5G 无线网进行了功能重构。基带处理单元（BBU）被重构为集中单元（CU）和分布单元（DU）两个功能实体。其中，CU 处理无线网 PDCP 层以上的协议栈功能，DU 处理 PDCP 层以下的无线协议功能。时延不敏感的功能被归到 CU，可采用云化设备集中部署；时延敏感的功能被归到 DU，可以部署在靠近物理站点侧；CU 和 DU 间的传输带宽需求与业务流相当。BBU（DU）与射频单元（RRU）之间的接口也做了重新定义，新的 eCPRI 接口可以有效降低前传的带宽需求。

8.4.2　AAU

5G 不同于 3G/4G 时代“BBU+RRU+无源天线”的无线网设备，5G 系统衍生出全新的由射频单元与天线整合的有源天线单元（AAU）形态。

AAU 设备采用大规模天线技术，存在多种设备形态，应对网络覆盖场景、覆盖容量、建设和运营成本等方面综合考虑进行选择。对于密集城区以及高流量、高价值业务场景，初期建议采用 64T64R AAU 设备，同时满足容量和覆盖需求；对于其他区域及业务场景，后期根据多天线性能测试结果，依据降低建设及运营成本的原则，分场景进行设备选型。

AAU 重量约为 4G 天线重量的 2 ～ 3 倍，其承重 / 风载荷受限，在实施具体的工程时，需要注意做好承重核实工作。

8.4.3　有源室分

对于室内覆盖，由于传统室内馈线分布系统无法满足 3.5GHz 及以上射频信号传输需求，所以在高流量和战略地标室分站点可采用 5G 有源分布系统进行覆盖，兼顾考虑覆盖和容量需求。

有源室分系统也称为毫瓦级分布式小基站，一般由基带单元（BBU）、扩展单元和远端单元（pRRU）组成。其中，基带单元与扩展单元通过光纤连接；扩展单元与远端单元通过超六类线或光电复合缆连接；远端单元通过有源以太网（Power Over Ethernet，POE）供电。远端为有源设备，可管控。5G有源室分系统如图 8-25 所示。

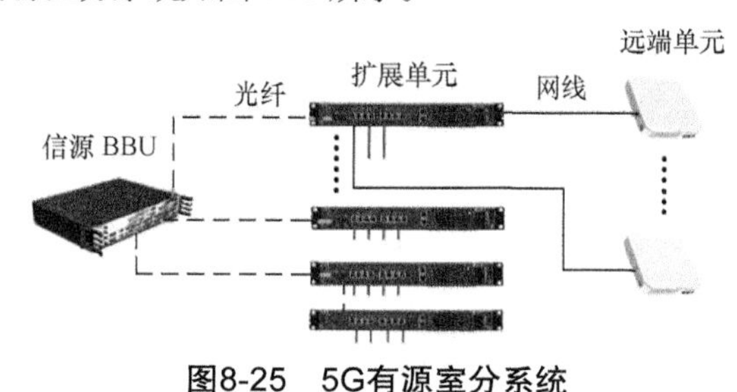

图8-25　5G有源室分系统

8.5　基站设计

8.5.1　站址选择

无线网基站选址是网络建设从规划走向实施的第一步，实际网络是否基本符合规划设想，恰当的选址至关重要，优质的网络建立在恰当的选址上。

5G 无线网络站址规划基本上可以延续 4G 的工作流程和方法，应统筹考虑 ToB 和 ToC 业务等各个方面因素，同时满足通信发展规划和城乡建设规划的要求，结合站点规模和站间距要求、自有基站资源和社会站址及杆塔资源等进行。

当前，我国政府正在加大对 5G 网络建设的支持力度，要求多个部门开放公共设施资源并配合协调 5G 基站建设，实现 5G 网络建设既满足无线信号连续覆盖，又能符合城市市容和景观需求。

1. 基站选址主要内容

基站选址是指根据无线网络预规划方案、公众客户和行业客户的差异化需求和现网站址布局情况，对新增 5G 站点的建设位置进行选定。基站选址的具体工作主要包括以下内容。

① 确定拟建站址位置：根据覆盖要求、话务分布、周边网络拓扑结构等，初步选取若干候选站址，结合现场选址勘察，了解候选站址现场情况后，对比分析确定具体站址。

② 确定基站有关参数：主要包括基站设备类型、挂高、方向角、下倾角等。

③ 确定基站配套建设条件：初定杆塔类型、高度，外电引入、传输建设条件以及地网的建设情况。

④ 共享共建条件：周边其他运营商的站址，杆塔类型、抱杆安装情况，天线隔离度等情况。

2. 基站选址流程

在完成无线网络站址规划方案后，进入基站选址流程。建设单位、设计单位、施工单位等需要结合站点规模、站间距要求、覆盖需求、现网基站资源、铁塔公司站址资源、社会杆塔资源等进行基站站址选择。室外基站选址流程如图 8-26 所示。

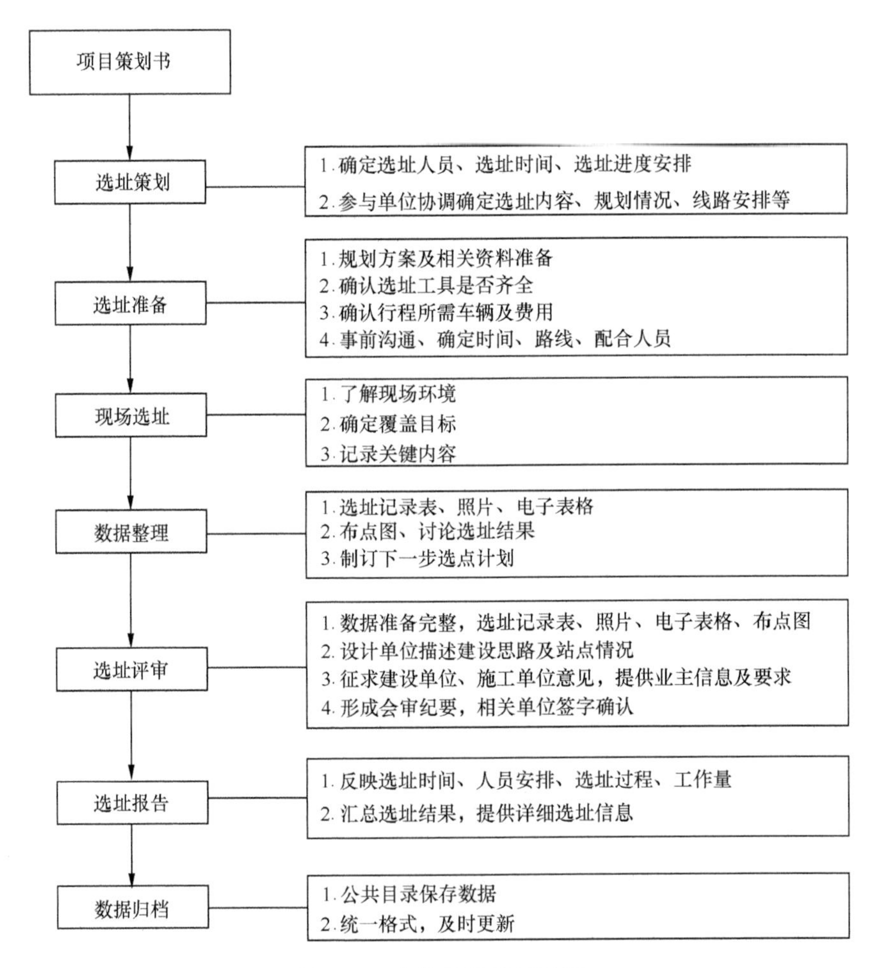

图8-26 室外基站选址流程

3. 基站选址原则

无线基站选址应满足覆盖连续性，室外通过宏基站和微基站结合，满足室外连续覆盖及浅层的室内覆盖。

在 5G 网络站址选取阶段，应重点考虑以业务需求为导向，以品牌宣传为目标，聚焦城市的城区以及垂直行业示范应用等区域。5G 无线基站在选址阶段应遵循以下原则。

（1）技术性原则

应充分考虑基站的有效覆盖范围，结合用户和业务的具体分布情况，合理选择站址，实现目标区域的有效覆盖。

① 网络拓扑要求：按照站间距选取合适的站址，确保网络拓扑结构，一般要求基站站址分布与标准蜂窝结构的偏差应小于站间距的 1/4。

② 站址高度要求：站址的天线高度应满足覆盖需要，并与周边站点尽量保持一致，避免选择过高站址，以免越区覆盖造成干扰。

③ 干扰源规避要求：站址选取应避开大功率的雷达站、无线电发射台等干扰源。

④ 环境评估合规要求：站址选取应在满足覆盖需求的情况下，尽可能远离居民区，避免造成不必要的影响。

（2）经济性原则

最大限度地利用现网站址、铁塔公司存量站址以及第三方站址等资源。

（3）发展性原则

充分结合当地市政规划，与城市建设发展相适应，重点考虑市政路灯杆、交通杆、监控杆等社会杆塔设施，弥补城市站址资源获取困难引起的弱覆盖。

（4）安全性原则

站址应尽量避免选择存在洪涝灾害风险的区域，例如，位于低于涉水线的路灯杆、交通杆等；尽量避免选择有强辐射干扰的区域，例如，变电站、雷达站等，以确保网络设备运行的安全。

（5）工程实施性原则

站址选择需要综合考虑机房距离、面积、负荷、天线架设的可行性与合理性等工程实施因素。

8.5.2　无线勘察

勘察与选址的侧重点不同，选址是从网络结构合理性对基站位置、环境进行现场考察，确认站址方案；勘察是对明确建设的站址进一步详细考察，获取准确数据，制订基站建设方案，为图纸设计做准备。

5G 基站的勘察工作重点在机房、天面空间以及杆塔、电源配套资源等，尤其是当可能会面临机房、天面空间受限、电源配套不足等问题时，勘察工作显得更为重要。

1. 基站勘察主要内容

5G网络室外基站设备由4G的“天馈+RRU+BBU”形态转变为“AAU+BBU”形态，由于其安装设备的重量、体积、功耗等指标均有较大的提升，对杆塔、机房的承重、空间及电源配套资源造成较大的挑战，5G基站的现场勘察质量是整个工程建设的关键。

基站勘察主要由设计单位负责完成。设计单位的勘察人员需要按照规划站址进行现场实地勘察，重点完成以下工作。

① 对天面、机房环境条件进行勘察，获取准确详尽的数据，并将实际情况进行拍摄记录。

② 对天面和机房的设备安装方案进行设计，绘制设计方案草图。

③ 填写勘察表，及时整理资料，编制勘察报告，输出基站设计方案。

2. 基站勘察流程

在基站勘察前，勘察人员需准备相机、GPS、测距仪、画图纸等工具；若时间足够，可考虑在电子地图上提前了解勘察站点的周围环境。无线基站的具体勘察流程如图8-27所示。

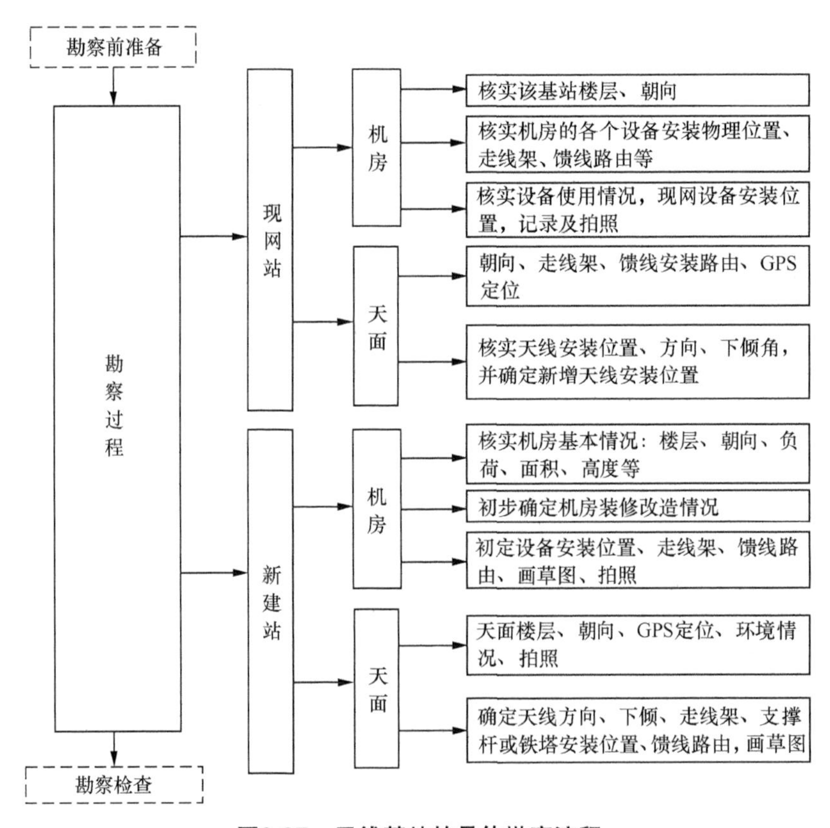

图8-27　无线基站的具体勘察流程

8.5.3 机房设计

由于 5G 无线基站将 RRU 和天线集成，所以 5G 无线基站设备一般被放置在室外，机房设计主要与 CU/DU 的部署有关。

1. CU/DU 集中机房选址原则

CU/DU 集中机房应选择在安全可靠、安装空间和供电条件较好的光缆汇聚点建设。为了降低 5G 部署难度，在进行综合业务接入区规划时，应统筹考虑光宽带接入网、4G BBU、5G RAN、IP RAN A/B、5G MEC 以及政企业务承载等设备对接入场所、接入光缆、供电制冷的需求，以充分利用现有具备能力的接入场所、接入光缆网等基础设施，实现固网和移动网接入段资源共享。在此基础上，CU/DU 集中机房的改造可优先选择综合业务机房和现有 BBU 集中机房，假如以上机房资源紧张，可考虑选择接入网机房以及条件较好的无线机房作为补充。

CU/DU 集中机房选址应符合运营商机房选址规范要求，应重点关注以下几个方面内容。

① 应选择交通和维护方便，不易被淹灌、不易被拆迁的机房，避免选择地势低或曾经发生过水浸的机房。

② 应尽量选择运营商自有物业，如果需要新增机房的，可以采用购买或租用的方式，机房面积在 $20m^2$ 以上。对于租用的接入网机房，要求选择签约周期长，续签综合能力强的物业，尽量避免由于租赁关系结束造成的二次搬迁或改造。

③ 所选的机房应满足荷重要求，机楼机房荷重要求满足 $6.0kN/m^2 \sim 10.0kN/m^2$，按照项目具体要求执行；接入网机房荷重要求满足 $4.0kN/m^2$。

④ 所选的机房管道应具备双向路由，或者一个方向出局至道路管道第一个人（手）井后可分开两个方向，管孔资源充足；现有光缆资源丰富，或者可扩容位置充足。

⑤ 站址空间充足，至少安装 1 个标准机柜，以满足 CU/DU 及传输设备安装的空间需求。

⑥ 机房外电为稳定可靠的三相 380V 永久用电，平均断电时间小于电池放电时间，优先选择双路供电的机房。外电剩余容量满足规划 CU/DU 及 IP RAN 设备，以及空调、电池等用电量，配套直流电源系统容量满足 CU/DU 及 IP RAN 设备需要，蓄电池后备时间宜按设计负荷的 3h 以上配置，或可以通过扩容、改造、新建满足具体要求。如果机房还规划安装接入网、政企等设备，外电和直流资源应同时满足这些设备的需要。

⑦ 机房现有空调条件可满足安装 CU/DU 及 IP RAN 设备需要，或可通过改造、新建满足要求。机楼机房应尽量满足大功耗设备空调需要。

⑧ 现阶段要求 CU/DU 集中机房应具备 GPS 天馈系统安装条件，预留相应 GPS 天线安装位置和馈线布放路由，有条件的楼宇应适当超前部署 GPS 天馈系统。

2. CU/DU 集中机房建设要求

CU/DU 集中机房环境条件应满足以下要求。

（1）温湿度要求

CU/DU 集中设备安装在接入网机房时，环境温度应为 0℃ ～ 40℃；相对湿度应为 10% ～ 90%。

CU/DU 集中设备安装在室外时，环境温度应为 - 20℃ ～ 50℃；相对湿度应为 5% ～ 95%。

接入网机房内气压条件要求的环境参数见表 8-25。

表8-25　接入网机房内气压条件要求的环境参数

环境参数	单位	允许值
低温	℃	≥-5
高温	℃	≤+45
高相对湿度	%	≤90
低气压	kPa	≥70
高气压	kPa	≤106

（2）机房洁净度

机楼机房应防止有害气体以及易燃易爆气体侵入，做到严密防尘。通信机房内的灰尘粒子不能是导电的、铁磁性的和腐蚀性的粒子，其浓度可分为 3 级，直径大于 0.5μm 的灰尘粒子浓度小于等于 18000 粒 / 升；直径大于 5μm 的灰尘粒子浓度小于等于 300 粒 / 升。

接入网机房应防止有害气体以及易燃易爆气体侵入，做到严密防尘。接入网机房洁净度要求见表 8-26。

表8-26　接入网机房洁净度要求

环境参数	单位	条件（允许值）
尘（漂浮）	mg/m^3	≤0.1
尘（沉积）	$mg/(m^2 \cdot d)$	≤360

（3）电磁干扰、静电干扰

机房应防电磁干扰，具备防静电措施，远离高压变电站、电气化铁道等强电干扰源。在频率范围为 0.15MHz ～ 1000MHz 时，机房内无线电干扰场强不大于 126dB，磁场干扰场强不大于 800V/m。

机楼机房内地板、工作台、通信设备、操作人员等对地静电电压绝对值应不小于 200V，其表面电阻和系统电阻值均为 $1 \times 10^5\Omega$ ～ $1 \times 10^9\Omega$。

接入网机房内的电场磁场强度要求：工频磁场频率为 50Hz，干扰场强小于等于 3V/m；射频电磁场频率范围为 0.009MHz ～ 2000MHz，干扰场强不大于 3V/m。

（4）照明要求

机房正常照明要求为距地面 0.75m 的水平面，照度标准值要求为 300lx。

（5）机楼机房荷重要求

机楼机房荷重要求为 6.0kN/m^2 ～ 10.0kN/m^2，按照项目的具体要求执行。

接入网机房荷重要求为 4.0kN/m^2。

3. 机架配置与安装要求

目前，主流设备厂家提供的均是 CU/DU 合设的产品，本文中 CU/DU 集中机房的机架、外电、电源均是按照 CU/DU 合设产品的尺寸、功耗等参数来进行配置的，后期如果出现 CU/DU 分离设置的产品再根据其具体参数进行修改。

（1）典型综合机柜

在 CU/DU 集中部署安装时，一般安装于标准 19 英寸（48.26cm）的综合机柜内，常用的综合机柜高度有 1.8m、2.0m、2.2m、2.6m 等，具体选用的综合机柜高度应根据机房内走线架高度确定，原则上引上线缆至走线架距离不高于 400mm。典型综合机架物理参数配置见表 8-27。

表8-27　典型综合机架物理参数配置

典型机架	尺寸（宽 X 深 X 高）/ mm	空间容量 / U	机柜重量 / kg
1.8m 综合机柜	600×600×1800	36	75
2.0m 综合机柜	600×600×2000	42	80
2.2m 综合机柜	600×600×2200	46	85
2.6m 综合机柜	600×600×2600	54	101

（2）CU/ DU 安装要求

① 综合机柜内安装嵌入式 CU/DU、直流分配单元及 IP RAN 传输设备时，CU/DU 之间、CU/DU 与传输、直流分配单元设备之间建议预留 1 ～ 2U 的安装空间（需要安装挡风板），并预留一定的空间便于设备走线以及设备散热。

② 在综合业务机房、接入网机房、无线机房中安装的综合机架，应对架顶电源单元、无线专业 CU/DU、配套 IP RAN，以及配置光纤配线架，进行合理的排序布局。如果在规划阶段规划安装位置，便于合理规范走线及后期管理维护。在机楼机房安装时，CU/DU 与传输设备是否同机架安装，需要根据机楼机房设置情况等再进行安排。

③ 若现有机房已有 BBU 集中机架，可在现有机架中安装 CU/DU，但仍需要考虑机架总体功耗限制，以及机架内散热、供电的需要。

4. 外电及直流电源系统配置

（1）架顶直流分配单元及接电端子配置

5G CU/DU 集中安装于综合机柜内，采用机架配置的直流分配单元为 CU/DU 提供配电。CU/DU 的每块电源板占用架顶直流分配单元的两个 20 ～ 32A 直流端子，直流分配单元以不低于双路 100A 的电流接入高频直流电源或列柜。

高频直流电源在容量满足的情况下，仅有两个 200A 及以上大容量直流端子空余（或可更换为 200A 以上）时，可考虑通过这两个大容量端子接出直流配电柜（箱），配置 4 ～ 6 个 100A 输出端子。

如果没有 200A 及以上大容量端子，可考虑直接接入高频直流电源或列柜中空余的 20 ～ 32A 端子为 CU/DU 设备和 IP RAN 设备供电。

（2）后备时间及电池配置

在新建综合接入机房或将接入网机房作为 CU/DU 集中机房时，建议蓄电池后备时间按设计负荷的 3 小时以上配置；当现有综合接入机房、接入网机房、无线机房作为 CU/DU 集中机房时，建议后备电源时长按新建的 80% 核算是否需要更换。

需要新建、更换的蓄电池配置按中远期负荷考虑。蓄电池总容量计算公式如下。

$$Q \geqslant \frac{KIT}{\eta\left[1+\alpha\left(t-25\right)\right]}$$

其中，Q 为蓄电池容量（Ah）；K 为安全系数，取 1.25；I 为负荷电流（A）；T 为电池放电小时数（h）；η 为放电容量系数（根据设计规范取值）；t 为实际电池所在地的环境温度数值（当地无采暖设备时，按 5℃考虑）；α 为电池温度系数（1/℃），当放电小时率≥ 10 时，α=0.006；当 1 ≤放电小时率＜ 10 时，α = 0.008；当放电小时率＜1 时，α = 0.01。

典型放电时间下的蓄电池容量计算参数见表 8-30。

表8-30　典型放电时间下的蓄电池容量计算参数

电池放电小时数 / h		0.5			1			2	3	4	6	8	10	≥20
放电终止电压 / V		1.65	1.70	1.75	1.70	1.75	1.80	1.80	1.80	1.80	1.80	1.80	1.80	≥1.85
放电容量系数	防酸电池	0.38	0.35	0.30	0.53	0.50	0.40	0.61	0.75	0.79	0.88	0.94	1.00	1.00
	阀控电池	0.48	0.45	0.40	0.58	0.55	0.45	0.61	0.75	0.79	0.88	0.94	1.00	1.00

（3）直流电源系统配置

新建机房应满足设备负荷需求和后备电池充电需要，计算高频开关电源系统的容量和配置。以现有综合接入机房、接入网机房、无线机房作为 CU/DU 集中机房时，应根据现有耗电和规划无线、光网、政企业务承载设备耗电的需求，以及后备电池充电耗电的需求，核算现有整流模块数量是否满足“N+1”需求。若不满足，则首选扩容整流模块；若仍不能满足需求，则应考虑新建大容量高频开关电源系统，替代现有直流电源系统，尽量不在同一个机房安装两套甚至多套直流系统。新建直流系统前，需核实交流引入容量和线径是否满足工程的需要。

（4）外电需求

在选择 CU/DU 集中机房前应对外电容量、开关容量等进行核查，以确保外电满足机房规划直流需求、电池容量、空调、照明以及合理预留等需要。

5. 全球定位系统（Global Positioning System，GPS）

① 5G 技术的特点之一为低时延，5G CU/DU 对于获取时钟信号的要求比 4G 更高，需通过配置 GPS 天线获取时钟信号。

② GPS 系统包括 GPS 天线、GPS 馈线、避雷器和置于基站设备内部的接收机等。其中，GPS 天线、馈线和避雷器等可以通过加装功分器的方式实现不同设备之间的共用。

③ 对于 CU/DU 集中机房布放 GPS 馈线受阻场景，例如，机房已存在 GPS 馈线系统。在不影响获取时钟信号性能的前提下，建议可采用 GPS 中继放大器对原 GPS 馈线系统进行改造，获取更多的 CU/DU 时钟信号接入端口。

④ 出现 CU/DU 集中机房无条件布放 GPS 馈线等情况，建议引入主设备厂家的相关软件协议进行时钟同步，例如，1588v2 协议。

8.5.4 天馈系统设计

通常情况下，5G 站址按 3 个小区配置时需要安装 3 个 AAU、3 根抱杆或设置 3 个安装位置。在共建共享时，按共建共享的运营商数相应地增加数量。与现有 4G 等网络共用已有站址时，如果存在足够的安装位置或抱杆，可直接新增 5G 独立 AAU；若有物理空间可以调整出安装位置或新增抱杆的，在调整或新增后再新增 5G 独立 AAU；对于没有物理空间的，例如，原有多套天线系统，可考虑用多频多端口天线将原有的多套天线系统整合为一套，空余出来的空间用于安装 5G 独立 AAU。如果以上手段都无法实施，那么只能重新选点建设。不同场景下的天馈建设方案对比见表 8-29。

表8-29　不同场景下的天馈建设方案对比

场景	改造方案	优劣对比
天面资源充足	新增天线抱杆，新增 5G 独立天馈	优势：独立天馈，方便调节
		劣势：需新增抱杆，物业协调困难
天面资源不足，原 4G 多套独立天线	合并 4G 天馈，利旧 4G 抱杆，新增 5G 独立天馈	优势：不需要新增抱杆，独立天馈，方便调节
		劣势：涉及 4G 天馈改动，天线变大

8.5.5 基站配套设计

1. 杆塔

天线整合不可避免地会对已有网络造成影响，我们需要明确优先保证质量的网络，同时加大整合后的网络优化工作。在需要整合4G/5G网络的天线时，建议优先保证4G网络质量。

AAU安装空间、维护空间及与其他系统隔离要求见表8-30。

表8-30　AAU安装空间、维护空间及其他系统隔离要求

杆塔类型	安装方式	安装要求
地面塔（非美化罩类）	同一抱杆安装下方时	AAU顶部间距为500mm，下方间距为600mm，两侧为300mm
地面景观塔（美化罩类）	安装美化罩内	当下倾角需求在0°～7°时，子抱杆截面圆心到美化罩内壁的距离应不小于469mm，AAU设备上边缘切线绕塔轴心直径不应小于1840mm
普通抱杆/简易塔	同一抱杆安装下方时	AAU顶部间距为500mm，下方间距不少于1200mm，两侧为300mm
屋面美化方柱	标高40m左右及以下建筑物屋面	当下倾角需求在0°～12°，方位角±30°时，方柱尺寸（截面长×宽：900mm×650mm）
	标高60m左右及以下建筑物屋面	下倾角需求在0°～20°，方位角±30°时，方柱尺寸（截面长×宽：750mm×1050mm）

2. 空调

在空调选型时，应根据5G设备负荷、机房结构、区域（温度带）等因素确定空调冷量，根据冷量需求选择最适合的空调规格和数量。按当前5G无线网设备单站典型功耗约为3～4kW测算，D-RAN机房所需空调规格和数量见表8-31。

表8-31　D-RAN机房所需空调规格和数量

类别	新建机房			一体化机柜			存量机房		
	冷负荷/kW	空调规格	空调数量	冷负荷/kW	空调规格	空调数量	冷负荷/kW	空调规格	空调数量
一家独建	5.5	3匹	1	3	1.5匹	1	9～11	2/3匹	2
两家共享	9	2匹	2	6	3匹	1	16～18	3/5匹	2
三家共同	12	3匹	2	9	2匹	2	24	5匹	2

注：不同制冷系数区域需要按相应系数调整。已有机房新增5G设备需要核实现有空调的冷负荷是否满足要求。

3. 机房

原则上，5G网络建设机房空间只要满足外电及后备电源需求，BBU安装空间就可以不予考虑。目前，5G系统按无线侧实验网设备形态为“CU/DU合设+AAU”，BBU（CU/DU合设）基本被安装于存量机房或新建机房，存量机房在不考虑新增电源系统或更换情况下，考虑BBU安装空间即可。新建机房需要配备相关配套设备，包括交流配电屏、开关组合电源、蓄电池、综合机架、空调、监控、室内接地排等。

在新建 5G 基站站址，新建机房采用备电的情况下，无线基站配套主要设备见表 8-32。

表8-32　无线基站配套主要设备

序号	设备名称	设备尺寸（宽 X 深 X 高）/mm	单位	数量	备注
1	交流配电屏	600 × 300 × 500	面	1	挂墙，下沿离地 1.4m
2	开关组合电源	600 × 600 × 1600	架	1	落地，600A
3	蓄电池(500Ah)	1258 × 480 × 870	组	2	立式双层双列（双登）
4	综合机架	600 × 600 × 2000	架	1	落地，用于安装 BBU 及传输
5	柜式空调	600 × 300 × 1600	台	2	落地
6	监控	440 × 100 × 300	个	1	挂墙，下沿离地 1.4m
7	室内接地排	200 × 100	块	1	挂墙，下沿离地 2.4m
8	传输设备		台	1	安装与综合机柜内

新建机房或存量机房需要考虑设备散热及维护操作空间等情况，新增 5G 设备机房空间或标准机柜空间需求见表 8-33。

表8-33　新增5G设备机房空间或标准机柜空间需求

类别	新建站址空间需求		存量站址空间需求		
	综合机柜数量 / 个	机房面积 / m^2	机柜空间 /U	更新电源系统 /m^2	新增电源系统 /m^2
一家独建	1	12	3	1.5	4
两家共享	2	12	7	1.5	4
三家共同	3	15	10	1.5	4

注：1. 更新电源系统，开关电源原位替换，按双登两层双列立式摆放两组 1000Ah 蓄电池。
2. 在电源系统不变的情况下，存量站址是指标准 19 英寸（48.26cm）机柜需求空间。

4. 电源

目前，5G 单站 S111 典型功耗约为 3 ～ 4kW。已有机房需要预留 4kW 的交直流容量，可满足一家运营商新增 5G 的功耗需求，若为多个运营商共机房新增 5G 设备，功耗相应增加，则优先选择已有 DC 容量的机房。

（1）外电

① 结合本地区 5G 设备功耗情况，通过外电容量计算公式“市电引入容量 =$(P_{通信设备}+P_{电池充电})/\eta+P_{空调}+P_{照明}+P_{其他}$”确定 5G 站点的外电需求，原则上新引入一路优于三类（平均月市电故障≤ 4.5 次，平均每次故障持续时间≤ 8h）市电电源，优选从公共电网引入一路

380V的交流电源。如果无法引入，则在满足供电质量的前提下，建议按照以下3种方案处理。

第一种：从基站所在的或附近的建筑物就近引入一路380V的交流电源。

第二种：对于取电费用高、拉电难度大的场景，可选用直流远供设备进行供电。

第三种：根据目前外电容量，采用替换与大容量的空开形式对外电进行扩容。

②市电引入容量应根据基站远期规划容量配置，在通信负载最大功率工作时还需要同时满足蓄电池充电及温控系统最大负荷需求。

（2）开关电源

结合本地区5G设备功耗情况，确定5G基站的开关电源容量需求。

① 新建站址以优化基站电源配置，降低建设成本为目标，新建基站开关电源的整流模块容量采用$N(N \geqslant 2)$配置方式。其中，N个主用整流模块总容量应按负荷电流和蓄电池电流（10h充电电流）之和确定。

② 共享存量站址优先考虑现有电源扩容，根据现有和新增设备负荷需求，考虑蓄电池充电电流，判断现有开关电源是否满足需求，若不满足需求，则有以下方案。

第一种：依据N配置方式，对整流模块进行扩容，扩容模块必须与原有型号完全一致。

第二种：如果满架容量较小，无法扩容，那么考虑替换或新增开关电源。

第三种：如果现有电源整流模块停产无法扩容，那么考虑替换或者新增电源整流模块。

（3）蓄电池

根据5G网络设备功耗情况和运营商提出的后备时长等因素确定蓄电池改造方案。电池容量计算原则如下。

$$Q=K \times a \times (P_1 \times T_1+P_2 \times T_2)/51.2$$

其中，

Q：电池容量/Ah。

K：安全系数，取1.25。

P_1：一次下电侧通信设备工作实际功率/W。

P_2：二次下电侧通信设备工作实际功率/W。

T_1：一次下电侧设备备电总时长/h，T_1不应小于等于1h。

T_2：二次下电侧设备备电总时长/h。

a：温度调整系数，寒冷、寒温I、寒温II地区取1.25；其余地区取1.0。

由于新型铁锂电池在电池放电效率、安装空间和建设成本上较铅酸电池都有一定优势，所以蓄电池组配置容量推荐选用48V100Ah、48V150Ah、48V200Ah的铁锂电池。

8.6　设计文件及概预算编制

8.6.1　5G 无线基站设计文件

与 4G 相比，5G无线基站专业工程在设计文件方面的主要差异如下所述。

① 5G 无线基站图纸需要说明 Massive MIMO SSB 波束规划信息，说明该站各个扇区的波束覆盖场景，一般为以下 3 种场景之一：广域覆盖、高层覆盖、高低层混合覆盖。

② 5G 无线基站的 AAU 设备电源功耗较大，为防止直流压降过大，需要根据其直流电源线的长度选用合适的电源线，必要时在 AAU 侧设置电源线转接盒。

③ 5G 无线基站的 AAU 设备重量较大，设备施工过程中存在的安全风险更大，需要更新安全风险点评估处置方案。

8.6.2　5G 无线基站概预算编制

与 4G 相比，5G 无线基站专业工程概预算编制工作的主要差异如下所述。

① 5G 室外站采用 RRU 和天线一体化的产品（即 AAU），AAU 的安装定额 = RRU 的安装定额 × 0.5 + 天线的安装定额 × 1。

② 5G 基站 AAU 侧不需要做馈线的施工和调测，相应地不需要计此类工日。

③ 5G 定额明确了有源室分的远端有源天线单元的安装工日。

④ 5G 有源室分的远端有源天线单元可通过光电复合缆进行连接（4G 有源室分一般使用网线进行连接），5G 定额增加了光电复合缆的施工定额。

8.7　5G 室内分布系统设计

8.7.1　5G 室内分布系统的分类和组成

根据传输介质的不同，5G 室内分布系统主要技术方案包含两大类：5G 有源分布系统与 5G 无源分布系统。

1. 5G 有源分布系统

5G 有源分布系统由 BBU、扩展单元和远端单元 3 个部分组成。其中，远端单元为微型 RRU 与天线的集合体，安装于目标覆盖区域内；扩展单元以星形拓扑方式连接多个远端单元，完成数据汇聚及 POE 供电；BBU 和扩展单元以光纤相连，扩展单元与远端单元间以超六类网线或光电复合缆相连。5G 有源分布系统架构如图 8-28 所示。

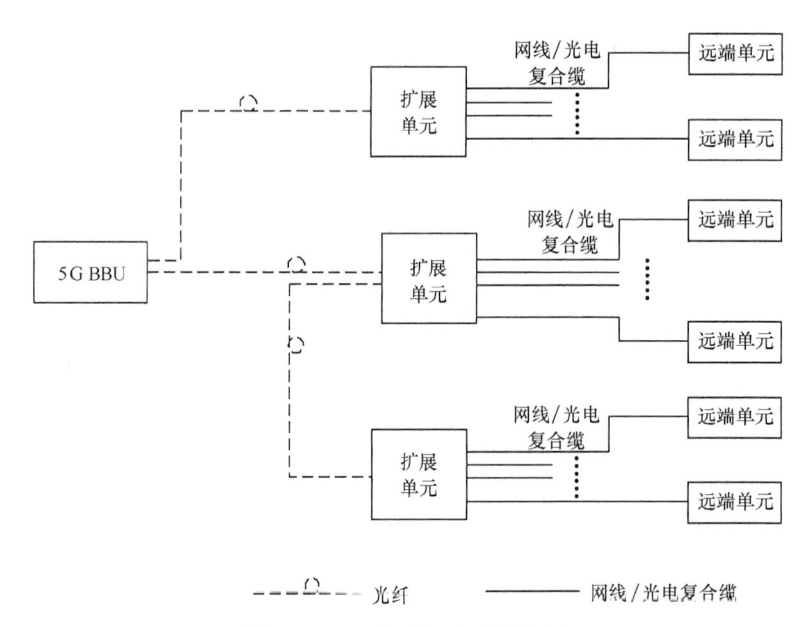

图8-28　5G有源分布系统架构

5G 有源分布系统是 5G 网络初期室内覆盖建设的主流技术手段，有源分布系统能满足工作在 sub3GHz、3.5GHz 频段的 5G 网络覆盖，不受 5G 工作频段的限制；同时可以使 Massive MIMO 在技术和工程上都可行。

2. 5G 无源分布系统

5G 无源分布系统除信号源之外主要由耦合器、二功分器、合路器、室内天线、馈线、泄漏电缆等无源器件组成。5G 无源分布系统架构如图 8-29 所示。

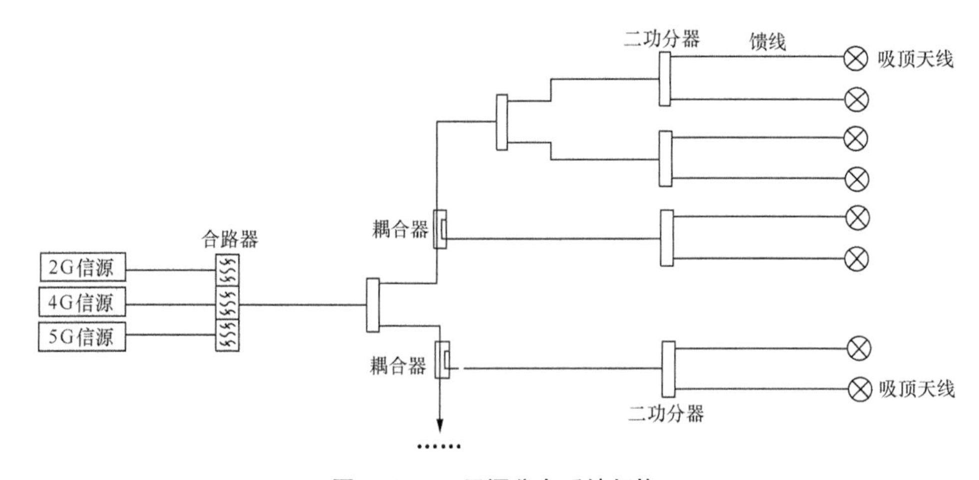

图8-29　5G无源分布系统架构

采用泄漏电缆进行覆盖的无源分布系统也叫泄漏电缆分布系统，这种方式主要用于高铁 / 地铁等隧道区域。5G 泄漏电缆分布系统如图 8-30 所示。

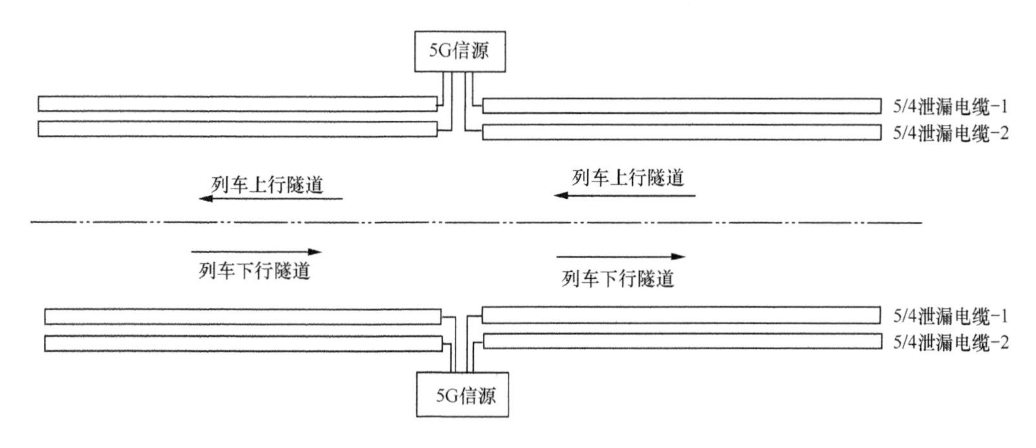

图8-30　5G泄漏电缆分布系统

如果需要在现有无源室分系统里引入 5G 信号，那么现有无源室分的无源器件在 3.5GHz 频段仅馈线可用但损耗也会加大，其他无源器件都需要进行更换，工程改造难以落地。

在现有的采用泄漏电缆方式覆盖的高铁 / 地铁等隧道中，由于其之前常用的 13/8 泄漏电缆无法支持 3.5GHz 频段，且隧道场景安装条件受限，所以大多数已有隧道覆盖系统需要更换为 5/4 泄漏电缆和新增 5G 信源才能提供 3.5GHz 5G 信号覆盖。

8.7.2　5G 室内分布系统设计

1. 室内分布系统现场勘察

（1）勘察前准备

在勘察前必须做好准备工作，以便勘察工作顺利展开。准备的内容包括勘察工具、模测设备、图纸资料、车辆等。勘察前需要根据项目特点配备勘察工具，需要检查勘察工具能否正常使用。阅读图纸是我们初步了解建筑物信息的方式之一，它可以反映站点的大致情况，我们需要留意图纸上是否标明尺寸等。一般情况下，建筑平面图是事前专门的勘察人员和业主沟通之后，由业主提供的。在条件允许的情况下，在到达站点之前，勘察人员需要仔细阅读相关图纸。

（2）现场勘察

① 详细勘察的主要内容

地理环境和建筑物结构、建筑物所处区域、建筑物的名称、建筑物的经纬度、建筑物的详细地址、建筑物的性质、建筑物的总建筑面积、建筑物的外观等。

② 建筑物结构详情

楼层 / 区域描述、用途、天花板材质及维修口情况、楼层数小计、单层面积、楼层 / 区域面积小计；建筑平面图，含地下层、夹空层和标准层的结构，机房位置、弱电井位置及内部情况。

如果建设单位提供了建筑平面图和结构图，那么需要核实图纸与实际尺寸是否一致。如果不一致，那么要对重要尺寸重新测量以修正图纸；如果建设单位没有提供建筑图，那么需要绘制勘察草图。

③ 通信基本条件

忙时人流量、区域类型、重点覆盖区域、建筑物内覆盖现状及覆盖手段概述（包括本建筑物现有基站的情况概述）、信源安装位置、楼层间走线描述、天线是否允许外露于天花板外、建筑物外墙（玻璃幕墙 / 砖墙 / 钢筋混凝土）、建筑物内部墙体类型（砖墙 / 板材 / 玻璃）。

④ 电梯详情

电梯编号、用途、是否共井、电梯数量（类型一样）、电梯运行区间，电梯厅是否封闭，是否可以走线。

⑤ 周边基站分布记录

站点名称（或安装楼宇名称）、站点 CSID、基站靠建筑物方位、基站高度、基站与大楼的距离、基站和天线类型、覆盖目标。

⑥ 设计方案草图

确定信源等新增设备安装位置、设备的取电点和接地位置、确定覆盖各区域天线类型和安装位置、确定布线路由、绘制相关草图。

详细勘察完成后填写勘察报告，为后续方案设计提供充分的依据。

2. 室内分布系统设计

（1）覆盖方案的选取和设计

无源室内分布系统是 4G 及之前网络室内覆盖的主力，但对于在 3.5GHz 频段工作的 5G 无线网则有极大的限制。有源室内分布系统能满足 5G 在高 / 低频段、Massive MIMO、宽频带的要求，在技术和工程上都可行。目前，5G 有源室内分布系统是 5G 室内覆盖的主要方案。

在覆盖区域选取合适的覆盖方案之前，需要首先了解业务需求类型、覆盖区域的场景类型，然后结合运营商 5G 承载的频段进行综合考虑。5G 室内覆盖方案选取建议如下所述。

① 对于在 3.5GHz 频段工作的 5G 无线网，楼宇覆盖直接选择 5G 有源室内分布系统。

② 对于在 sub3GHz 频段工作的 5G 无线网，中、高价值的楼宇覆盖优先选择 5G 有源室内分布系统，低价值的楼宇覆盖可考虑选用 5G 无源分布系统。

③ 对于高铁 / 地铁等隧道场景，选取 5G 无源的泄漏电缆分布系统。

（2）室内信号传播损耗计算

影响 5G 链路预算的因素和 4G 基本一样，确定的因素有输出功率、天线增益、噪声系数、解调门限、穿透损耗、人体损耗等，不确定的因素有慢衰落余量、干扰余量等。

路径损耗（dB）= 基站发射功率（dBm）− 10 × log(子载波数)+ 基站天线增益（dBi）− 基站馈线损耗（dB）− 穿透损耗（dB）− 人体遮挡损耗（dB）− 干扰余量（dB）− 慢衰落余量（dB）− 人体损耗（dB）+UE 天线增益（dB）− 热噪声功率（dBm）− UE 噪声系数（dB）− 解调门限 *SINR*（dB）。

关于 5G 室内覆盖的链路预算，采用 3GPP 38.901 I2I_office NLOS 传播模型进行覆盖能力分析，传播模型的公式如下。

$$PL_{\mathrm{In}H\text{-}NLOS}=32.4+20\log(f_c)+31.9\log(d_{\mathrm{3D}})+FAF$$

其中，

$PL_{\mathrm{In}H\text{-}NLOS}$：穿透损耗，空间传播损耗 + 阻挡介质的穿损。

f_c：频率，单位为 GHz。

d_{3D}: 用户终端与发射天线的距离，单位为 m。

FAF: 各类阻挡介质的穿损。

阴影衰落余量取值为 9dB，人体损耗取值为 3dB。

下面以 2.1GHz 和 3.5GHz 为例，说明不同材质在不同频段的穿透损耗值差异。不同材质在不同频段的穿透损耗值见表 8-34。

表8-34 不同材质在不同频段的穿透损耗值

类别	材质说明	2.1GHz 穿透损耗 / dB	3.5GHz 穿透损耗 / dB
混凝土墙	25cm 厚混凝土墙	22	28
石膏板	12cm 石膏板墙	9	12
砖墙	15cm，单层	10	15
玻璃	2 层节能玻璃带金属框架	23	26
	2 层玻璃（夹层）	9	12
	普通玻璃	3	3
木板	普通木墙	4	6

不同系统有源室分远端单元的输出功率见表 8-35。

表8-35　不同系统有源室分远端单元的输出功率

参数	4G（2.1GHz）	5G（3.5GHz）
频谱带宽 /MHz	20	100
资源块（Resource Block，RB）数 / 个	100	273
远端单元总发射功率 / mW	2×100	4×250
远端单元 RS 功率 / dBm	–7.8	–5.1

根据上述的室内传播模型和各介质在不同频段的穿透损耗，分别计算出 5G 和 4G 有源设备单个远端单元在穿透不同介质时的覆盖能力。不同场景下的远端单元覆盖能力见表 8-36。

表8-36　不同场景下的远端单元覆盖能力

类型	边缘覆盖门限 *RSRP* ≥ –110dBm								
	空旷基本无阻挡区域	穿一堵普通木板墙 / 普通玻璃墙	穿一堵双层的夹层玻璃墙	穿一堵 12cm 石膏墙	穿一堵 15cm 的单层砖墙	穿一堵 25cm 的混凝土墙	穿两堵普通木板墙 / 普通玻璃墙	穿两堵 12cm 石膏墙 / 双层的夹层玻璃	穿两堵 15cm 的砖墙
5G（4×250mW）单远端覆盖的范围 / m	25 ～ 32	21 ～ 28	13 ～ 18	13 ～ 18	11 ～ 15	5 ～ 6	13 ～ 18	6 ～ 8	4 ～ 5
4G（2×100mW）单远端覆盖的范围 / m	25 ～ 32	22 ～ 29	15 ～ 20	15 ～ 20	12 ～ 17	6 ～ 8	16 ～ 21	8 ～ 10	6 ～ 8

（3）远端单元 / 天线布放设计

经过建筑物类型、构造、室内结构、干扰环境调查和路径损耗分析之后，接下来根据不同区域类型进行远端单元 / 天线设置，包括远端单元 / 天线类型、数目和安装位置等。远端单元天线布放设计考虑因素如下所述。

应根据勘测结果和室内建筑结构以及目标覆盖区特点，设置远端单元 / 天线位置和选择不同的远端单元 / 天线类型，远端单元 / 天线应尽量设置在室内公共区域。

远端单元 / 天线位置应结合目标覆盖区的特点和建设要求，设置在相邻覆盖目标区的交叉位置，保证其无线传播环境良好，同时遵循远端单元 / 天线最少化原则。

对于特殊场景，如果需要控制覆盖和外泄，那么建议选用外接天线型的远端单元，即外接定向天线进行覆盖。

以 5G 有源分布系统为例，根据模型并结合工程实际应用，分析计算出远端单元在各场景的设计布放间距建议值。不同地市的室内建筑结构可能存在差异，可根据各个场景的现场

实际情况，针对设计建议值进行适当调整，最终确定能满足覆盖要求的设计值，有源室分（3.5GHz，4×250mW）各个场景的远端单元布放间距建议值见表 8-37。

表8-37 有源室分（3.5GHz，4X250mW）各个场景的远端单元布放间距建议值

目标场景	细化场景	典型阻挡介质	单远端的覆盖半径 / m	远端间的布放间距 / m	单远端的覆盖面积 / m^2
宾馆、酒店、高校宿舍、医院住院楼	楼层房间	砖墙、混凝土墙	单边房：2 ~ 4 双边房：4 ~ 8	10 ~ 13	单边房：100 ~ 200 双边房：200 ~ 360
	大堂、会议室、餐厅	石膏墙、夹层玻璃	12 ~ 14	20 ~ 23	360 ~ 500
写字楼 / 办公楼（多隔断）、医院门诊楼		砖墙、石膏墙、夹层玻璃	11 ~ 13	20 ~ 23	300 ~ 400
写字楼 / 办公楼（少隔断）、高校教学楼		石膏墙、夹层玻璃	14 ~ 16	23 ~ 27	500 ~ 600
商场、超市、购物中心、高校图书馆		柱子、木板、货物架	16 ~ 20	27 ~ 34	600 ~ 1000
机场	候机厅、值机厅、安检口、行李区	柱子、木板	23 ~ 30	37 ~ 45	1500 ~ 2100
	VIP 厅、商业、办公区	砖墙、夹层玻璃、木板	12 ~ 14	20 ~ 23	360 ~ 500
高铁车站、地铁站厅站台	售票厅、候车厅	柱子、木板	16 ~ 20	27 ~ 34	600 ~ 1000
	车站办公区 / 商业区	砖墙、夹层玻璃、木板	12 ~ 14	20 ~ 23	360 ~ 500
体育馆、展览馆	出入大厅、看台、展厅	柱子、木板	23 ~ 30	37 ~ 45	1500 ~ 2100
	馆内办公区、媒体区	砖墙、夹层玻璃、木板	12 ~ 14	20 ~ 23	360 ~ 500

假定设计指标的边缘覆盖门限 $RSRP \geqslant -110$dBm，远端单元的输出功率为 4×250mW，工作的频段为 3.5GHz。

（4）线缆的选择和路由设计

5G 有源室内分布系统涉及的线缆有超六类网线和光电复合缆，5G 无源室内分布系统涉及的线缆有馈线和泄漏电缆。其中，泄漏电缆主要是在高铁 / 地铁等隧道覆盖时使用。

有源室分的远端单元与扩展单元之间的传输线缆采用的是超六类网线和光电复合缆，这些线缆能满足传输和供电要求，但是超六类网线在传输距离超过 100m 后，其传输速率不能满足 5G（4T4R）的速率带宽要求。光电复合缆与超六类网线对比见表 8-38。

表8-38　光电复合缆与超六类网线对比

类型	供电能力	传输最大速率	带宽能力	使用场景建议
超六类网线	71W	10Gbit/s	小于 100m：1 个 100MHz NR 4T4R + 5 个 20MHz LTE 2T2R 小区 100 ～ 200m：1 个 100MHz NR 2T2R + 3 个 20MHz LTE 2T2R 小区	一般场景，线缆拉远距离在 100m 以内
光电复合缆	130W（$1.5mm^2$）	10Gbit/s 25Gbit/s	10Gbit/s 光模块：1 个 100MHz NR 4T4R + 5 个 20MHz LTE 2T2R 小区 25Gbit/s 光模块：2 个 100MHz NR 4T4R + 12 个 20MHz LTE 2T2R 小区	机场、地铁站、CBD 等开阔场景，线缆拉远超 100m 场景

线缆路由设计的主要步骤和考虑因素如下所述。

① 要选建筑物已有的上下垂直弱电管井作为垂直走线路由，不建议选择强电管井和供水管井。

② 先仔细阅读标有上下管井和水平线槽位置的图纸；定好上下管井的位置和水平线槽的分布；如果没有图纸，则现场与业主沟通，了解相关情况后再进行勘察、记录。

③ 现场勘察，确认图纸上所标的管井上下能否走通。如果图纸与现场不符，则以现场为准，重新在附近寻找能够走通的管井，并在图纸上做好标记，进行拍照；另外，需要注意管井内是否有足够的空间布线。

④ 检查水平方向的线槽是否与图纸上标记的一样，若有不同的地方，则需要做好标记。

⑤ 垂直走线必须要按现场确认的能够上下走通的线槽路由来设计；在水平方向上，在线缆数量不多的前提下要尽可能利用建筑物原有的线槽设计线缆路由。

⑥ 器件连接和位置的摆放要按照运营商的需求，方便工人施工和维护，一般情况下，器件被摆放在管井或者检修孔等位置。

无源分布系统整体方案的馈线设计按照从小到大的思路：先确定好每层的天线口功率，用馈线连接好线缆，灵活使用功分器和耦合器，尽量使各个天线的功率均匀，然后再通过上下管井整体的连接（注意：连接上下层馈线的器件尽可能地放在管井房里方便维护）主干馈线如果超过 30m，则建议采用 7/8 或以上的馈线。

有源分布系统的线缆设计按照最短路由的原则，超六类网线的拉远距离尽量控制在 100m 以内。

（5）NSA 站型中的锚点选择

NSA 站型中 4G 锚点站和 5G 室分方案要求是同厂家提供。不同场景下的锚点方案和室分方案见表 8-39。

表8-39　不同场景下的锚点方案和室分方案

<table>
<tr><th colspan="3">站点场景</th><th>锚点站选择方案</th><th>5G 室分方案</th></tr>
<tr><td colspan="3">4G 未覆盖</td><td>新增双模的有源室分，同时实现 4G 锚点和 5G 的覆盖</td><td>利用与4G锚点站同时新增的 5G 双模有源室分</td></tr>
<tr><td rowspan="7">4G 已覆盖</td><td rowspan="2">有源室分</td><td>物业允许再次布线</td><td>利旧已有的4G有源室分</td><td>与4G同点位，新增5G 单模有源室分</td></tr>
<tr><td>开天花板难、无法再次布放</td><td>利旧已有的网线，更换原 4G 有源室分设备为 5G 多模有源室分设备，同时实现 4G 锚点和 5G 的覆盖</td><td>利用更换后的5G双模有源室分</td></tr>
<tr><td rowspan="3">无源室分</td><td>测试确认4G信号覆盖良好，少切换，无弱信号</td><td>利旧已有的4G无源室分</td><td>新增独立的 5G 单模有源室分</td></tr>
<tr><td rowspan="2">测试确认 4G 覆盖切换频繁，信号弱</td><td>若评估问题经优化、整改可解决，则利旧已有的4G无源室分</td><td>新增独立的5G单模有源室分</td></tr>
<tr><td>若评估问题无法通过优化整改解决，则新增双模的有源室分，同时实现4G锚点和 5G 的覆盖（拆除原无源室分 4G RRU）</td><td>利用与4G锚点站同时新增的双模有源室分</td></tr>
<tr><td rowspan="2">室外站</td><td>测试确认4G覆盖良好，少切换，无弱信号</td><td>覆盖该建筑物的相关4G室外站</td><td>新增独立的5G单模有源室分</td></tr>
<tr><td>测试确认4G覆盖切换频繁或存在弱信号</td><td>新增双模的有源室分，同时实现 4G 锚点和 5G 的覆盖</td><td>利用与 4G 锚点站同时新增的双模有源室分</td></tr>
</table>

（6）室内外同频干扰功率控制

当 5G 网络室内外采用同频组网时，为了减少同频干扰，主要的解决措施如下。

① 设计时，需要结合室外入侵干扰测试，精细规划各个区域边缘电平，从而精细规划室内有源远端单元的点位。在中高楼层室外信号复杂区域，有源远端单元可采用靠窗边布放，压制室外的信号的方式使室内信号占主导。对于低层区域，可根据室外信号穿透的深度，把切换点设置在室内。

② 室外宏基站方位角优化，主瓣避开目标楼宇方向；宏基站下倾角优化，降低对中高层窗边入侵的信号强度，从而降低对室内干扰。

③ 室内外采用相同的 SSB 频点，这样在空载情况下可以有效降低 SSB 信道对业务信道的干扰。

8.8　5G 网络对承载网的需求

在 5G 组网架构中，CU/DU 部署有多种可选方式，对应的承载网需求也不尽相同，典型的 5G 组网类型分为 D-RAN、C-RAN、CU 云化部署 3 种。5G 无线网络的承载需求分为前传、中传、回传。其中，AAU 至 DU 为前传；DU 至 CU 为中传；CU 与 CN 之间为回传。

8.8.1 5G 站点对光纤的需求

1. 前传

当 BBU 分散设置（D-RAN）时，5G 站点一般采用铠装尾纤与 AAU 连接，不需要占用局间传输和光缆资源。如果 AAU 距离较远，5G 站点也可采用光纤直驱拉远设置，纤芯需求为 2 芯 /AAU。

当 BBU 集中设置（C-RAN）时，一般采用光纤直驱方式，每个 AAU 采用 2 芯光纤上连至 BBU，室外 S111 基站需占用 6 芯光纤。若纤芯资源不足或 BBU 集中机房至 AAU 的距离过长，对整体光缆纤芯消耗过大，则可优选单芯双向 25G 光模块（S111 需使用 3 芯），次选无源波分、有源波分等光纤较为节省的方案。

2. 中传和回传

中传和回传采用传输设备承载，DU、CU 与传输设备之间采用 2 芯尾纤相连，传输设备采用环形组网，每个传输环占用 4 芯光纤。

8.8.2 5G 站点回传对承载网的需求

5G 站点的回传可通过 10GE 端口接入 IP RAN 网络。BBU 设备需通过 A 设备接入再上连至 B 设备。A 设备一般与 BBU 同机房部署。

接入环链路流量按“1× 基站峰值 +（N–1）× 基站均值”计算，典型的 5G 低频单基站（100MHz 频宽 3cell，64T64R，2.5ms 双周期）带宽峰值为 3.34Gbit/s，均值为 2Gbit/s。5G 低频单基站峰值和均值见表 8-40。

表8-40 5G低频单基站峰值和均值

小区峰值	小区均值	单站峰值	单站均值
2.05Gbit/s	0.65Gbit/s	3.34Gbit/s	1.94Gbit/s

注：按 NGMN 的带宽规划原则，单站峰值 = 单小区峰值 + 小区均值 ×2，单站均值 = 单小区均值 ×3。

以 10GE 接入环为例，按上述计算方法，可接入 4 个 5G 低频单基站。

8.8.3 5G 站点同步要求

解决移动网络时间 / 时钟同步问题，一般可采用 GPS、IEEE 1588v2 协议或北斗接收机等方式。

在承载网不支持 1588v2 协议的情况下，基站间时间同步可采用基站的 GPS 或北斗系统，同时也解决了时钟同步。

在承载网支持 1588v2 的情况下，具体分布状况可分为以下两种。

① 在重点区域，基站间时间同步采用基站 GPS 系统提供主用信号，同时解决时钟同步；承载网采用业务随路方式为基站提供同步备用信号，包括时间同步和时钟同步。

② 在一般区域，承载网通过业务随路方式为基站提供同步信号，包括时间同步和时钟同步。

5G

第9章

5G 展望

9.1 政府推动5G快速发展

我国政府高度重视5G发展，明确要求加快5G商用步伐，加强新型基础设施建设。为贯彻落实国家总体部署，促进数字化、网络化、智能化转型升级，发挥5G对经济和社会发展的重要驱动作用，各地政府纷纷提出加快推进5G网络建设和应用的实施意见和行动计划，从网络建设、产业发展以及重点应用示范等多个层级和维度为5G产业发展制订了具体的行动方案，并在组织领导、配套政策、财政支持、平台建设等方面实现了充分完备的保障。

2020年年初，5G在新冠肺炎疫情防控中的创新应用产生了良好的示范带动作用，5G与各个领域融合发展的步伐有望得到进一步加快。2020年3月，为加快实施“宽带中国”战略，着力推进“新基建”建设，国家发展和改革委员会、工业和信息化部联合发布《关于组织实施2020年新型基础设施建设工程（宽带网络和5G领域）的通知》（以下简称“《通知》”）。《通知》共发布了7项5G创新应用提升工程，分别是面向重大公共卫生突发事件的5G智慧医疗系统建设、面向“互联网+协同制造”的5G虚拟企业专网建设、面向智能电网的5G新技术规模化应用、基于5G的车路协同车辆网大规模验证和应用、“5G+智慧教育”应用示范、5G智慧港口应用系统建设、“5G+4K/8K”超高清制播系统基础设施建设。

9.1.1 规划引领

为保证5G网络建设规范有序地开展，我国多地政府出台了相关文件，明确要求将5G网络规划作为信息基础设施空间布局规划的核心内容，纳入城市控制性详细规划，并在相关城市建设工程中严格遵照实施。

《浙江省人民政府关于加快推进5G产业发展的实施意见》于2019年4月印发，文件指出，要统筹编制5G基站站址专项规划，科学合理布局，并做好与城市总体规划、控制性详细规划的衔接，发挥基础电信企业和中国铁塔股份有限公司的作用，加快建设5G基站，实现共建共享。浙江省人民政府同时要求，各地在编制控制性详细规划时，要依据相关法律法规和技术规范，深化专项规划确定的5G基站等通信基础设施的用地布局。各级政府要在土地、电力接引、能耗指标、市政设施等资源要素上给予重点保障，并免费开放办公楼宇、绿地资源、杆塔等，支持5G基站建设。

广东省人民政府于2019年5月印发《广东省加快5G产业发展行动计划（2019—2022年）》，文件指出，把编制5G基站建设规划列为首要任务，要求在2019年年底前由中国铁塔股份有限公司广东省分公司会同电信运营企业统筹 5G 基站建设需求。2020 年 6 月底前，各地市政府要将 5G 基站建设规划纳入国土空间规划及控制性详细规划，将 5G 基站站址、机房及管线、电力等配套设施纳入市政基础设施专项规划，将交通干线与重要交通枢纽场所基站纳入建设规划。各地市政府制订国土用地、城乡住房建设、交通设施等规划时，要同步落实 5G 基站站址、机房、电源、管道和天面等配建空间，并明确规划、建设与管理要求。2020 年 6 月底前，广东省住房城乡建设厅出台新建住宅与商业楼宇预留 5G 宏站、微站、室内分布系统等设施建设标准规范。每年 1 月底前，各地市政府要向电信运营企业、广东铁塔公布公共建筑、绿化用地、物业资源开放清单，免费开放公共建筑和杆塔等资源支持 5G 基站建设，禁止任何单位或个人在基站建设和运行维护中违规收取费用。

上海市人民政府于 2019 年 6 月印发《关于加快推进本市 5G 网络建设和应用的实施意见》，文件指出，上海市 5G 网络建设以“推动 5G 网络的柔性化、个性化与云化部署，实现全市域覆盖，提供随时即取的大容量、高带宽、低时延网络支撑能力，实现各行各业深度应用、融合赋能”为目标，应按照 2035 年上海城市总体规划和全市产业发展重点，统筹 5G 网络布局，促进固定与移动网络、通信设施与市政设施融合部署，加强电力和通信管线配套，打造 5G 网络建设先行区；同时按照城乡规划体系，推进 5G 发展步伐，实现 5G 建设与其他相关规划的有效衔接，确保 5G 基础设施融合建设、资源共享。分年度编制 5G 基站建设规划，按照市、区两级政府部门职责范围，分区分部门落实协调推进责任主体，定期考核工作进展情况。

9.1.2　行动方案

1. 北京：培育 5G 产业新业态

《北京市 5G 产业发展行动方案（2019 年—2022 年）》于 2019 年 1 月印发，文件明确提出，5G 网络建设和示范应用将带动一批 5G 软硬件产品研发与产业化项目，加速传统行业迭代升级，催生大量新应用、新商业模式，促进数字经济快速发展。北京市 5G 产业发展相关举措如下所述。

一是在优势领域组织一批 5G 成果产业化项目。北京市加快推进 5G 大规模天线系统、射频芯片及元器件、通信芯片制造封测、通信设备智能化制造、设备智能操作系统、基础及应用软件、智能物流和无人配送系统示范应用、超高速无线通信系统示范应用等一批产业化项目建设，引导 5G 创新成果转化，有力推动 5G 从技术研发到产业化落地，并实现行业规模化应用。

二是举办年度 5G 创新应用比赛。北京市人民政府联合国家部委、行业协会、投资机构、科研院所，面向 5G 应用需求，发现应用潜力，发掘一批创新创业团队。

三是组织一批共创空间、孵化器、中小创业投资等机构。北京市重点关注 5G 与文化传媒、金融、教育、物流、工业等领域的跨界融合创新应用，孵化和培育 100 家左右 5G 应用企业，将5G新应用、新商业模式培育成为未来信息消费的重要增长点。

四是完善人才储备和培养机制。北京市鼓励学校和企业进一步深入合作，培养一批具有国际竞争力的5G产业技术型人才和技能型人才。依托国家与北京市重大人才发展战略，北京市支持企业采用灵活的“双聘”制度，以多种方式吸引5G人才和创新创业人才，加大国际5G产业发展、核心人才引进力度，完善人才评价激励机制和配套设施，吸引更多海外高端专业人才来京发展，完善国内人才培养体系与提升整体科研水平。

五是强化知识产权培育运营。北京市加强重点前沿方向和新兴领域的专利布局，建设5G专利池，加大专利合作条约（Patent Cooperation Treaty，PCT）对专利申请的支持力度，推动5G产业知识产权预警机制和公共服务平台建设；支持企业基于自主知识产权的标准研发、评估和试验验证，促进自主标准成为国际标准；引导、鼓励相关单位设立5G知识产权培育与运营企业，充分发挥国家和北京市知识产权保护组织的作用，实现5G技术领域专利快速获权、确权和维权，形成一批我国自主知识产权的成果及专利，建立联合保护、风险分担、开放共享的行业知识产权协同运用机制。

2. 广东：抢占5G技术创新制高点

广东省是我国重要的通信设备制造基地，具有良好的通信设备制造、通信服务产业基础，产业发展起点高。抢占5G技术创新制高点，培育壮大5G产业成为《广东省加快5G产业发展行动计划（2019—2022年）》的核心内容，具体包括以下内容。

着力突破5G关键核心技术。广东省将大力发展面向5G的新型大带宽信号处理、适应宽/窄频带融合场景下的波形设计、编译码、高效传输、射频与天线等关键技术，突破超宽带无线通信芯片设计与制造技术；对接国家重点研发计划“宽带通信和新型网络”重点专项，2019年年底前，将“5G传输与组网关键技术”等纳入广东省重大科技专项扶持和研发计划；支持企业、科研院所开展6G网络技术前瞻性研究，2022年年底前，在新型网络技术、高效传输技术、通信芯片等方向取得一批标志性成果。

建设高水平5G科技创新平台。广东省将5G高端人才纳入各级政府急需紧缺人才引进目录，推动省内高等院校、重点职业学校设立5G技术课程；组建高水平5G科技创新平台，提升原创性研发能力。推进广东省新一代通信与网络创新研究院、5G中高频器件创新中心等平台建设；推进5G众创空间、孵化器、加速器等公共平台建设；面向制造、教育、交通、医疗、电力等垂直行业，建设5G融合应用技术创新中心和成果转化基地（中心）。

打造世界级5G产业集聚区。在“珠三角”地区重点发展5G器件、5G网络与基站设备、5G天线以及终端配件等优势产业，补齐补强第三代半导体、滤波器、功率放大器等基础材料与核心零部件产业，打造万亿级5G产业集群。在“沿海经济带”重点发展5G基础材料、通信设备及智能终端制造等产业。在“北部生态发展区”重点发展5G产业融合应用。加大省、市共建5G产业园区力度，支持地市出台产业扶持政策。2022年年底前，广东省将建成8个省级 5G 产业园区。

培育壮大 5G 企业。广东省制订 5G 全产业链企业目录，分类培育一批细分领域骨干企业；加大国际国内 5G 骨干企业引进力度；实施 5G 骨干企业与制造企业"牵手工程"，广东省工业和信息化厅每年至少组织一场供需对接活动；将投资 10 亿元以上的 5G 产业重大制造业项目纳入全省重点制造业项目库，加强跟踪服务；支持 5G 企业设立国外生产基地和研发机构。支持龙头企业举办 5G 产业发展大会、5G 创新大赛等活动。

大力发展 5G 高端产品。广东省将优先发展砷化镓、氮化镓等化合物半导体和光交换、基带、中高射频等 5G 高端芯片；大力发展下一代核心网、100G 至 T 级别波分光传输设备、刀片式基站、微基站、新一代数字化室分系统、大规模多输入多输出天线阵设备等网络产品和配套软件；支持彩电企业研发融合 5G 技术的超高清视频产品，积极发展面向垂直行业融合应用的 5G 产品。2022 年年底前，全省 5G 网络及基站设备年产值达 4000 亿元，5G 智能终端年产值达 7000 亿元。

加强 5G 产业支撑平台建设。广东省加快建设 5G 产品技术验证、质量检测、入网检测等公共平台；推动企业参与国家 5G 技术标准制订和技术试验；支持 5G 企业建设面向智能制造、自动驾驶、超高清视频、虚拟现实等场景验证平台；推进国家无人机系统质量监督检验中心、国家汽车电子产品质量监督检验中心、广州基于宽带移动互联网的智能网联汽车与智慧交通应用示范区等基础设施建设。

3. 江苏：强调长三角区域一体化合作

江苏省人民政府要求，江苏省工业和信息化厅要联合相关部门共同制订 5G 产业发展规划和行动计划，充分挖掘本省在工业互联网领域的海量需求，会同相关部门大力发展 5G 建设与应用。江苏省人民政府大力支持 5G 芯片、元器件、系统设备等领域关键核心技术攻关和科技成果转化。各个相关部门要全面拓展合作，积极整合资源，合力打造"产、学、研、用"相融合的 5G 产业生态体系，促进企业提升创新能力，研发技术更先进、运行更稳定、附加值更高的网络和终端设备，逐步提升 5G 网络设备及终端产业集群的整体竞争优势。

江苏省各个相关部门要按照《5G 先试先用推动长三角数字经济率先发展战略合作框架协议》要求，组织各地及相关企业协同开展"长三角地区"5G 网络布局，实施网络规模部署，持续提升无线宽带网络能级，协同开展基于 5G 物联的"城市大脑"、智慧园区、智慧交通、工业互联网等方面的创新应用，推进 5G 应用及产业链协同发展，共同推动"长三角地区"成为全国 5G 建设和应用示范区域。

4. 浙江：强化 5G 技术创新，加快行业应用

统筹建设关键基础设施。浙江省建设国家（杭州）新型互联网交换中心，扩容升级杭州国家级互联网骨干直联点，有效疏导各类接入主体的网间流量；在杭州、宁波、温州、金华等地优化布局 20 个左右大型（超大型）云数据中心；在数据量大、时延要求高的应用场景的集中区域部署一批边缘计算设施。

强化5G技术创新。浙江省支持5G联合创新中心、重点实验室、重点企业研究中心等研发创新机构和骨干企业，在网络架构、射频芯片和模组、微波器件和天线、测试技术和装备等5G关键技术上取得突破；推进5G与云计算、大数据、物联网、人工智能等技术融合创新，通过基于5G网络的各类场景应用和垂直行业应用，掌握一批“5G+集成应用”技术。

支持5G重点产品开发。浙江省做大补强5G产业链，重点发展射频芯片及器件、光模块和25G激光器芯片、全制式多通道射频单元、小基站和微基站、有源阵列天线、前传交换机、基带单元、分布式系统等产品；结合场景应用和垂直行业应用，重点发展基于5G的智能手机、超高清视频、AR/VR、无人机（船）、可穿戴设备及融合应用产品和整体解决方案。

培育5G骨干企业。结合实施“雄鹰行动”“雏鹰行动”，采取“内育外引”等方法，浙江省在芯片开发生产、设备制造、集成应用等领域培育20家5G骨干企业，遴选一批具有发展潜力的创新型企业进行梯次培育，使其成为细分领域的“隐形冠军”和创新标杆企业。

打造5G产业发展平台。在杭州、宁波、温州等具备条件的地区，浙江省结合“万亩千亿”新产业平台建设，规划布局一批5G产业园区，完善园区功能，汇聚产业要素，吸引5G产业链相关企业和团队，孵化5G创新产品和项目，形成各具特色、有较强辐射带动作用的5G产业集聚区。

推动5G场景应用。浙江省推进5G网络与超高清视频、AR/VR、车联网、无人机（船）、机器人等技术融合，提升消费者在文化娱乐、在线购物、智能出行、生活居家、智能交互、自主航行、未来社区等应用场景下的体验；推动5G网络与泛在感知、万物互联等物联网技术的融合应用，实现一批场景应用。

加快5G行业应用。浙江省对接行业需求，重点推动5G在制造、农业、交通运输、物流、医疗、教育、电子商务、文化娱乐等行业的智慧化应用；发挥5G对提升消费互联网能级的牵引作用，发展智能商业，强化电子商务等领域的优势；推动5G与工业互联网的深度融合，提升智能制造水平；深化5G在城市治理和政府管理上的应用，推进“掌上办公”，促进政府数字化转型。

9.1.3 特色应用示范

1. 北京：以重大活动为契机推动应用落地

应用场景开发是实现5G商用价值的关键环节，也是大规模组网前亟须解决的关键难题。北京市充分发挥中关村示范区先行先试的引领作用，加大5G原始创新支持力度，用好用足政府购买服务、首台（套）/首批次采购等政策措施，研究制订5G示范应用支持措施，突破5G远程医疗、自动驾驶等应用领域的现有体制和政策障碍；积极在北京地铁与轻轨线路上开展5G示范应用；组织运营商与行业企业、重点应用示范区域进行对接，并给予应用政策指导。

北京市重点以北京城市副中心、北京新机场、北京世园会、2022年北京冬奥会、长安街沿线升级改造等重大工程、重大活动为契机，以超高清视频直播、自动驾驶示范运行、云端机器人管理、自动化物流、无人机、安防监控等应用需求为切入点，规划部署规模化5G试验网络，率先开展自动驾驶、健康医疗、工业互联网、智慧城市、超高清视频等5G典型场景的示范应用，并向民生服务、先进制造、城市管理延伸，实现5G行业应用引领的同时，积极支持运营商和基础设施提供商在重大活动场地开展示范组网运营，支持经济技术开发区及有条件的行政区结合各自特点开展工业互联网等5G示范运营。

2. 杭州：政府优先采购支持加快推动示范应用

围绕打造全国数字经济第一城的目标，杭州市人民政府支持在杭州举办有影响力的5G峰会（活动），培育国内知名的5G行业经典活动品牌，报经市政府同意，市本级财政对此类项目可给予最高500万元补助。

杭州市开展政府重大工程5G应用示范，围绕亚运会、城市大脑、未来社区、地铁、高铁等重大工程建设，发挥“先行先试”引领作用。杭州市政府发挥采购政策的引导作用，重点支持5G重大创新产品的应用，对符合规定的首购产品可通过政府采购方式由采购人或政府首先购买；各级政府的采购主体在采购与首台（套）产品相同品目或者品类的产品时，如果该产品使用了不可替代的专利、专有技术，那么可以采用单一来源的采购方式。

3. 宁波：结合区域优势着力发展5G应用软件产业

宁波市结合自身区位及产业优势，着力打造基于5G技术的智能港口、智能驾驶相关产业，将自身的软件业优势与5G结合，发展5G应用软件产业。

宁波市探索5G技术在宁波舟山港远程桥吊、远程轮吊、无人驾驶智能集卡、远程视频监控、集装箱堆场定位、搬运机器人、智能引航、智能调度、智能卸载等场景中的应用，提高港口工作效率，提升工作精准度，促进传统港口向无人智能化港口转型升级。

宁波市支持自动驾驶技术与车联网技术协同研发，促进5G技术在新型车载计算平台上的应用，满足未来共享汽车、远程操作、自动和辅助驾驶等强连接要求。在安全可控的前提下，宁波市吉利汽车产业园率先打造集技术研发、道路测试、示范运行、赛事举办等于一体的智能网联汽车试验示范基地，开展自动驾驶、自动编队行驶、远程驾驶测试、客运、货运试运行。

宁波市以创建“特色型中国软件名城”为契机，鼓励重点企业加快发展智能手机软件、智能车载系统、机器人仿真/远程控制软件等5G终端软件，增强核心工业软件、嵌入式工业软件供给能力，培育和推广一批面向特定行业、特定场景的工业手机软件，加快工业技术软件化进程；发展5G内容产业，积极开发基于5G网络的高清视频节目、网络游戏、虚拟现实等精品内容；发展大数据产业，加快建设大数据应用平台，培育一批数据资源型企业、技术拥有型企业和应用服务型企业，积极探索数据分析挖掘、在线数据服务等新型业务模式和商业模式，逐步建立数据采集、存储、处理、分析、展示应用产业链；发展人工智能产业，运用5G技术进一步提升网络整体容量和综合业务承载能力，加大智能感知、智能分析、智能控制等人工智能技术在重点行业的融合应用，发展人工智能软硬件产品。

4. 江西：发挥“5G+VR”先发优势，推动文旅智慧化发展

江西省的VR产业具有良好的基础，借助先发优势，江西省可实现5G与VR技术深度融合，并结合“红色、绿色、古色”文化旅游资源，推动文化旅游智慧化发展。

江西省积极推动南昌市的VR小镇发展，利用VR创新中心、体验中心、展示中心、云中心、标准平台、教育平台、资本平台、交易平台“四大中心、四大平台”，构建融合创新的“5G+VR”生态圈。面向信息消费升级需求和行业领域应用需求，江西省加快整机设备、感知交互设备、内容采集制作设备、开发工具软件、行业解决方案和分发平台的研发，丰富VR产品的有效供给，重点发展AR/VR硬件、内容制作和跨界服务等新业态。在硬件及分发平台方面，重点提升大连接、互动类业务能力，推广新型视听终端产品普及；发展端云协同的网络分发和应用服务聚合平台，推动建立高效、安全的VR内容与应用支付平台及分发渠道。在内容制作方面，重点向用户提供便捷的VR视频制作、编辑和直播能力，推动AR/VR技术，丰富AR/VR视频内容库，支持通用技术服务企业提供系统集成、压缩解码、数字版权和视频分析等技术服务。

江西省结合4K/8K超高清视频技术，推动“5G+VR”在创意产业、文化和旅游等细分领域的应用发展，重点以“VR + 江西特色文化资源”为主线，打造VR特色应用服务，实现文化旅游与4G/5G、VR、人工智能、物联网、无人机和移动互联网等技术的融合发展。江西省凝聚文化旅游产业链上下游资源，实现“一部手机传承文化、一部手机畅游江西”的创新模式，开启“文化旅游革命”，以南昌市、鹰潭市和上饶市为先行示范城市，以“红色、绿色、古色”为牵引，将旅游业智慧化向全省旅游经济圈进一步深化。

9.1.4 保障措施

为保障5G网络建设的顺利进行，各地政府在简化审批程序、资源开放共享、电力保障与优惠、资金扶持等方面为5G网络建设保驾护航。

1. 简化程序

各地政府为5G网络建设的推进开“绿灯”。以江苏省为例，江苏省政府要求各区市人民政府的相关部门要加快落实“不见面审批”服务改革要求，进一步简化基于5G网络的铁塔、基站、管线、局房等设施的建设审批流程，积极开展频率干扰协调，缩短各环节审批周期，提高行政服务效率。江苏省通信管理局会同相关部门编制《建筑物移动通信基础设施建设标准》，推动信息基础设施与新建建筑物同步设计、同步审批、同步验收，对纳入信息基础设施空间布局规划建设范围内的存量设施，在符合办理条件的基础上，可按照本地审批流程补办相关建设手续。

2. 资源开放

我国移动通信网络经历长期发展，多网共存，站址资源较为匮乏。为推进5G网络建设进程，多地政府出台了专门的政策推进社会公共资源开放，为5G网络建设开路。

江苏省发文要求各区市人民政府要推动住宅区、商务办公楼宇向信息基础设施建设单位开放，协调相关部门免费开放办公场所、学校、展览馆、旅游景点等所属建筑物，机场、公路、铁路、桥梁、隧道、港口、航道、铁路车站、公路客运站、公路服务区、水上服务区、市政绿化区、公共地下空间等公共区域，以及市政路灯杆、公安监控杆、城管监控杆、电力塔等杆塔资源向5G网络设施开放。各个单位要免除没有政策依据的收费项目，减少信息基础设施建设运营单位在资源占用、施工管理、设备维护等方面的费用支出。江苏省机关事务管理局要协调各省级部门及相关部门开放所属非涉密楼宇及公共区域，为5G网络设施的部署提供便利。

另外，江西省要求，在符合城市规划的前提下，有关管理部门要协调解决5G基站的选址和建设进场等问题，加大公共资源的开放力度，除法律规定外，全面开放使用各级政府机关、事业单位、医院、学校和文化体育科技类场馆等公共机构的建筑物及所属用地，以及政府投资的教育、医疗卫生、文化娱乐、公路、铁路、桥梁、体育、社区服务、公园、绿地等公共设施和政府投资为主的各类建设项目，为5G基站、通信机房及配套通信设施建设提供场所和便利。

3. 加快多功能智能杆建设发展

多个省份对智能杆的建设和发展给予了明确的指导，组织编制集智慧照明、视频监控、交通管理、环境监测、5G通信、信息交互、应急求助等功能于一体的智能杆技术与工程建设规范。这些规范要求各地在城市公共设施改造及各类功能性集聚区建设的过程中，加快开展智能杆的推广应用，通过市场化方式创新多功能智能杆建设的运营模式，充分发挥多功能智能杆的综合作用；统筹汇总各个通信运营商相关技术要求及5G基站分布情况，开展杆站协同部署；跨界整合社会杆、社会管和社会电等社会资源，推进铁塔基站、路灯、监控、交通指示、电力等各类杆塔资源的双向开放共享和统筹利用，减少对土地资源的占用，降低综合建设成本；推动具有“一杆多用”功能的城市智能杆建设和改造，有效整合5G站址资源。

4. 制订落实用电支持政策

江苏省明确指出，江苏省电力公司要按照国家的相关政策要求，优化5G设施电力供应申请审批流程，加快5G网络建设进度；针对5G网络设施的布局特点，组织推进具备条件的5G基站转供电改直供电工程；对符合条件的5G基站实施电力直接交易，进一步降低信息基础设施建设单位的用电成本，加快全省5G网络建设。

江西省要求相关部门修改和完善相关标准规范，合理提高用电设计标准；做好5G基站设施的配套电网建设与改造工作，满足5G基站设施的运营用电需求；同时为5G基站设施接入电网提供便利条件，开辟绿色通道，优化流程、简化手续、提高效率，减免升级改造相关费用。

5. 加大设施保护力度

多地出台政策，要求加强对通信设施的保护，要求各级人民政府对因征地拆迁、城乡建设等造成的信息基础设施迁移或损毁，严格按照本地标准予以补偿。各个相关部门要加强舆论引导，加大科普宣传力度，积极消除公众对5G基站电磁辐射的片面认识。公安部门要严厉打击盗窃、破坏信息基础设施的违法行为，切实保障5G网络设施安全。无线电管理部门要加强对频率资源的管理，规范公用干扰器的使用，加大频率干扰查处力度，确保5G网络可靠运行。

6. 资金扶持

北京市充分利用现有财政资金渠道，发挥科技资金、高精尖资金、区级财政资金的作用，重点支持标准创新、技术研发、科研平台建设、产品产业化、创新示范应用等；在科技基金中设立5G产业子基金，引导社会资本共同投资5G关键技术开发和产业发展，对承担国家5G相关重大科技专项的北京企业给予资金配套支持。

广东省财政统筹相关专项资金支持5G网络建设、技术创新、产业发展与示范应用。广东省将工业企业利用5G改造提升生产设备等符合条件的成本费用纳入省技术改造扶持政策范围，对符合首购条件的5G相关产品的采购按照国家有关政府采购政策执行。

浙江省发挥转型升级产业基金的引导作用，撬动社会资本投资5G产业，特别是浙江省数字经济产业投资基金要加快组建5G项目定向投资子基金，推动重大项目投资落地；鼓励各类创投基金投向5G创新创业项目和企业，支持5G创新型企业股改、挂牌和上市；支持社会资本参与5G基站及配套设施的合作共建。

9.2 融合新技术使能新应用

从技术角度看，5G是在4G通信技术基础上继续发展的产物，5G采用包括Massive MIMO、超密集组网、D2D、灵活双工/全双工、新型多址技术、新型编码调制、高频段通信、网络切片、MEC、SDN/NFV、C-RAN等技术，实现了频谱效率（每小区或单位面积内，单位频谱资源提供的吞吐量）提升、能源效率（每焦耳能量所能传输的比特数）提升和成本效率（每单位成本所能传输的比特数）提升，大幅提高了物联网、大数据和人工智能等新的控制与运算方法对垂直行业使能的可能性。

从1G到3G，通信服务的主体都是人类。随着4G的到来，以NB-IoT为代表的物联网技术得到了快速发展和广泛应用，到了5G时代，这种情况将发生进一步的改变。可以预测，自

5G 时代开始，通信服务的主体将不再局限于人与人之间，更多的通信连接将逐步迁移到人与物甚至物与物之间。正是由于这样根本性的变革，5G 会催生出无数全新的领域，引发新一轮的产业变革，成为推动经济发展的新增长动力。5G 将沿着消费性、管理性、生产性三大产业发展主线，赋能各个垂直行业的产业变革。

一是面向需求侧的消费性主线，以提升人的通信服务体验为主要目的，加速视频、车联网、汽车电子、医疗电子、基于 AR/VR 的可穿戴设备、智能家居等消费类应用的发展。

二是驱动智慧城市管理性应用全面升温。4G 时代，带宽和时延未满足应用需求，基于物联网的智慧城市管理还停留在初级阶段，随着 5G 的发展，基于 5G 的城市立体化信息采集系统将会加快构建速度，智慧安防、智能交通等将得到进一步的发展。

三是面向供给侧的生产性主线，即 5G 与工业、农业、能源等传统行业深度融合，将成为行业转型升级的关键要素。

5G 技术与 AR/VR、大数据、云计算、人工智能等基础技术融合，推动各行各业数字化转型的关键基础设施建设，可构建或优化大量通用技术，形成移动云 AR/VR、智能监控、联网无人机、车联网等一系列新的通信应用，它们最终与各行各业结合，形成一个个高度智能的应用平台，服务各个类型终端用户。

9.2.1　物联网

物联网是通信网和互联网的拓展应用和网络延伸，它利用感知技术与智能装置对物理世界进行感知识别，通过网络传输互联，进行计算、处理和知识挖掘，实现对物理世界实时控制、精确管理和科学决策。物联网的网络架构由感知层、网络层和应用层组成。从需求层来看，物联网首先是满足对物品的识别及信息读取的需求，其次是通过网络将这些信息传输和共享，再次是随着联网物体产生的数据量级增长，带来了系统管理和信息数据分析，最后物联网改变了企业的商业模式以及人们的生活方式，实现万物互联。

受基础设施建设、基础性行业转型和消费升级三大周期性发展动能的驱动，处于不同发展水平的领域和行业成波次地动态推动物联网的发展。一方面，全球制造业正面临严峻的发展形势，世界主要国家纷纷量身定制国家制造业新战略，以物联网为代表的新一代信息技术成为重建工业基础性行业竞争优势的主要推动力量，物联网持续创新并与工业融合，推动传统产品、设备、流程、服务向数字化、网络化、智能化发展，加速重构产业发展新体系。另一方面，市场化的内在增长机制推动物联网行业逐步向规模化消费市场聚焦。受规模联网设备数量、高附加值、商业模式清晰等因素推动，车联网、社会公共事业、智能家居等成为当前物联网发展的热点行业。

全球移动通信系统协会（Global System for Mobile Communications Association，GSMA）数据显示，截至 2018 年年底，我国授权频段蜂窝物联网连接数为 6.7 亿，占亚太地区物联网连接数90%以上，占全球物联网连接数60%以上。GSMA预测，到2025年，受各种垂直行业应用的推动作用影响，我国授权频段蜂窝物联网连接数将增加到19亿左右。

无论是从总量上还是从增速上，物联网都将成为电信企业具有明显价值的战略性业务。全球主流运营商加快物联网专用网络NB-IoT、eMTC的部署，并在3GPP的推动下，将NB-IoT/eMTC及其演进技术纳入5G家族中，保证NB-IoT/eMTC向未来5G网络的转型升级。目前，我国蜂窝物联网设备大部分由2G网络承载，随着NB-IoT对2G连接的替代效应显现，到2025年，全球蜂窝物联网的连接将主要由4G和NB-IoT网络来承载，5G网络将发挥uRLLC的功能，承载车联网、工业自动化等低时延的关键物联网业务，预计占物联网连接数10%的份额。

随着连接技术的不断突破，NB-IoT、eMTC、远距离无线电（Long Range Radio，LoRa）等低功耗广域网全球商用化进程不断加速。区块链、边缘计算、人工智能等新技术不断注入物联网，为物联网带来新的活力。近年来，得益于外部动力和内生动力的不断丰富，物联网应用场景迎来了大范围拓展，智慧政务、智慧产业、智慧家庭、个人信息化等领域产生了大量创新性应用方案，物联网技术和方案在各个领域的渗透率不断增加。

受技术和产业成熟度的综合驱动，物联网呈现“边缘的智能化、连接的泛在化”新特征。各类终端持续向智能化的方向发展，终端软硬件不断解耦合，不同类型的终端设备协作能力加强。边缘计算的兴起更是将智能服务下沉至边缘，满足了行业物联网实时业务、敏捷连接、数据优化等关键需求，为终端设备之间的协作提供了重要支撑。NB-IoT、5G等技术的陆续商用为物联网提供了泛在连接能力，物联网网络基础设施迅速完善，互联效率不断提升，助力开拓新的智慧城市物联网应用场景。

物联网与新技术的融合创新，使物联网具备了更加智能、开放、安全、高效的“智联网”内涵。物联网的创新主要围绕横向的数据流动和纵向的数据赋能两大方向展开。其中，横向的数据流动创新以提升效率和数据一致性为主；纵向的数据赋能包括平台的大数据赋能和边缘侧的现场赋能，实现途径包括基于人工智能的知识赋能、基于边缘计算的能力赋能等。人工智能从消费物联网延伸至行业物联网，已被纳入各类物联网平台的核心模块中，被应用于安防、交通、车联网等大量场景。在物联网平台的功能模块中，人工智能的地位越来越重要，它主要被用于数据积累和算法训练。边缘计算不仅可以满足物联网应用场景对更高安全性、更低功耗、更短时延、更高可靠性、更低带宽的要求，还可以较大限度地利用数据，进一步地缩减数据处理的成本。在边缘计算的支持下，大量物联网场景的实时性和安全性得到保障，尤其是在一些异构网络、带宽资源不足和突发网络中断等网络资源受限场景以及需要高可靠性、实时性的场景中，边缘计算的作用是不可替代的。

在万物互联的场景下，机器类通信、大规模通信、关键性任务的通信对网络的速率、稳定性、时延等提出了更高的要求。5G 的三大场景中，uRLLC 和 mMTC 主要是面向物联网的应用需求，提升泛在连接能力，完善物联网网络基础设施，提升互联效率，助力开拓新的智慧城市物联网应用场景。作为 5G 的核心功能之一，物联网应用将继续沿三大主线发展：一是面向需求侧的消费性物联网，即物联网与移动互联网相融合的移动物联网，以 eMBB 场景为核心，发展出可穿戴设备、智能硬件、智能家居、车联网、健康养老等规模化的消费类应用；二是面向供给侧的生产性物联网，与工业、农业、能源等传统行业深度融合形成行业物联网，成为行业转型升级所需的基础设施和关键要素，其中，以 uRLLC 为核心的技术集群，将把制造业产业升级推送到新的高度；三是智慧城市发展进入新阶段，基于 mMTC 物联网的城市立体化信息采集系统正在加快构建，智慧城市成为物联网应用集成创新的综合平台。

消费物联网作为体验经济，会持续推出简洁、易用和对现有生活有实质性提升的产品来实现产业的发展；产业物联网作为价值经济，需要以问题为导向，从解决工业、能源、交通、物流、医疗、教育等行业或企业中最小的问题到实现企业变革转型之间各类大小不同的价值实现，最有可能做到物联网在企业中的落地。据 GSMA 预测，从 2017 年到 2025 年，产业物联网连接数将实现 4.7 倍的增长，消费物联网连接数将实现 2.5 倍的增长。物联网连接数情况如图 9-1 所示。

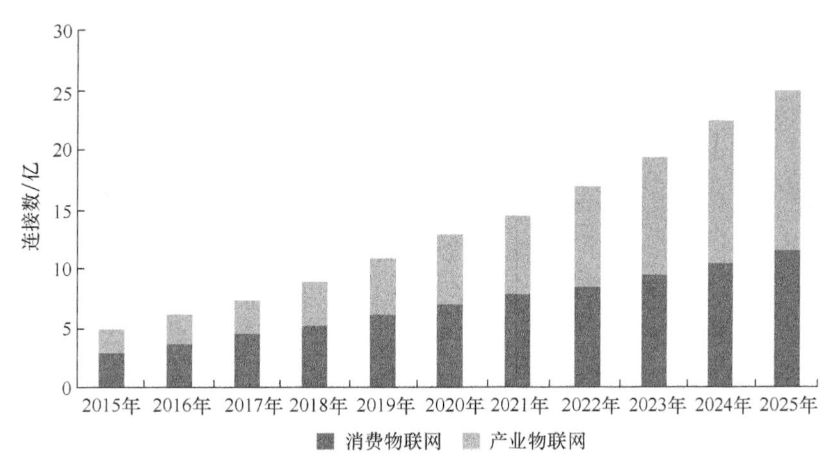

资料来源：中国信息通信研究院。

图9-1　物联网连接数情况

9.2.2　大数据

2015 年 9 月 5 日，国务院正式发布了《促进大数据发展行动纲要》(以下简称“《行动纲要》”)。《行动纲要》作为我国推进大数据发展的战略性、指导性文件，充分体现了国家层面对大数据发展的顶层设计和统筹布局，为我国大数据应用、产业和技术的发展提供了行动指南。2017年1月17日，工业和信息化部正式印发了《大数据产业发展规划(2016—2020年)》(以下简称“《发展规划》”)。《发展规划》明确了“十三五”时期大数据产业发展的指导思想、发展目标、重点任务、重点工程及保障措施等内容，成为大数据产业发展的行动纲领。同期，农业林业、环境保护、国土资源、水利、交通运输、医疗健康、能源等主管部门纷纷出台了各自行业的大数据相关发展规划。《发展规划》对我国实施国家大数据战略提出了5个方面的要求：一是推动大数据技术产业创新发展；二是构建以数据为关键要素的数字经济；三是运用大数据提升国家治理现代化水平；四是运用大数据促进保障和改善民生；五是切实保障国家数据安全与完善数据产权保护制度。2018年年底，多个省份宣布成立大数据管理局，个别发达地区甚至成立了区一级的大数据局。大数据局将统筹经济信息、发展改革等部门的人工智能、大数据、信息化、社会公共信息资源管理、智慧城市建设等职责，以加快推动人工智能、大数据发展，加快推进“互联网+电子政务”发展，建设“数字政府”，促进政务信息资源共享协同应用，提升政务服务能力。

在全球经济数字化浪潮的带动下，我国大数据与实体经济的融合应用不断拓展。经过几年的发展，各行各业对于大数据应用的重要性的认识基本得到了统一，但受限于种种因素，各个行业的大数据应用水平还有较大的差异。部分大数据企业正在尝到与实体经济融合发展带来的“甜头”。利用大数据可以对实体经济行业进行市场需求分析、生产流程优化、供应链与物流管理、能源管理、提供智能客户服务等。随着融合深度的加大和市场潜力不断被挖掘，融合发展给大数据企业带来的好处和价值日益显现。总体来看，目前，我国在大数据与实体经济融合领域上还处于发展初期，其中，金融、电信、能源、交通、互联网等领域发展较快。

从数据管理的角度来看，国有大型银行、电信领域是最早建立统一数据标准和数据模型的行业，尤其是国有大型银行有上百套业务系统，数据标准化、数据建模、数据治理的复杂度高，实践的难度较大。在数据应用方面，互联网公司、电信运营商和国有大型银行的进展相对较快，这些行业都有较强的精细化经营诉求，尤其是互联网行业，数据平台直接融入业务之中，无论是精准广告、内容推荐，还是用户标签、风险控制等都高度依赖于数据分析体系的支持。互联网公司和电信运营商都在经历由内向外的发展路径，即不仅服务支持企业内部的经营分析，而且能够将数据价值释放到社会和其他行业。相比之下，电网、石化部门的数据仓库建设起步较晚，但随着这些实体经济企业对数据管理和应用的重视，这些行业与大数据融合的步伐将会不断加快。

全新的5G时代对大数据将产生深远的影响。目前，企业数据管理的主要对象仍是结构化的数据。未来，随着网络爬虫、视频处理、自然语言处理、图像处理等相关技术逐渐成熟，并被行业进一步深度应用，越来越多的城市数据、视频数据、语音数据、图像数据、时空信息等将被进行管理和应用。从连接的类型看，目前的数据多由人和人之间的关联产生，5G带来物联网的发展，使人和物、物和物之间的连接也能产生数据，同时数据数量得到增加。从连接的内容看，5G催生的车联网、智能制造、智慧能源、无线医疗、无线家庭娱乐、无人机等新型应用将创造新的丰富的数据维度，AR/VR、视频等非结构化数据的比例也将进一步提升。

随着传感器、5G及NB-IoT的发展，数据采集及传输途径也将得到扩充。5G使单位面积的联网设备数量可以达到4G的100倍，海量物联网的感知层将产生海量的数据，同时，5G通过提升连接速率、降低时延，使数据采集变得更加快捷方便，这些将极大地驱动数据量的增长。由社交媒体和机器人过程自动化（Robotic Process Automation，RPA）等转型技术创建的新数据通道也将为数据治理和数据质量组织带来机遇和挑战。越来越多的文件、文本、日志等半结构化、非结构化数据的加入形成了“数据湖”，数据的处理架构也在发生变化。支持主流大数据分析平台的处理架构以及批处理、流计算等技术正在被应用于数据资产管理。依靠“手工人力”的电子表格数据治理模式即将被自动智能的专业工具取代，越来越多的数据管理员、业务分析师和数据领导者采用“平台工具”来获取数据价值。

随着机器学习、深度学习技术的成熟，数据分析处理的效率和精度将大幅提高。数据的应用范围将由以传统的内部应用为主发展为支撑内部和服务外部并重。数据资产的意义价值也从对内强化能力扩展到对外合作开放上，从而实现数据资产从保值到增值的跨越。未来，随着数据分析与业务融合不断深入，业务部门将成为数据应用的主角，在数据资产管理中扮演越来越重要的角色。Gartner公司预测，未来50%的全球性组织将聘用首席数据官（Chief Data Officer，CDO），在数据被高度监管的银行、金融或医疗健康领域，数据类人才的需求量更大。

为应对日益增长的数据处理压力，大型数据中心成为智慧城市建设的标配，甚至超级计算已经被纳入部分城市的智慧城市规划并付诸行动。云计算、边缘计算、超级计算融合协同发展的趋势逐步显现。国际数据公司（International Data Corporation，IDC）报告数据显示，5G时代，将有45%的物联网数据通过边缘计算进行存储、处理和分析，以此优化数据中心的工作流程。

随着大数据产业的进一步发展，人工智能（Artificial Intelligence，AI）技术以机器学习，特别是以深度学习为核心，在图像、自然语言等应用领域得到迅速发展。AI离不开大数据，只有在数据足够多时才能训练出能力足够好的AI。自动驾驶汽车公司通过购买、采集各种驾驶、道路、天气、行人行为的数据，强化AI的处理能力，从而让汽车的自动驾驶成为可行。5G的作用不仅是让汽车获取关于自动驾驶的判断结果，还要将从各种传感器、手机上收集的数据，快速发送到服务器，让服务器做出更快速的判断，让车路协同系统能够做出更快的响应。

借助5G的高带宽、低时延和AI能力，大数据所承载的业务形式将更加复杂多样，其商业价值将得到更多挖掘，新的数据处理方法和业务模式正在悄然孕育，具体包括 AR/VR 的实时计算机图像渲染和建模、车联网的远程驾驶、编队行驶和自动驾驶、智能控制的无线机器人云端控制、智慧能源的馈线自动化、无线医疗的远程诊断、无线家庭娱乐的超高清 8K 视频和云游戏、联网无人机的专业巡检和安防、社交网络的超高清 / 全景直播、个人 AI 辅助的智能头盔、智慧城市的 AI 视频监控等。

9.2.3 云边协同

当前，云计算处在快速发展阶段，2018 年，以基础设施即服务（Infrastructure as a Service，IaaS）、平台即服务（Platform as a Service，PaaS）、软件即服务（Software as a Service，SaaS）为代表的全球公有云市场规模达到 1363 亿美元，增速为 23.01%，预计 2022 年，市场规模将超过 2700 亿美元。2018 年，我国公有云市场规模达到 437 亿元，同比增长 65.2%，预计 2019—2022 年，公有云市场仍将处于快速增长期，到 2022 年该值将达到 1731 亿元。从市场份额来看，阿里云、天翼云、腾讯云占据公有云 IaaS 市场份额前三，阿里云、腾讯云、百度云位于 PaaS 市场前三，用友、金蝶、畅捷位居公有云综合 SaaS 能力第一梯队，中国电信、浪潮、华为、曙光位于政务云市场前列。在产业方面，企业上云成为趋势，云管理服务、智能云、边缘云等市场开始兴起；在技术方面，云原生概念不断普及，云边、云网技术体系逐渐完善；在行业方面，政务云为数字城市提供基础设施，电信云助力运营商发展网云计算，它是一种通过网络统一组织和灵活调用各种 ICT 信息资源，实现大规模计算的信息处理方式。

2018 年 8 月 10 日，工业和信息化部印发了《推动企业上云实施指南（2018—2020 年）》（以下简称“《实施指南》”）。《实施指南》从总体要求、科学制订部署模式、按需选择云服务、稳妥有序事实上云、提升支撑服务能力、强化政策保障等方面提出了推动企业上云的工作要求和实施建议。到 2020 年，云计算在企业生产、运营、管理中的应用得到广泛普及，全国新增上云企业达 100 万家。上海、浙江、江苏、湖北等多个省（直辖市、自治区）先后出台了企业上云政策文件，明确了目标和重点任务，国内企业上云已经成为一个不可阻挡的趋势。但是，企业上云仍面临若干问题。例如，企业是将所有的业务都上云，还是将部分业务上云；如何在相当长的一段时间内保证系统迁移和运行的稳定性；如何让公有云和私有云协同运营成为常态。

我国政务云市场的蓬勃发展为云计算的快速发展奠定了良好的基础。2018 年，我国政务云市场规模达到 370 多亿元，政务云实现了全国 31 个省（直辖市、自治区）的全覆盖。政务云平台推动了“互联网 + 政务服务”建设，极大提升了政务服务的便捷性，同时，在帮助政府节约信息化成本方面效果显著。政务云正在成为“数字中国”战略的关键基础设施，在其基础上，大数据、物联网、人工智能等新技术得到了广泛的应用，为实现城市经济运行、综合治理、综合服务的精准数字化提供了保障。上海市作为开展“数字城市”建设较早的城市，以上海政务云为载体，以大数据中心为城市信息枢纽，将“一网通办”作为主要任务，让“数据跑腿”代替“市民跑路”，民生服务得到进一步完善。广东省建设的“数字广东”，通过广东政务服务网、“粤省事”平台和小程序提升了政府的治理能力，优化了民众的办事体验。

在交通领域，我国交通行业准备向高速化、密集化发展，近年来，高速公路、高铁、地铁、港口的建设如火如荼，城市拥堵、停车难等问题成为城市管理的痛点。我国交通信息化系统分散独立、可靠性低、扩容困难、信息孤岛等问题明显，数据缺乏统一管理、安全性堪忧等限制了交通行业的信息化。随着 5G 网络建设的逐步推进，高速公路、港口、车站、机场等重要的交通设施将成为首批覆盖对象，大数据、云计算、边缘计算、人工智能等新技术将快速实现交通行业信息化的升级改造，车路协同、远程驾驶、无人驾驶、编队行驶等车联网应用将逐步实现。

随着人工智能的发展，越来越多的企业希望“云 + 智能”共同为产业赋能，以云的方式获得包括资源、平台、算法及应用等人工智能服务，降低企业智能化的门槛。以腾讯云、阿里云、华为云、天翼云为代表的厂商先后推出了不同层级的人工智能服务。以图形处理器（Graphics Processing Unit，GPU）、现场可编程逻辑门阵列（Field Programmable Gate Array，FPGA）云服务器为代办的基础资源服务为机器学习模型的训练提供了算力支撑；以机器学习平台为代表的使能平台为智能化应用开发提供了算法模型的快速上线；人脸识别、语音识别及自然语义理解等较为成熟的智能云应用服务已经可以直接应用于新零售、金融、工业、医疗、交通等场景。

传统的本地软件开发模式资源维护成本高，开发周期长，交付效率低。通过采用云端部署开发平台进行软件全生命周期管理，能够快速构建开发、测试、运行环境，降低开发成本，提高研发效率和创新水平。目前，业界顶尖的软件企业均致力于软件开发云的建设和应用，陆续推出集需求管理、架构设计、配置管理、代码开发、测试、部署、发布、反馈、运维等于一体的全自动化的 DevOps（过程、方法与系统的统称）持续交付云平台，将软件定制化服务深入企业应用场景中，帮助企业在提升软件开发效率的同时将精力集中于业务创新。例如，华为的软件开发云 DevCloud 平台与华为云紧密集成，让软件开发变得简单高效。其全方位安全加固的系统对核心研发数据进行加密传输和存储，全面保障企业研发数据的安全。阿里云的云效平台将敏捷开发、流式实时交付、分层自动化等理念落地实践，提供从需求开发到产品上线运维的端到端提效工具的覆盖，提供稳定的分布式代码托管服务、多中心、去存储、强依赖的运维监控及全面的自动化质量保证。

随着 5G 网络规模化建设，物联网技术的快速发展指日可待，云计算也将向超级计算、边缘计算、雾计算分化。从整体业务需求来看，只有“云—边”超协同才能更好地满足各种场景的需求，云边协同将在CDN、工业互联网、能源、智能家庭、智慧交通、安防监控、农业生产、医疗保健、云游戏等场景中得到应用。在智能终端、5G网络等运用得越来越广泛的今天，云边协同的分布式云计算成为物联网场景中各种技术的核心节点。物联网中的设备产生大量的数据，数据若都被上传到云端进行处理，则会对云端造成巨大的压力。为分担中心云节点的压力，边缘计算节点可以负责自己范围内的数据计算和存储工作。同时，大多数的数据并不是一次性数据，那些经过处理的数据仍需要从边缘节点汇聚到中心云，云计算做大数据分析挖掘、数据共享，同时还要进行算法模型的训练和升级，升级后的算法将被推送到前端，使前端设备更新和升级，完成自主学习闭环。同时，这些数据也有备份的需要，保证即使在边缘计算过程中出现意外，存储在云端的数据也不会丢失。

随着云计算产业的不断成熟，企业对网络的需求也在不断变化，这使云网融合成为企业上云的显性需求。云网融合是基于业务需求和技术创新并行驱动的网络架构变革，使得云和网高度协同，互为支撑，同时，要求承载网络可以根据各类云服务按需开发网络能力，实现网络与云的敏捷打通、按需配置，实现智能化、自动化、高速、灵活等特性。云计算、虚拟化、SDN/NFV等技术可以实现电信业务云化和网络功能灵活调度。随着5G时代的到来，运营商软硬一体的通信网元和转发控制一体的网络设备将逐步被通用硬件和SDN/NFV替代。网络云化和业务云化同步发展，以5G为代表的通信技术（Communication Technology，CT）云将通信网元建设在云的架构上，随着5G网络建设逐步推进，核心网、城域网、承载网、无线网、接入网中的SDN/NFV改造将逐步实现，网络将具备软定义属性，云计算、边缘计算与网络的融合发展将进一步加强。未来，电信云中的信息技术（Information Technology，IT）云和CT云在数据层面打通也将成为趋势。IT云针对CT云存储的海量数据进行基于人工智能和大数据的分析和挖掘，得出用于日常运营的用户行为画像，反过来也可以促进CT云的建设。同时，数据挖掘的结论还可以在脱敏后成为极有价值的数字资产，通过上市交易，进一步提升电商等领域的精准营销。

5G的落地应用对于云计算的普及会起到全面的促进作用，由于5G明显提升了网络响应效率、可靠性和单位容量，所以大量的本地计算业务完全可以迁移到云端，使云计算充分发挥自身的优势。

5G时代，云计算的发展趋势将出现3个特点。

第一，在消费互联网领域终端的计算将向云端迁移。在消费互联网领域，包括娱乐资讯领域，终端的计算任务将向云端迁移，这样可以大幅度降低终端硬件的成本，为终端产品的普及奠定基础。在车联网、可穿戴设备领域，5G将大幅度提升网络响应效率，这对大面积采用云计算技术十分有利。

第二，在产业互联网领域，云计算将与边缘计算结合应用。产业互联网领域与消费互联网领域最大的区别在于数据的边界要求。产业互联网领域对于数据的边界通常有严格的要求，同时因为物联网自身的数据量非常大，所有的数据处理任务都被发送到云计算平台并不现实，所以边缘计算完成终端数据处理，云计算完成最终数据处理的合作方式将得到广泛的应用。

第三，云计算将从行业的角度激发创新。由于基础通信能力得到了较为明显的提升，所以众多的行业应用将把云计算作为重要的资源获取方式，这会从根本上影响产品的设计思路，可以说，云计算在 5G 时代会全面赋能企业的创新。行业应用将会在很大程度上推动云计算的完善和发展，而云计算也会逐渐从计算资源服务向产品研发服务转换。

9.2.4　人工智能

1. 概述

人工智能是研究、开发用于模拟、延伸和扩展人的智能的理论、方法、技术及应用系统的一门新的技术科学。人工智能是计算机科学的一个分支，它试图了解智能的实质，并生产出一种新的能以与人类智能相似的方式做出反应的智能机器。该领域的研究包括机器人、语言识别、图像识别、自然语言处理和专家系统等。人工智能自诞生以来，理论和技术日益成熟，应用领域也不断扩大，可以设想，未来人工智能带来的科技产品将会是人类智慧的“容器”。人工智能可以对人的意识、思维的信息过程进行模拟。人工智能不是人的智能，但能像人那样思考、也可能超过人的智能。

国家发展和改革委员会联合相关部门在 2016 年 5 月 18 号发布了《“互联网 +” 人工智能三年行动实施方案》。该方案确定了在 6 个具体方面支持人工智能的发展，包括资金、系统标准化、知识产权保护、人力资源发展、国际合作和实施安排。同时，该文件规划确立了在 2018 年年前建立基础设施、创新平台、工业系统、创新服务系统和 AI 基础工业标准化这一目标。

根据 iResearch 公司的研究，2020 年中国的 AI 市场规模将由 2015 年的 12 亿元增长到 91 亿元。中国拥有世界领先水平的语音识别和图像识别技术。2015 年 11 月，百度开发的深度语音可以达到 97% 的识别准确率，并被《麻省理工科技评论》评为 2016 年度十大科技突破。

2020 年，中国已超过美国成为 AI 领域专利申请量最多的国家。中国、美国、日本 3 国专利申请总量占全球 AI 领域专利的 75%。1999—2017 年，全球人工智能领域中图像识别、语音识别、语音合成、机器学习等关键技术的发明申请及授权专利数量（同族合并后）超过 10 万项。中国人工智能专利申请和授权量自 2010 年开始逐年增加，自 2014 年开始实现快速增长。

2. 推动因素

随着 5G 的快速发展，人工智能与物联网、大数据的结合将更加值得期待。深度学习能力的飞跃成为AI发展到达拐点的催化剂，并对垂直行业的产业变革产生深远的影响。

在全球持续增长并无所不在的互相联系的设备、机器和系统中，非结构化数据的数量呈现巨大的增长。拥有的数据越多，神经网络就变得越有效率。这意味着，随着数据量的增长，机器语言可以解决的问题数量也在增长。随着移动互联网、物联网的发展，移动手机、物联网、低耗数据存储的成熟和处理技术（通常在云端）已经在数量、大小、可靠数据结构方面表现出极大的增长和改进。进入5G时代，数据被获取和转移的概率进一步增加。

从软件时代到互联网时代，再到如今的大数据时代，数据的数量和复杂性都经历了从量变到质变的提升，大数据引领人工智能发展进入重要的战略窗口。从发展现状来看，人工智能技术取得突飞猛进的发展得益于良好的大数据基础，海量数据为训练人工智能提供了原材料。有些人工智能技术使用统计模型来进行数据的概率推算，例如，图像、文本或者语音的统计模型，通过把这些模型暴露在数据的海洋中，使它们得到不断优化。有了大数据的支持，深度学习算法的输出结果会随着数据处理量的增大而更加准确。

现有芯片产品无法满足密集线性代数和海量数据高吞吐需求，亟须解决云端的高性能和通用性、终端的高能效和低时延等问题。从人工智能芯片所处的发展阶段来看，中央处理器（Central Processing Unit，CPU）、GPU和FPGA等通用芯片是目前人工智能领域的主要芯片。近年来，新型高性能计算架构成为人工智能技术演进的催化剂，随着人工智能领域中深度学习热潮的出现，计算机芯片的架构逐渐向深度学习应用优化的趋势发展，从传统的CPU为主、GPU为辅的英特尔处理器转变为GPU为主、CPU为辅的结构。2017年，英伟达（NVIDIA）公司推出新一代图形处理芯片TeslaV100，主要用于研究基于深度学习的人工智能。GPU极大地提高了神经网络的运算速度与准确率。GPU和并行架构要比传统的基于数据中心架构的CPU更快地训练深度学习系统。通过使用GPU，网络可以更快地迭代，能在短期内进行更准确的训练。同时，特制硅的发展，例如，微软和百度使用的FPGA，能够让训练出的深度学习系统做出更快的推断。从1993年开始，超级计算机的原计算能力有了极大的发展。2016年，单张英伟达游戏显卡就有了类似于2002年之前最强大的超级计算机拥有的计算能力，成本也得到了极大的降低。

智能传感器与智能芯片是智能硬件的重要组成部分。如果说智能芯片是人工智能的大脑，那么智能传感器就属于分布着神经末梢的神经元。与传统硬件不同的是，智能传感器是将传统传感器、微处理器及相关电路一体化，形成具有初级感知处理能力的相对独立的智能处理单元。智能芯片具备高性能的并行计算能力，且同时支持主流人工神经网络算法。目前，智能传感器主要包括触觉、视觉、超声波、温度、距离传感器等；智能芯片主要包括GPU、FPGA、专用集成电路（Application Specific Integrated Circuit，ASIC）以及类脑芯片等。Research and Markets公司的报告显示，全球人工智能芯片市场规模预计到2023年达到108亿

美元，在预测期（2017—2023 年）内年均复合增长率为 53.6%。《新一代人工智能发展规划》指出，到 2020 年，中国智能计算芯片市场规模将达到 100 亿元。中国的智能芯片有华为海思的麒麟系列、寒武纪的 NPU、地平线的 BPU、西井科技的 deepsouth（深南）和 deepwell（深井）、云知声的 UniOne、阿里达摩院在研的 Ali-NPU 等。更好的输入（计算和数据）催生出更多面向算法的研发，从而支持深度学习的应用。

人工智能赋能机器视觉技术，使其初步具备了类似人类对图像特征分级识别的视觉感知与认知机理，其具有速度快、精度高、准确性高等一系列优点。从技术能力上看，机器视觉技术主要满足产业应用中对图像或视频内物体 / 场景识别、分类、定位、检测、图像分割等功能的需求，因此被广泛应用于视频监控、自动驾驶、车辆 / 人脸识别、医疗影像分析、机器人自主导航、工业自动化系统、航空及遥感测量等领域。随着人工智能技术与实体产业的不断融合发展，计算机视觉算法的图像识别能力越来越强，各国也陆续涌现出一大批优秀的计算机视觉公司。在美国，亚马逊、谷歌、微软、脸书等一批跨国科技企业呈现出从基础层、技术层到应用层的全产业布局的特征；在中国，一些计算机视觉企业在相关产业也已有多年积累，例如，商汤科技正在为各大智能手机厂商提供 AI+ 拍摄、AR 特效与 AI 身份验证等功能服务，格灵深瞳公司同时专注视觉算法技术和嵌入式硬件研发技术，Yi+ 公司主要为商业视觉内容提供智能化分析。

智能语音技术是一种可以实现将文本或命令与语音信号相互智能转化的技术，其主要包含语音识别与语音合成。语音识别就好比机器的听觉系统，机器通过识别和理解，把语音信号转变为相应的文本或命令。语音合成就好比机器的发音系统，让机器通过阅读相应的文本或命令，将其转化为个性化的语音信号。智能语音技术因其可以实现人机语音交互、语音控制、声纹识别等功能，被广泛应用于智能音箱、语音助手等领域。智能语音技术在用户终端上的应用最为火热。许多互联网公司纷纷投入人力和财力展开这方面的研究和应用，目的是通过语音交互的新颖和便利模式迅速占领客户群。在中国，科大讯飞、思必驰、云知声，以及百度、阿里巴巴、腾讯等互联网公司均深入其中并布局。

自然语言处理有多种多样的研究方向，主要包括自然语言理解和自然语言生成。通俗地说，前者是实现计算机“理解”自然语言文本的思想或意图；后者是实现计算机用自然语言文本“表述”思想或意图。从应用上看，自然语言处理又包括机器翻译、舆情监测、自动摘要、观点提取、字幕生成、文本分类、问题回答（Question and Answer，Q&A）、文本语义比对等。目前，已经有许多相关的成熟技术应用产品。例如，美国的亚马逊、脸书以及中国的字节跳动等公司利用自然语言技术实现旗下购物网站、社交平台或新闻平台的产品评论、社区评论和新闻文章主题分类与情感分析等功能；谷歌、百度、有道等公司的在线翻译服务在不断地智能升级；科大讯飞与搜狗等企业还开发了随身多语言翻译机等。在舆情监测方面也出现了许多应用，包括 Xalted 公司的 iAcuity、创略科技的本果舆情等。

3. 应用场景

5G 网络的铺设为 AI+ 垂直行业奠定了良好的产业基础。从中国来看，人工智能渗透较多的领域有医疗、零售、家居、制造、安防、机器人等。

AI+ 医疗。AI 技术赋能医疗健康领域，使医疗机构和人员的工作效率得到显著提高，医疗成本大幅降低，并且可以使人们做到科学有效的日常检测预防，更好地管理自身健康。中国信息通信研究院信息与通信技术监测平台的数据显示，近几年，AI+ 医疗健康位列 AI+ 垂直应用最热门的领域之一。从应用角度看，智能医疗主要包括医学研究、制药研发、智能诊疗以及家庭健康管理等方面。从技术细分角度看，智能医疗主要包括使用机器学习技术实现药物性能、晶型预测、基因测序预测等；使用机器视觉技术实现医学图像识别、病灶识别、皮肤病自检等。前瞻产业研究院的数据显示，2017 年中国医疗人工智能市场规模超过 130 亿元，医疗人工智能发展空间广阔。阿里巴巴的“Doctor You”系列产品、腾讯的觅影、依图科技的“care.aiTM”以及 Pere Doc公司的智能影像辅助诊疗平台实现了医学影像辅助诊疗，傅利叶智能公司的 Fourier X1 打造了中国首款外骨骼机器人。

AI+ 零售。AI 技术赋能零售行业，智能零售以大数据和智能技术驱动市场零售新业态，优化从生产、流通到销售的全产业链资源配置与效率，从而实现产业服务与效能的智能化升级。智能零售商业化应用包括智能营销推荐、智能支付系统、智能客服、无人仓 / 无人车、无人店、智能配送等。Markets and Markets 公司的报告显示，全球智能零售市场预计将从 2018 年的 130.7 亿美元增长到 2023 年的 385.1 亿美元，预测期（2018—2023 年）内复合年增长率为 24.12%。中国国家统计局数据显示，2017 年年底，中国社会消费品零售总额达到 366262 亿元，增长率为 10.2%。罗兰贝格公司预测，到 2030 年，人工智能技术将为中国零售行业带去约 4200 亿元的降本与增益价值。全球智能零售行业参与者主要以电商行业巨头与创业公司为主。例如，在无人零售实体店方面，美国有 Standard Cognition 无人便利店、亚马逊的 Amazon Go 等。在中国，有阿里巴巴的淘咖啡、京东 X 无人超市，同时也有深兰科技、F5 未来商店、缤果盒子等著名创业公司的相关产品。在客户服务机器人方面，中国的猎豹移动的豹小贩零售机器人、擎朗智能的花生引领机器人、新松公司的松果 I 号促销导购机器人等都已在各地场景中得到应用。在智能零售供应链场景下，美国的 UPS 公司在佛罗里达州测试了无人机送货；沃尔玛的“自提塔”正在美国大范围铺设。中国的美团点评推出了无人配送开放平台；京东正在打造集无人配送站、无人仓“亚洲一号”以及大型货运无人机“京鸿”等为一体的全生态智能零售物流。

AI+ 家居。AI 技术赋能家居领域，助力家居生态从感知到认知发展，使家居生活更安全、更舒适、更节能、更高效、更便捷。未来，智能家居将逐步实现自适应学习和控制功能，以满足不同家庭的个性化需求。智能家居是一个以物联网为基础的家居生态圈，主要包括智能照明系统、智能能源管理系统、智能视听系统、智能安防系统等。近几年，智能家居在全球

范围内呈现强劲的生命力。美国注重以智能音箱为中控的家庭智能化，例如，亚马逊Echo、Google Home等产品销售火爆。在中国，市场上各大企业纷纷发布各式各样的智能音箱产品。例如，阿里巴巴的“天猫精灵智能音箱”、小米的“小爱智能音箱”、科大讯飞与京东合作的“叮咚智能音箱”、百度的“小度音箱智能音箱”、腾讯的“听听智能音箱”、Rokid的“若琪智能音箱”、喜马拉雅的“小雅智能音箱”等。

AI+制造。AI技术赋能制造业领域，可以显著缩短和优化制造周期和效率，改善产品质量，降低人工成本。智能制造产业链场景的范围很广，其典型应用场景包括智能产品与装备，智能工厂、车间与产线，智能管理与服务，智能供应链与物理，智能软件研发与集成，智能监控与决策等。Market Research公司预计，全球智能制造市场将在2023年达到约4790.1亿美元，预测期（2018—2023年）内年均复合增长率约为15.4%。前瞻产业研究院预测，未来几年，中国智能制造行业将保持11%左右的年均复合增速，到2023年行业市场规模将达到2.81万亿元，行业增长空间巨大。近年来，一些中国企业也在进行智能工厂的建设，加大了企业转型升级的力度。例如，埃斯顿公司在南京建立的工业机器人智能工厂、广汽传祺在杭州建设了智能工厂、中车浦镇车辆建设了数字化工厂等。在传统家电制造业，美的、海尔、格力等企业也正在积极向智能制造转型。

AI+安防。AI技术赋能安防领域，填补了传统安防行业不能满足用户对于安防系统准确度、广泛程度和效率的需求的缺陷。智能安防是最大规模地应用人工智能，并持续产生商业价值的领域，在产品落地的功能实现上，人工智能技术主要体现在目标跟踪检测与异常行为分析、视频质量诊断与摘要分析、人脸识别与特征提取分析、车辆识别与特征提取分析等。Mordor Intelligence公司预计，全球视频监控系统市场2023年将达到826.153亿美元，预测期（2018—2023年）内的复合年增长率为15.41%。智能安防系统的建立，离不开软件算法与硬件系统的集成。在中国，海康威视、大华股份、东方网力等企业都在相关领域处于市场领先地位，商汤科技、旷视科技、依图科技、云从科技等公司均具备优异的图像分析算法。

智能驾驶。AI技术赋能传统驾驶领域，可以有效提高生产与交通效率，缓解劳动力短缺压力，达到安全、环保、高效的目的，从而引领产业生态及商业模式的全面升级与重塑。智能驾驶是个复杂的产业链，其涉及领域包括芯片、软件算法、高清地图、安全控制等。目前，业内普遍将自动驾驶汽车分为L0到L5级，其中，L4和L5级可被统称为“无人驾驶”，从全球来说，自动驾驶主要包括主机商（宝马、通用、奥迪等品牌）、供应商（奥托立夫的Veoneer、博世等品牌）、科技公司（Google的Waymo、百度的Apollo、以色列的Mobileye等）以及出行公司（图森未来、小马智行、景驰科技等）。Mobileye、宝马、沃尔沃和福特都相继宣布，要在2021年至少实现L4级别的自动驾驶汽车商用落地。但受限于相关技术成熟度、法律法规以及基础配套设施等，实现L4级别的自动驾驶汽车商用落地还存在很多的不确定性，而一些复杂度较低，外部干扰因素较少，相对封闭的驾驶场景，被认为是最有望率先实现无人驾驶汽车落地的场景。

智能机器人。AI 技术赋能机器人，使机器人具备了人类的感知、协同、决策与反馈能力。从应用角度看，智能机器人主要包括智能工业机器人、智能服务机器人和智能特种机器人。当前主流的智能工业机器人一般具有打包、定位、分拣、装配、检测等功能；智能服务机器人一般具有家庭伴侣、业务服务、健康护理、零售贩卖、助残康复等功能；智能特种机器人一般具有侦察、搜救、灭火、洗消、破拆等功能。根据《2018 年中国机器人产业分析报告》数据，中国行业、服务和特殊机器人市场到 2020 年可达到 719 亿元，在预测期（2017—2020 年）内复合年增长率为 18.24%。而智能服务机器人作为新兴行业，因其直接面对消费端，市场需求更具多样化，市场竞争更具有区域化特征。例如，iRobot 公司的家庭清洁机器人、乐高的教育编程机器人、CYBERDYNE 公司的医疗辅助机器人、纳恩博公司的代步机器人、Roobo 公司的商业服务机器人分别应用于家庭、教育、医疗、出行、商业等不同服务领域。

9.2.5 AR/VR

增强 / 虚拟现实（AR/VR）是一种借助近眼显示、感知交互、渲染处理、网络传输和内容制作的新一代信息通信技术，是创建和体验虚拟世界的计算机仿真系统，具有产业潜力大、技术跨度大、应用空间广的特点。增强 / 虚拟现实涉及多类技术领域，技术架构可划分为“五横两纵”。“五横”是指近眼显示、内容制作、网络传输、渲染处理与感知交互，“两纵”是指 AR 与 VR。作为新一代人机交互平台，增强 / 虚拟现实聚焦用户身临其境的沉浸体验，强调用户连接交互深度而非连接广度（数量）。

业界对 AR/VR 的界定认知由特定终端设备向联通端管云产业链条的沉浸体验转变，可分为 5 个阶段。虚拟现实沉浸体验分级见表 9-1。由表 9-1 可知，虚拟现实不同的发展阶段对应相应的用户体验层次，目前，处于部分沉浸期。

表9-1　虚拟现实沉浸体验分级

技术体系	技术指标 体验层级	初级沉浸（EI）	部分沉浸（PI）	深度沉浸（DI）	完全沉浸（FI）
近眼显示	单眼屏幕分辨率门槛	接近 1K	1.5K ～ 2K	3K ～ 4K	≥ 8K
	视场角（FOV）	90°～ 100°	100°～ 120°	140° 左右	200°
	角分辨率（PPD）	≤15	15 ～ 20	30 左右	60 左右（人眼极限）
	可变焦显示	否	否	是	是

（续表）

技术体系	技术指标 体验层级	初级沉浸 （EI）	部分沉浸 （PI）	深度沉浸 （DI）	完全沉浸 （FI）
内容制作	360 全景视频分辨率 （弱交互）	4K	8K	12K	24K
	游戏等内容分辨率（强交互）	2K	4K	8K	16K
	虚拟化身			虚拟化身	精细虚拟化身
网络传输	码率 /（Mbit/s）——弱交互	≥40	≥90	≥ 290 或≥160	≥ 1090 或≥580
	码率 /（Mbit/s）——强交互	≥40	≥90	≥360	≥440
	MTP 时延 /ms	20	20	20	20
	移动性	有线连接	有线 / 无线 并存	无线	
渲染处理	渲染计算	2K/60FPS	4K/90FPS	8K/120FPS	16K/240FPS
	渲染优化			注视点渲染	
感知交互	追踪定位	外—内	内—外		
感知交互	眼动交互			眼球追踪	
	声音交互		沉浸声	个性化沉浸声	
	触觉交互		触觉反馈		精细化触觉 反馈
	移动交互		虚拟移动（行走重定向等）		高性能虚拟 移动

资料来源：中国信息通信研究院。

目前，AR/VR 应用推广以展厅观摩为主，示范辐射能力不高，终端成本和服务体验的平衡是制约 AR/VR 规模推广的关键问题之一。高端 AR/VR 终端在带来极致体验的同时，其高昂的售价限制了受众范围。随着 5G 网络的逐步推广，网联式云化虚拟现实（Cloud VR）成为 AR/VR 产业突围的重要方向，将加速 AR/VR 的应用推广。

Cloud VR 将云计算、云渲染的理念及技术引入虚拟现实业务中，借助高速稳定的网络，将云端的显示输出和声音输出等经过编码压缩后传输到用户的终端设备。业务内容上云、渲染上云后，将大幅降低终端 CPU+GPU 渲染计算压力，使终端以轻量的方式和较低的消费成本被用户所接受。与 VR 相比，AR 侧重于真实环境的人机交互，需要将摄像头捕捉到的图片 / 视频上传云端，云端实时下载需要增强叠加显示的虚拟信息，因此需要更多的上行带宽。

鉴于虚拟现实网络传输涉及接入网、承载网、数据中心、网络运维与监控及投影、编码压缩等技术领域。虚拟现实网络传输技术产业化进程如图 9-2 所示。

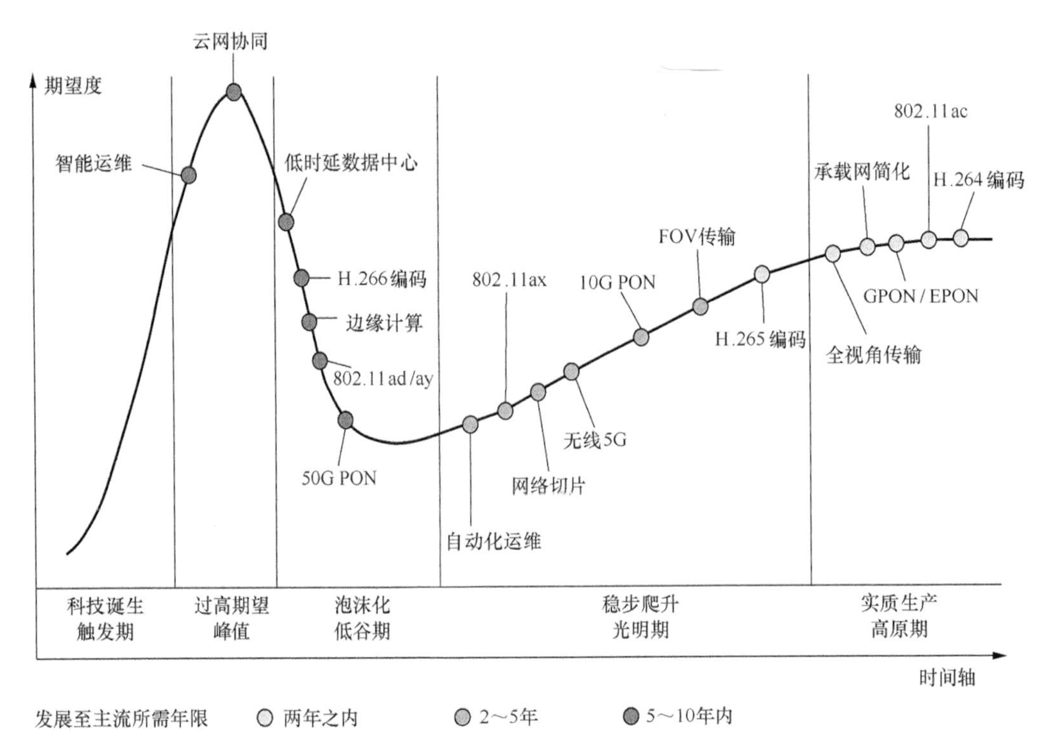

资料来源：华为 iLab 实验室。

图9-2　虚拟现实网络传输技术产业化进程

在接入网方面，Wi-Fi、5G、10G PON 有望在 5 年内成为面向虚拟现实业务的主流传输技术。其中，Wi-Fi 技术可实现虚拟终端的移动化（无绳化），同时此技术相对成熟、应用成本低，网络改造难度小。在家庭无线网络中，802.11n 同时支持 2.4GHz 和 5GHz 频段，802.11ac 支持 5GHz 频段。基于 802.11ac 的 Wi-Fi 在 80MHz 频谱上通过 4 × 4 MIMO、波束赋形等技术可实现最大达到 1.7Gbit/s 的空口速率，在无干扰的情况下，可满足虚拟现实的良好体验。基于 802.11ax 的 Wi-Fi6 技术引入新的 8 × 8 MIMO、OFDMA、1024QAM 等特性，具备更优的抗干扰能力、传输速率与并发能力，可处理来自多个 VR 用户的不同类型的流量。

固定宽带 PON 的接入在整个网络中起着对家庭网络的接入和汇聚的作用，成为运营商最靠近用户的网络。当前已规模部署的光纤到户（Fiber To The Home，FTTH）技术包括以太网无源光网络（Ethernet Passive Optical Network，EPON）和具有吉比特位功能的无源光网络（Gigabit-Capable Passive Optical Network，GPON），EPON 仅能提供 1Gbit/s 带宽接入，不适宜虚拟现实业务部署。GPON技术可提供2.5Gbit/s带宽接入，时延小于2ms，能够满足少量VR用户承载。为满足VR用户规模化发展，需将EPON/GPON升级到10G EPON/GPON。在家庭场景下，新的Wi-Fi技术和GPON结合可以为Cloud AR/VR提供较为良好的网络传输方案，但是其移动性受到了较大的限制。

5G引入新空口（New Radio，NR）、Massive MIMO、终端天线等关键技术，提供了超大带宽（10Gbit/s～20Gbit/s）、超低时延（1ms）及超强移动性（500km/h）等网络能力确保AR/VR完全沉浸体验，未来，5G目标网络可为每个用户提供随时随地平均100Mbit/s的无线接入服务，为AR/VR业务提供极致的体验。在虚拟现实终端无绳化场景中，5G将成为AR/VR首选。为了保证不断优化视觉沉浸性与内容交互性，提升用户使用移动性，加速AR/VR普及推广，5G运营商应针对AR/VR带宽、时延双敏感的业务特性，利用切片技术优化适配各类网络，弥合潜在技术断点，探索网联式Cloud VR技术路径。

在承载网方面，AR/VR业务对带宽、时延、丢包率提出了更高的要求。简化传统网络架构可提供单纤超大带宽、最佳适配距离、流量无收敛、快速按需带宽的互联基础管道，提高承载网的传输效率；云网协同契合承载网基于体验建网的新理念，可基于AR/VR业务的每次交互进行保障，在用户真正使用业务时才分配对应的物理管道，在沿途各节点分配资源和调度，业务终止时资源立即释放，满足管道按需、动态、开放、端到端的发展趋势；FlexE等网络切片技术面向AR/VR这一时延敏感业务，可支持大颗粒带宽业务的物理隔离和捆绑，能够保障低时延业务服务等级；边缘计算借助网络边缘设备一定的计算和存储能力，实现云化AR/VR业务的实时分发，例如，VR视频直播可以全视角流推送到网络边缘，再进行基于单用户视场角的信息分发。

随着5G的大规模建设，“5G+VR”成为面向虚拟现实网络传输领域的研讨热点，虚拟现实网络传输技术路标如图9-3所示。5G网络高速率、低时延的特性适合承载虚拟现实业务，对VR终端而言，需考虑集成5G通信模块的峰值速率、5G频段、网际互连协议（Internet Protocol，IP）栈以及与VR产品集成方式等要求。此外，网络切片、边缘计算等5G基本网络能力赋能虚拟现实业务。中国移动在《云VR应用白皮书》中表明：网络切片技术通过定制的端到端专用网络为云化虚拟现实应用提供专属网络通路，解决了云VR应用源视频采集端上行带宽大、用户侧无线资源竞争受限、网络部署成本高等问题。同时，通过按需提供端到端网络切片（包括接入网、传输网和核心网），在云VR应用源与用户侧之间通过端到端网络切片实现服务等级协议（Service-Level Agreement，SLA）/服务质量（Quality of Service，QoS）保障，从而可以提供高交互多场景的沉浸体验；CDN、MEC解决了用户接收端多路转发推送的需求，MEC根据业务时延需求的不同，按需部署在网络中的不同位置，实现虚拟现实直播互动不同场景对网络时延的差异化需求。

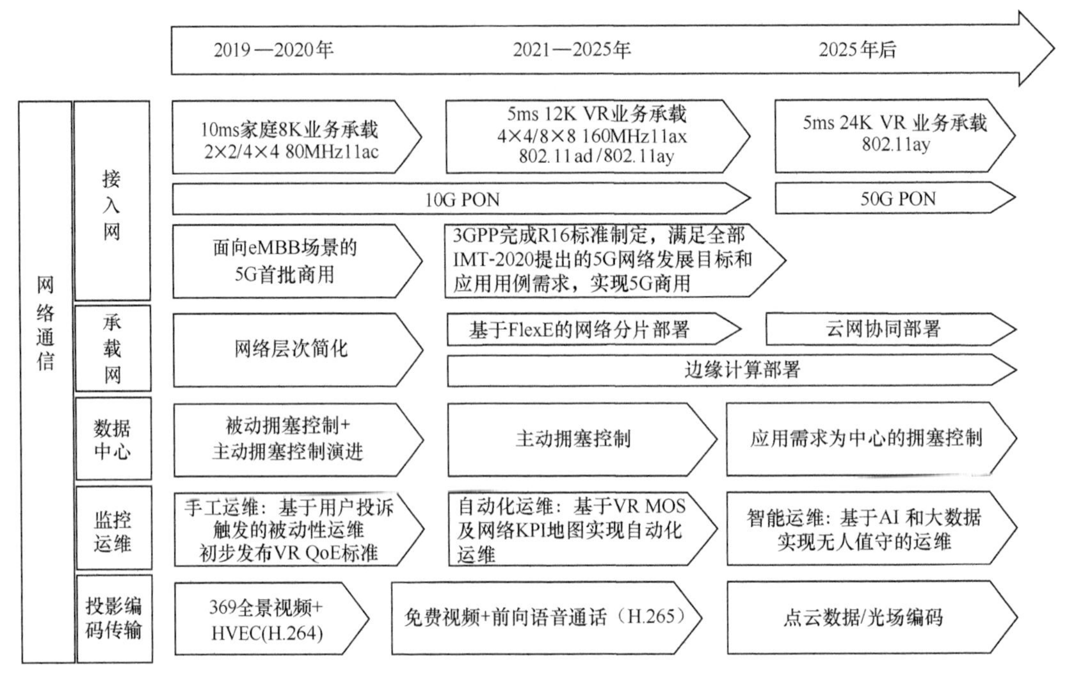

资料来源：根据中国信息通信研究院《虚拟（增强）现实白皮书（2017年）》修订。

图9-3　虚拟现实网络传输技术路标

9.3　未来已来

从技术视角来看，技术从来都是经济发展的重要驱动力。近年来，随着5G、物联网、人工智能、云计算、边缘计算等智能技术的“核聚变”，万物互联时代正在加速迈向万物智能时代，进而带动了“智能+”时代的到来。以5G为代表的新一代网络技术、以无人驾驶汽车为代表的智能终端和以虚拟现实等为代表的创新应用必将掀起新一轮“技术—经济”范式转移的热潮。在新技术群落的催化下，消费互联网向工业互联网迈进，智能经济的形貌正在逐渐显现，智能经济时代的到来，将促进技术、知识、经验在更大范围、更宽领域、更深层次上呈现、交易、传播和复用。

从商业环节的数字化、在线化进程来看，过去20年来，后向供应链环节中的消费者、营销、零售以及部分批发环节，已经在相当可观的程度上实现了数字化和在线化，并开始倒逼和拉动设计、研发、采购等前向供应链环节的在线化、数字化。同时我们可以看到，供给侧的数字化，仍远远落后于消费侧的数字化。

人工智能概念的提出，已有 60 多年的历史。但它真正能够在商业上有所作为，能够高效化、规模化、普遍化地展现出它的社会经济潜力，则受益于计算力（云计算）、算法（深度学习等）和数据量（大数据）的巨大进步。在 4G 网络技术普及的基础上，移动互联网和移动物联网进入了高速发展阶段，App 应用爆发式增长，涵盖了购物、生活、娱乐、教育、医疗、出行等领域，大数据的采集、存储、处理技术得到广泛应用，数据正在成为重要的生产要素之一。随着深度学习等人工智能技术的普及和发展，数字经济的发展正在进入智能经济时代。

智能经济是数据 + 算力 + 算法定义的经济如图 9-4 所示。

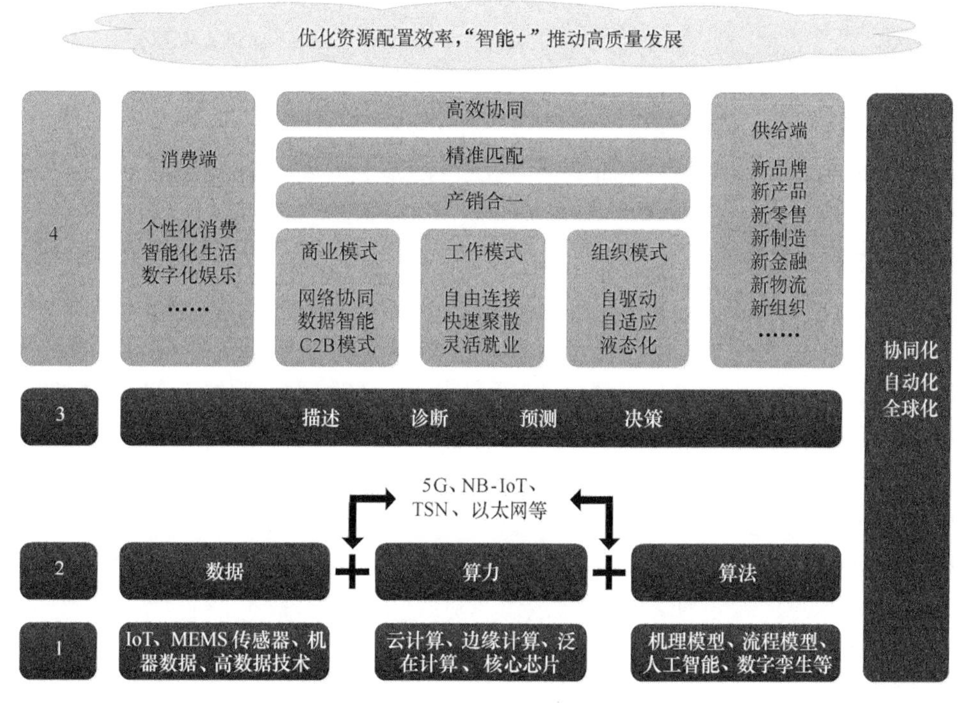

资料来源：阿里研究院。

图9-4　智能经济是数据+算力+算法定义的经济

智能经济是在数据 + 算力 + 算法定义的世界中，以数据流动的自动化，化解复杂系统的不确定性，实现资源优化配置，支撑经济高质量发展的经济新形态。智能经济的 5 层架构包括底层的技术支撑、“数据 + 算力 + 算法”的运作范式、“描述—诊断—预测—决策”的服务机理、“消费端和供给端高效协同、精准匹配的经济形态”，以及“协同化、自动化、全球化”的治理体系。智能经济已经展现出了 3 个方面的特征。

一是以数据为关键生产要素。智能经济作为数字经济发展的新阶段，其核心的“数据 + 算力 + 算法”的智能化决策、智能化运行，将更加依赖于数据的获取和处理。

二是以人机协同为主要的生产和服务方式。人类在一定程度上的“机器化”，机器在一定程度上的“生命化”将同时进行，人机协同的生产方式将越来越普遍。

三是以满足海量消费者的个性化需求为商业价值的追求方向。低成本、实时服务海量用户个性化需求的能力，在未来将成为每一家企业的基本能力。

过去20多年是消费互联网高速发展的时期，搜索引擎、电子商务、游戏等与消费端密切关联的领域，在这一时期以“平台经济、共享经济”等形态得到了快速发展。一些新的分工形态、分工机制，也在这一时期得到了孕育和显现。在互联网的长尾效应下，特色生意越来越多，只要有人卖就会有人买，以淘宝为代表的电商，总是能够满足人的特殊购买需求；职业种类也在不断分化，“三百六十行”已经远远不能概括其丰富性了。在工业时代，原材料采购、研发、设计、生产、销售等，基本上完全由企业所主导，消费者只在零售环节被动参与。但消费互联网时代的消费者越来越不满足仅仅停留于价值链的末端，被动地获取产品和服务。他们已经开始参与更多的商业环节，例如，产品的设计。消费者正在转变为产消合一者。这将进一步倒逼和牵引工业互联网的变革。

工业互联网是面对制造业数字化、网络化、智能化需求，构建基于平台的数据采集、汇集、分析服务体系，推动制造资源泛在连接、弹性供给、高效配置。工业互联网平台有4层架构：数据采集层、IaaS层、工业PaaS层、工业App层。其中，工业PaaS平台的核心是将工业技术原理、行业知识、基础工艺、研发工具规则化、模块化、软件化，形成各种数字化微服务组件和模型，工业App层将工业技术、经验、知识和最佳实践固化封装为面向特定场景的应用软件。工业互联网革命也并非简单地将依附在书籍、标准、专利上的工业知识迁移至平台，而是革命性地改变工业知识的生产、交易方式，将传统的由供给方定制化软件开发（作坊式）的方式和一对一的交易模式，转变成由需求方个性化定制工业App（流水式）以及平台化多对多的交易方式，这一新型交易体系将会产生更大新的商业价值。

工业互联网平台构建了一个工业技术和知识的交易体系，促进工业技术、知识、经验在更大范围、更宽领域、更深层次上呈现、交易、传播和复用。面向未来，普遍意义上的人机协同将成为智能时代基本的工作环境。高度智能化环境下，将会出现越来越多的新应用，例如，无人工厂、无人汽车、无人商场等，届时研究和讨论“经济分工”所要处理的议题就不只是人与人之间，还包括人机之间。在工业互联网的时代，5G（甚至更新的通信技术）、AI、大数据、云计算、机器人、无人机、AR/VR等新技术集群将相互融合发展，展现出新的技术“魔力”，数据、算法、算力在新的分工和价值分配体系中将占据更为重要的位置。

“未来已来，它只是不均匀地分布于现在”。

缩略语

英文缩写	英文全称	中文全称
3GPP	3rd Generation Partnership Project	第三代合作伙伴计划
AI	Artificial Intelligence	人工智能
App	Application	手机软件
AR	Augmented Reality	增强现实
CDN	Content Delivery Network	内容分发网络
CDO	Chief Data Officer	首席数据官
CPU	Central Processing Unit	中央处理器
C-RAN	Cloud-Radio Access Network	基于云计算的无线电接入网
CT	Communication Technology	通信技术
D2D	Device to Device	终端直通
eMBB	enhanced Mobile Broadband	增强移动宽带
eMTC	enhanced Machine Type Communication	增强机器类通信
EPON	Ethernet Passive Optical Network	以太网无源光网络
FPGA	Field Programmable Gate Array	现场可编程逻辑门阵列
FTTH	Fiber To The Home	光纤到户
GPON	Gigabit-Capable Passive Optical Network	具有吉比特位功能的无源光网络
GPU	Graphics Processing Unit	图形处理单元
GSMA	Global System for Mobile Communications Association	全球移动通信系统协会
IaaS	Infrastructure as a Service	基础设施即服务
ICT	Information and Communications Technology	信息与通信技术
IP	Internet Protocol	网际互连协议
IT	Information Technology	信息技术
LoRa	Long Range Radio	远距离无线电
Massive MIMO	Massive Multiple-Input Multiple-Output	大规模多输入多输出
MEC	Mobile Edge Computing	多接入边缘计算
MIT	Massachusetts Institute of Technology	麻省理工学院
NB-IoT	Narrow Band Internet of Things	窄带物联网
NFV	Network Functions Virtualization	网络功能虚拟化
NR	New Radio	新空口
PaaS	Platform as a Service	平台即服务
PCT	Patent Cooperation Treaty	专利合作条约

（续表）

英文缩写	英文全称	中文全称
Q&A	Question and Answer	问题回答
QoS	Quality of Service	服务质量
RPA	Robotic Process Automation	机器人过程自动化
SaaS	Software as a Service	软件即服务
SDN	Software Defined Network	软件定义网络
SLA	Service-Level Agreement	服务等级协议
uRLLC	ultra-Reliable and Low Latency Communication	超高可靠与低时延通信
VR	Virtual Reality	虚拟现实

参考文献

[1] 蓝俊锋，殷涛，杨燕玲，管政. TD-LTE与LTE FDD融合组网规划与设计[M].北京：人民邮电出版社，2014.

[2] IMT-2020(5G)推进组.5G网络架构设计白皮书[EL/OL]，2016.06.

[3] IMT-2020(5G)推进组.5G核心网云化部署需求与关键技术[EL/OL]，2018.06.

[4] 史凡，赵慧玲.中国电信网络重构及关键技术分析[J]. 中兴通讯技术，2017(2).2-4.

[5] 张建敏，谢伟良，杨峰义，武洲云.5G MEC 融合架构及部署策略[J].电信科学，2018(4).109-117.

[6] 刘晓峰，孙韶辉，杜忠达等. 5G无线系统设计与国际标准[M]. 北京：人民邮电出版社，2019.

[7] 朱晨鸣，王强，李新等. 5G：2020后的移动通信[M]. 北京：人民邮电出版社，2019.

[8] 黄劲安，曾哲君，蔡子华等. 迈向5G从关键技术到网络部署[M].北京：人民邮电出版社，2018.

[9] 徐俊，袁弋非. 5G-NR信道编码[M]. 北京：人民邮电出版社，2019.

[10] 杨峰义，谢伟良，张建敏. 5G无线接入网架构及关键技术[M]. 北京：人民邮电出版社，2018.

[11] 杨立，黄河，袁弋非，鲁照华. 国之重器出版工程 5G UDN（超密集网络）技术详解[M].北京：人民邮电出版社，2018.

[12] 张建敏，杨峰义，武洲云，张郑锟，王煜炜.多接入边缘计算（MEC）及关键技术 [M]. 北京：人民邮电出版社，2018.

[13] IMT-2020 (5G) 推进组. 5G无线技术架构白皮书[EL/OL]. 2015.

[14] 杨中豪，王琼，乔宽. 面向5G通信的Massive MIMO技术研究[J]. 中国新通信，2015(14): 101-103.

[15] 中国信息通信研究院. G20国家数字经济发展研究报告(2018)[EL/OL].2018.12.

[16] 中国信息通信研究院.中国数字经济发展与就业白皮书(2019年) [EL/OL]. 2019.04.

[17] 张车伟. 人口与劳动绿皮书：中国人口与劳动问题报告No.19 [M]. 北京: 社会科学文献出版社，2019.

[18] 赵春江. 智慧农业发展现状及战略目标研究[J]. 中国农业文摘:农业工程，2019(3):15-17.

[19] 桂笑冬. 4K/8K超高清电视: 现状、发展与趋向——基于日本4K/8K超高清卫星电视播出的观察[J]. 中国新闻传播研究，2018(2): 42-59.

[20] 刘宁. 8K超高清电视发展现状和发展趋势[J]. 现代电视技术. 2018(6): 116-119+136.

[21] 高树仁. 制度伦理视域下高等教育机会公平研究[D].大连：大连理工大学，2018: 1-108.

[22] 贺斌. 智慧教育视域中差异化教学模式研究 [D].上海：华东师范大学，2018: 1-203.

[23] 广东省人民政府. 广东省“数字政府”建设总体规划（2018—2020年）的通知[Z].2018.

[24] 广东省人民政府办公厅. 广东省加快5G产业发展行动计划（2019—2022年）[Z].2019.

[25] [瑞典] Afif Osseiran，[西] Jose F.Monserrat，[德] .Patrick Marsch .5G移动无线通信技术[M]. 陈明，缪庆育，刘愔. 北京：人民邮电出版社，2017.

[26] 中华人民共和国工业和信息化部. 5G数字蜂窝移动通信网 无线接入网总体技术要求(第一阶段）：YD/T 3618—2019[S].北京：人民邮电出版社，2019: 12.

[27] 中华人民共和国信息产业部. 中小型通信机房环境要求：YD/T 1712—2007[S].北京：人民邮电出版社，2007: 12.

[28] 中华人民共和国工业和信息化部：信息通信建设工程费用定额、信息通信建设工程概预算编制规程[M]. 北京：人民邮电出版社，2017.

[29] 佘莎，黄嘉铭. SA与4G互操作策略研究及网络部署建议[C]// TD产业联盟、中国电子科技集团公司第七研究所《移动通信》杂志社.5G网络创新研讨会（2020）论文集.广州：中国电子科技集团公司第七研究所《移动通信》杂志社，2020: 04.

[30] 黄嘉铭，佘莎. NR与异系统共址天线隔离度分析[J]. 广东通信技术，2020，40(04): 20-22.

[31] 黄云飞，佘莎. 5G异厂家边界优化的研究和创新[J]. 移动通信，2019，43(12): 2-9.

[32] 佘莎，黄嘉铭. 5G NSA网络部署及优化方法研究[C]// TD产业联盟、中国电子科技集团公司第七研究所《移动通信》杂志社. 5G网络创新研讨会（2019）论文集.广州：中国电

子科技集团公司第七研究所《移动通信》杂志社，2019：03.

[33] 李睿，佘莎，麦磊鑫. 3D室内高精度仿真方法研究[J]. 移动通信，2017，41(15)：69-74.

[34] 罗宏，黄嘉铭. 针对行业用户的5G规划研究[J]. 广东通信技术，2020，40(08)：2-4.

[35] 曾云光，黄陈横. 基于Uma-NLOS传播模型的5G NR链路预算及覆盖组网方案[J]. 邮电设计技术，2019(03)：27-31.

[36] 黄陈横. 5G大规模MIMO高低频信道模型对比探讨[J]. 移动通信，2017，41(14)：64-69.

[37] 上海市人民政府关于加快推进本市5G网络建设和应用的实施意见[Z]. 上海市人民政府办公厅，2019.6.

[38] 浙江省人民政府关于加快推进5G产业发展的实施意见[Z]. 浙江省人民政府，2019.04.

[39] 北京市5G产业发展行动方案（2019—2022年）[Z]. 北京市经济和信息化局，2019.01.

[40] 省政府办公厅关于加快推进第五代移动通信网络建设发展若干政策措施的通知[Z]. 江苏省人民政府办公厅，2019.05.

[41] 杭州市加快5G产业发展若干政策[Z]. 杭州市人民政府，2019.04.

[42] 宁波市5G应用和产业化实施方案[Z]. 宁波市人民政府，2019.07.

[43] 江西省5G发展规划（2019—2023年）[Z]. 江西省人民政府，2019.02.

[44] 天津市通信基础设施专项提升计划（2018—2020年）[Z]. 天津市人民政府办公厅，2018.12.

[45] 物联网白皮书（2018年）[EL/OL]. 中国信息通信研究院，2018.12.

[46] 云计算发展白皮书（2019年）[EL/OL]. 中国信息通信研究院，2019.07.

[47] 2018世界人工智能产业发展蓝皮书[EL/OL]. 中国信息通信研究院，2018.11.

[48] 虚拟（增强）现实白皮书（2018年）[EL/OL]. 中国信息通信研究院，2019.01.